DAS BLAUE WUNDER

Zur Geschichte der synthetischen Farben

Arne Andersen/Gerd Spelsberg (Hg.)

DAS
BLAUE
WUNDER

Zur Geschichte der synthetischen Farben

Volksblatt Verlag

Für die freundliche Unterstützung bei der Bildrecherche bedanken wir uns bei Ulrike Reichert vom Deutschen Textilmuseum in Krefeld, beim Firmenarchiv der Farbwerke Hoechst AG sowie bei Herrn Strenger von der Bayer AG.

Die Herausgabe des Buches wurde durch folgende Unterstützer ermöglicht:

AURO NATURFARBEN
BAUWERKSTATT / LIVOS
KATALYSE e.V.

CIP-Titelaufnahme der Deutschen Bibliothek:
Das *blaue Wunder* : zur Geschichte der synthetischen Farben /
Arne Andersen ; Gerd Spelsberg (Hrsg.). - Köln : Kölner
Volksbl.-Verl., 1990
ISBN 3-923243-49-9
NE: Andersen, Arne [Hrsg.]

© 1990, Kölner Volksblatt Verlag
Lektorat: F. Möller
Satz: DTP Service Köln
Titelgestaltung: Lutz Kasper/Köln
Lithos: Klenkes Druck und Verlag GmbH/Aachen, Iller GmbH/Köln
Druck: Plambeck & Co./Neuss
Alle Rechte vorbehalten
ISBN 3-923243-49-9
Printed in Germany
1 2 3 4 5 94 93 92 91 90

Inhalt

Vorwort

Bei Euch ist alles so bunt und fröhlich«, äußerten zahlreiche DDR-Bürger nach ihrer ersten Reise in die Bundesrepublik. Bei ihnen sei alles grau in grau und eintönig. Das Bedürfnis nach Farbigkeit erscheint als demokratisches Verlangen – und hat Geschichte. Bis zur Französischen Revolution bestimmten überall in Europa Kleiderordnungen, wer welche Kleidung tragen durfte, was standesgemäß war: je kostbarer eine Farbe, um so höher der Rang des Tragenden. So war das in der Herstellung sehr teure Rot lange Zeit die Farbe des Adels. Und nicht zufällig wählten die Jakobiner eben dieses Rot für die Freiheitsfahne. Es dauerte noch weitere hundert Jahre, bis es der gerade entstehenden chemischen Industrie gelang, aus einer schwarzen, klebrigen Masse – dem Teer – über die Synthese der ersten organischen Farbstoffe die bis dahin verwendeten natürlichen Farbstoffe »nachzubauen«. Alle nur denkbaren Farben konnten bald darauf zu erschwinglichen Preisen hergestellt werden, so daß die Farbigkeit gegen Ende des 19. Jahrhunderts keine Klassenschranken mehr kannte.

Der Chemieindustrie schien ein Sieg über die Natur gelungen zu sein: Erstmals wurden natürliche, aber auch naturfremde Substanzen industriell hergestellt. Damit begann die Entwicklung synthetischer Stoffe, die heute alle Bereiche des täglichen Lebens durchdringen.

Die Faszination durch die Farbigkeit verstellte zunächst den Blick auf die Folgen des wachsenden Industriezweigs. Erste weitreichende Auswirkungen bekamen die Bauern, die Krapp kultivierten, und die Arbeiter auf den überseeischen Indigoplantagen zu spüren. Sie wurden ihrer Existenzgrundlagen beraubt, weil ihre Produkte, die den Grundstoff für natürliche Farben lieferten, keinen Absatz mehr fanden.

Auswirkungen zeigten sich aber nicht nur in fernen Ländern, sondern auch zuhause. Flüsse wurden zunehmend als Abwasserkanäle mißbraucht und mit Gift- und Reststoffen aller Art belastet. Farbige und gefärbte Produkte – seien es Tapeten oder Lebensmittel – stellten sich als giftig heraus. Und für die gesundheitsgefährdenden Arbeitsbedingungen prägten die Beschäftigten bald den Begriff »Anilinhölle« oder »Gifthütte«.

In den bis heute andauernden Auseinandersetzungen mit den ökologischen und toxischen Gefahren setzten sich technische, ökonomische und administrative Regeln durch, die – zu scheinbar sachgesetzlichen Mustern verfestigt – auch auf andere, ähnliche Problemfelder übertragen wurden, ohne jedoch zu grundsätzlichen Lösungsansätzen vorzudringen. Zugleich zogen mit der Fabrikation der Teerfarben die ersten Vorzeichen einer »Risikogesellschaft« auf: hier die »Verwissenschaftlichung« der Produktion, dort großräumige, ja globale Verteilung neuartiger Substanzen und Verbindungen, deren zunächst unbekannte Wirkungen auf Mensch und Biosphäre immer erst dann wahrgenommen wurden, wenn sie sich als offenkundige Schäden manifestierten.

Die ersten Teerfarbenfabriken waren zudem die Keimzellen eines ins Gigantische anwachsenden industriellen Komplexes, der seine größte politische Macht mit dem Zusammenschluß der führenden Chemiefirmen zur IG-Farben erreichte, deren Unterstützung des Nationalsozialismus im Bau von IG Auschwitz kulminierte.

Heute machen die Farben bei den Nachfolgern der IG-Farben, den Firmen Bayer, BASF und Hoechst, nur noch einen kleinen Teil der Produktpalette aus. Gerade weil in der Farbproduktion aber die Ursprünge der chemischen Industrie liegen, ist die aktuelle Debatte um die Nutzung von Pflanzenfarben und nachwachsenden Rohstoffen als Alternative zur sozial und ökologisch »harten Chemie« besonders anregend. Auf der Suche nach einer anderen Chemiepolitik kann die Rückbesinnung auf die historische Nahtstelle zwischen vorindustriellen und synthetischen Farben bereichernd wie notwendig sein.

Arne Andersen/Gerd Spelsberg

Gerd Spelsberg

»Im Fieber des Farbenrausches«
Eine Siegesgeschichte

Von der rheinischen Niederung fegt ein rauher Nordwest herauf. Die beiden Männer haben sich in eine Werkshütte zurückgezogen. Im eisernen Kanonenofen prasselt ein Feuer. Der Ältere gibt sich ruhig und überlegt; unter dem ergrauten Haar ein gewaltiger Schädel, die Augen hart und klar. Von ewiger Unruhe getrieben der andere, doch seine Gesichtszüge straffen sich sofort, sowie etwas seine Neugierde oder seine Bedenken erregt. An diesem herbstlichen Oktoberabend des Jahres 1903 ist das Gelände bei Wiesdorf am Rhein, auf dem das Werk Leverkusen der Farbenfabriken entstehen soll, noch immer eine Baustelle.

In der vertraulichen Abgeschiedenheit dieses Provisoriums erörtern die beiden, frei von aller taktischen Vorsicht, die Zukunft der chemischen Industrie und die Lage der Unternehmen, an deren Spitzen sie stehen. Heinrich von Brunck, leitender technischer Direktor der Badischen Anilin- und Sodafabrik (BASF), ist nicht nur aus Ludwigshafen angereist, um sich von Carl Duisberg, Vorstandsdirektor der Farbenfabriken vormals Friedr. Bayer & Co, informieren zu lassen, wie rasch die neue, gewaltige Fabrik wächst, deren Aufbau und Organisation Duisberg selbst bis ins Detail durchdacht und entworfen hat. Vor allem wollen sich die beiden Männer darüber verständigen, wie sie ihr gemeinsames Ziel einer engeren Zusammenarbeit der großen deutschen Farbenfabriken bis hin zur Fusion gegen alle Bedenken und Einzelinteressen durchsetzen können. Doch zumindest an diesem Tag möchten Duisberg und von Brunck von der ökonomischen Bedeutung ihres Planes nicht viel wissen; sie begründen ihn vielmehr als weit in die Zukunft schauende Chemiker, für die die angestrebte nationale Konzentration aller Kräfte sowohl logische Konsequenz des technisch-wis-

senschaftlichen Fortschritts als auch zwingende Voraussetzung dafür ist, die
Fülle der Möglichkeiten auszuschöpfen, welche die Industrie mit Hilfe der
nun in voller Blüte entfalteten Chemie zu realisieren verspricht.

Männer wie Duisberg und von Brunck wähnen sich an der Schwelle eines
verheißungsvollen chemischen Zeitalters. Alles scheint machbar und nur
die Wirtschaftsstrukturen ein anachronistisches, längst überfälliges Hindernis. »Ich wünsche die Fusion nicht so sehr, um ein Monopol zu schaffen,
um Qualitäten und Preise zu regulieren, um Märkte zu beherrschen. Was
ich von der Fusion erhoffe, ist ein Monopol der Köpfe, ein Monopol der
Forschung. Wir leben heute nicht mehr von der Empirie. Wir fischen nicht
mehr im Trüben. Wir haben der Natur ihre Baupläne abgelauscht. Wir
kennen ihre Bausteine. Wir kennen die Struktur der Moleküle. Wir haben
die Synthese. Theoretisch sind wir heute imstande, jede Substanz herzustellen, denn jede Substanz ist eine chemische Verbindung, der Diamant wie
die Wolle, der Zucker wie das Eiweiß. Wir sind Baumeister geworden.«

Die geschilderte Begegnung zwischen von Brunck und Duisberg hat nie
stattgefunden; das vom Zwang des Alltagsgeschäfts befreite Zusammentreffen der beiden Männer, die Intimität einer Baracke zwischen »wachsenden Schloten und endlosen, erst halb fertigen Werkhallen«[1] sind Erfindungen eines erfolgreichen, vielgelesenen Romans. Obwohl fiktiv, so
illustriert diese Szene dennoch ein Stück tatsächlicher Chemiegeschichte.
Sie ist in mehrfacher Hinsicht aufschlußreich.

Duisbergs triumphale Bilanz der zurückliegenden 40 Jahre, die erst seit
Gründung der neuen Farbenfabriken in Deutschland vergangen sind, seine
Perspektive einer »totalen« Chemie, die er daraus ableitet, gehören spätestens seit der Jahrhundertwende zum Selbstverständnis vieler leitender
Industriechemiker. Daß es gelang, die molekulare Struktur einiger Farbstoffe zu entschlüsseln und aus einem bis dahin nutzlosen Abfall, dem Teer,
neue Farben zu gewinnen, billiger, vielfältiger, lichtechter und leuchtender
als die herkömmlichen, gilt nun als Tatsachenbeweis für das scheinbar
unbegrenzte Potential der Chemie. Da grundsätzlich jeder Stoff, jedes
Material aus Atomen und Molekülen aufgebaut ist, können diese auch nach
Belieben und zu gewünschtem Nutzen – so wird gefolgert – kombiniert
werden. Der Chemiker verstehe es, so hat es Duisberg selbst in seiner
bekannten, blumig-bildreichen Sprache anläßlich eines Vortrags im Deutschen Museum ausgedrückt, »mit den Atomkugeln der vier Elemente des
Kohlenstoffs, des Wasserstoffs, des Sauerstoffs und des Stickstoffs zu jon-
glieren wie der Taschenspieler mit seinen Bällen und jedem Atom in den
von ihm konstruierten komplizierten Molekülen einen bestimmten Platz
anzuweisen«[2]. Was dabei entsteht, vergleicht Duisberg mit einem »Wunder-

An der Spitze der großen Farbenfabriken: Heinrich von Brunck (BASF, links) und Carl Duisberg (Farbenfabriken vorm Friedr. Bayer & Co, rechts), »bis zu seinem Tode der unbestrittene Führer der deutschen Chemie«.

baum«, an dessen »weitverzweigten Ästen« die »herrlichsten Früchte« heranwachsen, welche in der »Leuchtkraft ihrer Farben und der Lieblichkeit ihres Duftes« mit den natürlichen »konkurrieren«. »Die eigentlichen Gärtner in diesem Zaubergarten (...) sind selbstverständlich die Chemiker.« Ihres Sieges über alle Unzulänglichkeiten der Natur gewiß, beansprucht nun die Naturwissenschaft Chemie die Rolle des Schöpferischen. »Die Herstellung von Farbstoffen wurde der Mutter Natur aus der Hand genommen und ging auf die Chemiker über. Der strahlende Glanz seiner Erzeugnisse übertraf alles, was die Natur freiwillig bot.«[3]

In jenen Jahren strotzten die führenden Männer der großen deutschen Farbenfabriken wie Duisberg und von Brunck vor Selbstbewußtsein und Machtfülle. Kleine primitive Betriebe, die auf geheimnisvolle Weise aus Teer neuartige Farben herzustellen vermochten, waren zu großen, kapitalkräftigen Aktiengesellschaften herangewachsen, die ihre Erzeugnisse in alle Welt exportierten und die ausländische Konkurrenz uneinholbar überflügelt hatten. Erstmals waren hier Arbeitsweise wie Forschungsergebnisse einer modernen Naturwissenschaft für Produktion und Fabrikation nutzbar gemacht worden. Nicht nur deswegen war die industrielle Herstellung synthetischer Farbstoffe im letzten Drittel des 19. Jahrhunderts zu einer Schlüsseltechnologie geworden. Sie bildete zudem die Wurzel des sich stetig

verästelnden Produktbaums der chemischen Industrie mit einer heute unüberschaubar gewordenen Anzahl synthetisch hergestellter Substanzen
und Verbindungen; hier hat die unaufhörlich fortschreitende »Chemisierung« des Alltäglichen ihren Ausgangspunkt. Und: in ihrem Gefolge veränderte sich die geopolitische Ordnung der Welt – zu Lasten der großen
Kolonialmächte England und Frankreich.

Es war ein Vorgang von exemplarischer Bedeutung, als synthetische
Erzeugnisse der deutschen Teerfarbenfabriken die bis dahin wichtigsten
Pflanzenfarbstoffe Alizarin und Indigo ersetzten. Erstmals hatte sich damit
das Deutsche Reich aus eigener Kraft von ausländischen Importen unabhängig gemacht, und es schien nun prinzipiell möglich, daß die so innova-
tive chemische Industrie alle Benachteiligungen einer ungleichen geografi-
schen Verteilung wichtiger Rohstoffe würde wettmachen können. Die
»Tributpflicht an fremdes Klima«, so hieß es, habe ein Ende; an die Stelle
von Kolonialbesitz und der Kontrolle über den Rohstoffreichtum der
tropischen Zonen, die bisher Größe und Macht einer Nation bestimmten,
sollte die Leistungsfähigkeit ihrer Wissenschaft und Technik treten. Mit den
synthetischen Farben kündigte sich ein tiefer und folgenreicher Wandel von
Wirtschaft und Handel an.

Nachdem der chemische Aufbau des Alizarins, des Haupt-Wirkstoffs der
bis dahin gebräuchlichsten europäischen Pflanzenfarbe, bekannt war, hatte
es nur wenige Jahre gedauert, bis das synthetische Produkt, von den deutschen Firmen erstmals 1869, wenig später dann billig und in Massen hergestellt, das traditionelle, aus den Wurzeln der Krapp-Pflanze gewonnene Rot
verdrängte; nun lagen die großflächigen südfranzösischen Anbaugebiete,
die ganz Europa mit rotem Textilfarbstoff versorgt hatten, brach. Viele
Bauern waren verarmt nach Amerika ausgewandert.

Von weit größerer geopolitischer Bedeutung war es, als gegen Ende des
19. Jahrhunderts sogar das stolze englische Indigo-Monopol erst ins Wan-
ken geriet und dann rasch zerfiel: Eine deutsche Farbenfabrik, die BASF,
bot den »König der Farbstoffe« weltweit als industrielles Erzeugnis an.
Obwohl schon 1865 durch Adolf von Baeyer in seiner Strukturformel
chemisch entschlüsselt, dauerte es mehr als 30 Jahre, bis es gelang, das
Indigoblau großtechnisch und zu konkurrenzfähigen Preisen herzustellen.
Um zum Erfolg zu kommen, hatte die BASF die selbst für ein so finanz-
starkes Unternehmen ungewöhnlich hohe Summe von 18 Millionen Mark
in das Projekt investieren müssen. Doch die Anstrengungen dieses ersten
Beispiels industrieller Großforschung, immer wieder angetrieben von der
zähen, sturen Zielstrebigkeitkeit Heinrich von Bruncks, zahlten sich rasch
aus: Schon drei Jahre nach Beginn der Produktion, so kann er stolz der

Deutschen Chemischen Gesellschaft berichten, entspricht »unsere heute
schon erreichte Produktion von Indigo derjenigen, für welche im Mutter-
land des Pflanzenindigos eine Fläche von mehr als 100 000 ha in Anspruch
genommen wird«[4]. Und 1903, im Jahr der – fiktiven – Begegnung zwischen
von Brunck und Duisberg auf dem Leverkusener Baugelände der neuen,
auf steile Expansion angelegten Farbenfabriken, führen die deutschen Unternehmen BASF und Hoechst synthetischen Indigo im Wert von mehr als
20 Millionen Mark aus[5]; die Indigo-Ernte auf den englischen Plantagen der
indischen Kolonien beträgt 1902 nur noch ein Drittel der ursprünglichen
Menge.[6]

Gerade weil der Indigo den Chemikern und Ingenieuren der Farbenfabriken unerwartet hohen technischen, finanziellen und zeitlichen Aufwand abtrotzte, bis seine Synthese nicht nur im Labor-, sondern auch im
Produktionsmaßstab glückte, ist der Triumph am Ende um so größer. Die
Teerfarben im allgemeinen, der künstliche Indigofarbstoff im besonderen
gelten nun als Symbol nationaler Stärke: Das Deutsche Reich, das – ohne
eigenen Koloniebesitz – viele Rohstoffe im Ausland kaufen mußte, hat sich
auf einem wichtigen Sektor vom englischen Weltreich nicht nur unabhängig
gemacht, sondern seinerseits ein Monopol errichtet. Jetzt sind es die deutschen Firmen, die den Weltmarkt beherrschen.

Wissenschaft und Technik haben die heimische Kohle als universalen
Roh- und Grundstoff erschlossen. Noch beschränkt sich das, was auf
Teerbasis hergestellt werden kann, im wesentlichen auf Farben. Doch für
Duisberg und von Brunck ist es allenfalls noch eine Frage der Zeit und der
richtigen Organisationsform, das Synthese-Prinzip, das sich im Falle von
Alizarin und Indigo als erfolgreich erwiesen hat, auch auf andere Rohstoffe
anzuwenden, bei denen das Deutsche Reich ebenfalls nicht über natürliche
Vorkommen verfügt. Später werden synthetischer Kautschuk, Benzin und
viele andere Produkte folgen. Und von dem fiktiven Gespräch auf der
Baustelle in Leverkusen, wo der Prototyp einer chemischen Fabrik der
Zukunft entsteht, wird es nur noch ein paar Jahre dauern, bis Carl Bosch
bei der BASF die Ammoniak-Synthese gelingt und somit ein Verfahren
findet, den Stickstoff der Luft nutzbar zu machen. Damit ist das Reich nicht
länger auf die Einfuhr englisch kontrollierten Chile-Salpeters angewiesen;
erst mit dieser Technologie, mitten im Weltkrieg einsatzreif, sichern die
deutschen Farbenfabriken den militärisch notwendigen Nachschub an
Schießpulver. »Der Chemiker«, hatte Reichskanzler Bismarck schon 1894
erkannt, »entscheidet mit seinen Erfindungen über Krieg und Frieden«[7].

✳

Es schien den Zeitgenossen pure Zauberei: hier »eine absonderlich garstige, eklige Substanz. Schwarz, klebrig, stinkend, halbflüssig, gleich unangenehm zu sehen, zu riechen und anzufühlen, (...) ein widriges und, weil in großen Mengen auftretend, sehr belästigendes Nebenprodukt der Gasfabrikation«[8]: Teer; dort »schillernde«, »leuchtende«, »prachtvolle Farben«, »lebhafte, widerstandsfähige Färbungen von den hellsten Tönen der Morgenröte bis zum leuchtenden Rot der Cochenille und zum tiefsten Scharlach«, »Salmrot«, »Smaragdgrün«, »Nil«- und »Nachtblau«, »Diamantschwarz« – alles »Gestirne erster Ordnung am Farbenhimmel«, in welche die Chemiker ausgerechnet den unansehnlichen Teer und seine Destillationsprodukte verwandelten.[9] Mit dieser kontrastierenden Gegenüberstellung wußte schon August Wilhelm Hofmann, Leiter des »College of Chemistry«, sein Publikum zu beeindrucken, als er 1862 die Internationale Technische Ausstellung in London eröffnete, auf der die neuen Anilinfarben spektakulär präsentiert wurden. »Die märchenhafte Pracht ihrer Farben, ihre Leuchtkraft, die Reinheit ihrer Töne, die Mannigfaltigkeit ihrer Nuancen riefen die allgemeine Bewunderung hervor und verbreiteten den Ruf ihres wissenschaftlichen Entdeckers und Förderers.« Als erster hatte sich Hofmann um eine Systematik in der noch weitgehend unbegriffenen Farbenchemie bemüht; er fand in dem Rosanilin, das er aus Anilin und Chlorkohlenstoff gewann, die vielfach variationsfähige »Muttersubstanz der Anilinfarbstoffe«. »Hofmanns Violette«, »ein Farbstoff von überwältigender Schönheit (...) beherrschte mehrere Jahre die Mode« und brachte »glänzenden finanziellen Erfolg«[10].

Bis heute ist die Faszination spürbar, die diese geheimnisvolle Metamorphose einer grau-schwarzen Masse in leuchtend-bunte Farben ausübte. Nicht Dinge von praktischer Notwendigkeit präsentierte die organische Chemie in ihrer industriellen Geburtsstunde, sondern reizvolle, die menschlichen Sinne ansprechende Farben, die ihre optischen Eigenschaften und Qualitäten immer erst mit anderen Gebrauchsgegenständen – vor allem der individuellen Kleidung – zu entfalten vermochten. Zugleich vollzog sich ausgerechnet mit den neuen, künstlichen Farben der wundersame Aufstieg einiger mit ein paar Rührkesseln ausgestatteter Betriebe zu Weltfirmen, ohne deren technische und wissenschaftliche Glanzleistungen das Deutsche Reich niemals zur politischen Großmacht hätte werden können. Besonders aus deutscher Sicht mußte die Geschichte der synthetischen Farbstoffe folglich als die eines grandiosen nationalen Triumphes erscheinen: eine »Heldengeschichte der deutschen Technik«[11].

Auch wenn diese stolz überzogene Interpretation lediglich eine besonders anschauliche Variante des allgemeinen Fortschrittsoptimismus der

»La Reine Indigo«. Pariser Plakat der französischen Bearbeitung der Johann-Strauß-Operette; Uraufführung 1875.

Jahrhundertwende sein mag, wo die Möglichkeiten der Naturwissenschaften ohnehin maßlos überschätzt wurden, blieb es damit dennoch nicht bei einer nur kurzen und vorübergehenden Episode. Denn bis heute hat sich an der verklärenden und glorifizierenden Darstellung der Entdeckungs- und Verbreitungsgeschichte der Teerfarben im Kern wenig geändert, so daß sie mittlerweile wie eine »historische Wahrheit« akzeptiert wird. Tatsächliche Ereignisse haben sich mit ihren seit fast hundert Jahren ähnlichen Deutungsmustern zu einem unentwirrbaren Konglomerat verschmolzen; kaum mehr ist unterscheidbar, wo das »Faktische« aufhört und die »Ideologie« beginnt. Im Verlauf dieser Überlagerungen konstituiert sich zugleich ein Modell des technisch-wissenschaftlichen Fortschritts.

Kein Festvortrag, kein Jubiläumsband, kein Buch, kein Beitrag über Chemie und Industrie der Farben, die nicht bereits gegen Ende des 19. Jahrhunderts ihre damals noch junge, sich unaufhaltsam weiterentwickelnde Geschichte legendenhaft verklären; selbst Fachleute – allen voran aber Führungspersönlichkeiten wie Duisberg, von Brunck oder dessen Vorgänger Heinrich Caro – nutzen jede sich bietende Gelegenheit, von ihrer Wissenschaft öffentlich das positive Bild einer weltverändernden politischen und wirtschaftlichen Macht zu entwerfen, die gleichsam als Motor den unaufhaltsamen Siegeszug der »deutschen Chemie« antreibt. Zudem existiert eine Flut vielgelesener Sachbücher, Aufkärungsschriften und Romane, die aus der spannend aufbereiteten Geschichte der Teerfarben die triumphale Botschaft »Chemie erobert die Welt« herausdestillieren – und das gleich in mehrfachem Sinn: die Welt als Natur, die »übertroffen«, »besiegt« wird, als Alltagswelt, in die von nun an chemische Produkte vorzudringen beginnen und sie verändern, und politisch, wenn die deutsche chemische Industrie nicht nur selbst weltweit agiert und expandiert, sondern sich dabei als Wegbereiter und Geleitschutz deutscher Großmachtpolitik versteht.

Im nationalistisch aufgeputschten Zeitgeist der Jahre vor dem Ersten Weltkrieg konzentriert sich dieses aus der Farbengeschichte abgeleitete »Welt«-Modell auf seine imperiale Seite. So unterstellt etwa Dr. Bernhard Lepsius, Chemieprofessor, zuvor Fabrikdirektor und Vorsitzender des Vereins zur Wahrung der Interessen der chemischen Industrie Deutschlands, bereits August Kekulé deutschnationale Motive, der 1865 die bekannte Ringstruktur des Benzols entschlüsselt und damit endlich eine anerkannte Theorie angeboten hatte, das »Wirrwar der Benzolderivate« zu ordnen. Ein »Kompass« sei gefunden, »dem sich die deutschen Pioniere anvertrauen konnten«, behauptet Lepsius 50 Jahre später, und das »Ziel« Kekulés, Universitätsprofessor in Heidelberg, Gent und Bonn, sei »die völlige Verdrängung der natürlichen Farbstoffe durch gleich bessere oder billigere Produkte der Chemie (und) die Schöpfung einer nationalen Industrie, die sich unter deutscher Flagge den Weltmarkt erschließt.« Schon der »flüchtige Blick in die Geschichte der Farbenchemie« legt für Lepsius »ihre Bedeutung für die Befreiung von ausländischen Tributen zur Genüge dar«[12].

Auch Duisberg, der mit Blick auf sein Farbstofflaboratorium den »wissenschaftlichen Geist« als »Eigenart des deutschen Nationalcharakters« reklamiert, verschärft in seinen jährlichen Ansprachen auf den Jubilarfeiern in Leverkusen die rüden nationalistischen Töne: Trotz weltweiten Handels, wie ihn das Firmenzeichen des »die Weltkugel festhaltenden Löwen« symbolisiert, seien die Farbenfabriken eine »kerndeutsche Firma«, »deutsch bis aufs Mark«. Die Arbeiter und Beamten spricht er als »versammeltes Kriegsvolk« an, darin vereint, »gegen die Mißgunst des Auslands (...) deutsche Interessen über die Meere hinüberzufahren«[13].

Gut 20 Jahre später, im Taumel des »Dritten Reiches« hat sich die imperiale Legendenbildung um die Farbenchemie weiter verfestigt; nun, nachdem die großindustrielle Synthese weiterer Stoffe gelungen und die Fusion der IG-Farben längst abgeschlossen ist, wird der vollendete Sieg über die Natur und der angestrebte über die politischen Rivalen um die Weltmacht zu einem einheitlichen Bild zusammengefügt. Die Geschichte der Teerfarben – und der ganzen chemischen Industrie – ist eine deutsch-nationale Heldensage. »Nur wenige Stätten der Arbeit sind mit deutschem Werden und Wachsen, mit deutschem Leid und ungebrochenem Zukunftswillen gleich innig verknüpft wie die Werkräume der chemischen Industrie. (...) Mit der Alizarinerzeugung erwiesen die deutschen Alizarinfabriken zum ersten Mal ihre Überlegenheit über die organischen Industrien Englands und Frankreichs, ihr Sieg auf dem krapp-roten Feld eröffnete die ruhmreiche Folge deutscher Siege auf der Breite des Regenbogens.« Schon seit den Jahren vor dem Ersten Weltkrieg, als die deutschen Farbenfabriken nicht nur drei Viertel der Weltproduktion an synthetischen Farben herstellten, sondern zudem eine Reihe neuartiger, durch Patente abgesicherter Farbstofftypen und -gruppen entwickelt hatten, galt der »Kampf um die Farben«, »die Revolution gegen die Naturerzeugnisse (als) abgeschlossen«. »Farben aus der Natur spielen keine Rolle mehr. Die deutsche Farbenchemie ist 1913 bereits eine Großmacht.« Anschließend »stand (sie) hinter den feldgrauen Helfern als ihr mächtigster Helfer, sie hält einen wichtigen Abschnitt der Front, die kommenden Geschlechtern das Dasein sichern wird«[14].

Die synthetischen Farben sind das erste und leuchtende Beispiel dafür, welche Rolle vor allem der Chemie im Rahmen der von den Nationalsozialisten entworfenen deutschen Autarkiepolitik zugedacht wird. So wie die Farbenfabriken das englische Indigomonopol zerstörten und die Ammoniak-Hochdrucksynthese mitten im Ersten Weltkrieg das Embargo für Chile-Salpeter zur Wirkungslosigkeit verdammte, soll die Wissenschaft das deutsche Reich in die Lage versetzen, nicht nur auf alle Rohstoffe aus dem Ausland verzichten zu können, sondern darüber hinaus die materielle Basis für die expansiven Eroberungspläne zu schaffen. »Wissenschaft bricht Monopole«[15] heißt das Programm; es beruft sich auf die Geschichte der Farbstoffe, und seine Folge sind die wahnhaft-gigantischen Industrieanlagen für Buna-Kautschuk und synthetische Benzine, die die IG-Farben in Absprache mit der nationalsozialistischen Reichsregierung zuerst in Leuna und Schkopau, später in Auschwitz förmlich aus dem Boden stampfen.

Mitte der dreißiger Jahre nimmt sich auch der Schriftsteller Karl Aloys Schenzinger (»Hitlerjunge Quex«) des Themas an. Sein »Anilin«, aus dem auch die anfangs zitierte Szene mit von Brunck und Duisberg stammt, wird zum erfolgreichsten deutschen Technikroman. 1937 erschienen, erreicht er noch während des Krieges eine Auflage von weit mehr als 600 000 und wird in einer unveränderten Neuausgabe auch während der Wirtschaftswunderjahre als spannende Geschichte verschlungen, in der geniale deutsche Erfinder und mutige, visionäre Industrielle ihren bekannt glorreichen »Leistungswettkampf (...) gegen alles, was in der Welt künstliche oder natürliche Farben herstellt«[16], führen. Und mitten im Krieg veröffentlicht Walter Greiling, zuvor mit seinem Buch »Chemiker kämpfen für Deutschland« und einer denkwürdigen Schrift bekannt geworden, die er zum 25jährigen Bestehen der Leuna-Werke verfaßte, seine Darstellung der Geschichte und Zukunft der chemischen Industrie. Er gibt ihr den programmatischen Titel »Chemie erobert die Welt«. Auch dieses Buch kommt nach dem Zweiten Weltkrieg in einer nur geringfügig entnazifizierten Auflage neu heraus.[17]

»Die deutsche politische Geschichte wiederholt sich auf dem Gebiete der Chemie«; dem Sieg »auf den Schlachtfeldern von 1870/71 in Frankreich«, welcher das Deutsche Reich »begründete«, entspricht für Greiling der erste große Welterfolg der neuen deutschen Teerfarbenindustrie, »die durch ihr synthetisches Erzeugnis den schönsten und echtesten natürlichen Farbstoff schlug, das Alizarin, das Rot der Franzosen«[18]. In Schenzingers Roman verschmelzen gar die politischen, wirtschaftlichen und naturwissenschaftlichen »Siege« vollends zum einheitlichen Bild des totalen deutschen Triumphes. Im Kampf um den Indigo erreicht hier die Militarisierung der Farbengeschichte einen Höhepunkt. »Im Jahre 1897 war das Rüstzeug fertiggestellt. Der Aufmarsch begann. Der deutsche synthetische Indigo

Die deutsche Farbenindustrie ist Großmacht geworden: die Ausfuhr künstlicher Farbstoffe und ihr Anteil am Weltmarkt 1913. (Darstellung aus dem Jahre 1937)

erschien auf dem Markt. Diesen Markt behauptete sein Gegner, der natürliche Indigo, seit Jahrhunderten unumschränkt, neuerdings mit einer Weltproduktion von neun Millionen Kilogramm. Die Entscheidungsschlacht brach los. Sie dauerte fünfzehn Jahre. Schon die erste Begegnung zeigte die Überlegenheit des neuen Farbstoffs. Der künstliche Indigo war reiner als der natürliche, kräftiger in der Farbe, einfacher zu verwenden. Sein Gehalt an färbender Substanz war immer der gleiche. Der künstliche Indigo war nicht abhängig vom Ausfall einer Ernte. Bei seiner Entstehung spielten Witterungsverhältnisse und Lage von Pflanzungen keine Rolle. Jede Probe war hundertprozentig. (...) Der künstliche Indigo war jedem Preismanöver gewachsen. (...) Der neue König der Farbstoffe stand nicht allein. Es war ihm inzwischen in den deutschen Farbwerken eine Gefolgschaft von nahezu fünfzigtausend patentierten Teerfarbstoffen erstanden.«[19]

Nicht allein ihre weite Verbreitung und die große Leserschaft, die sie vor und nach dem Zweiten Weltkrieg finden, veranschaulichen die Bedeutung der Bücher Greilings und Schenzingers: In ihnen ist das imperiale »Welt«-Modell, das die Geschichte der synthetischen Farben zugleich begründet und beweist, deutlich herausgearbeitet. Aus der Beherrschung der Natur leitet sich die Herrschaft zunächst über Weltmärkte, dann über andere Staaten und Nationen ab. In den Naturwissenschaften liegt der Schlüssel zur »Welt«. Eine so zugerichtete Farbengeschichte, wie sie ja nicht erst von Schenzinger und Greiling, sondern, in abgeschwächter Form mit der Rede Hofmanns 1862 in London beginnend, schon lange gepflegt wurde, bot alles, wonach sich die vorherrschende politische Grundstimmung sehnte. Scheinbar widerspruchslos konnte sich hier das diffuse Verlangen nach nationaler Stärke und Identität mit den unendlichen Erwartungen an das Potential der modernen Naturwissenschaften vereinen.

Als ob es den größten denkbaren Beweis der Destruktivität ihres »Welt«-Modells der Chemie nicht gegeben hätte, überstehen nicht nur Schenzingers und Greilings Werke die Katastrophe des Zweiten Weltkriegs, auch ihr suggestives Bild einer politisierten Farbengeschichte taucht ebenso wieder auf, wie die drei Tochterfirmen sich rasch stabilisieren, in die nach dem Willen der westlichen Aliierten das Erbe der IG-Farben zerfällt. Noch 1973 wird die erfolgreiche Vermarktung von synthetischem Alizarin und Indigo in der Begrifflichkeit von Militärstrategen dargestellt, wenn nach »Vormarsch«, »Kampf« und »Sieg« die »Naturfarben aus dem Feld geschlagen werden« und »die Waffen strecken müssen«. Sogar der neueste der dickleibigen Jubiläumsbände aus Leverkusen schreibt 1988 eine Szene aus Schenzingers »Anilin«-Roman vollständig ab, ohne sie als fiktiv zu kennzeichnen oder ihre Herkunft preiszugeben. Dort trifft August Wilhelm Hofmann, als er ankündigt »für jede der verschiedensten natürlichen Farbnuancen, die bisher nur aus kostbarem pflanzlichen oder tierischen Material, wie Farbinsekten, Rinden, Blumen, Wurzeln, erhältlich waren, einen gleichwertigen Farbstoff aus Teer herzustellen«, auf den Widerstand eines englischen Indigo-Händlers: »Hier ist von künstlichen Farben die Rede, und ich behaupte vor aller Welt: Die Farben sind unnatürlich, frech in der Wirkung, geschmacklos als Imitation.«[20] In dieser Darstellung wird mit einer jener Anekdoten, die sich in Unzahl um die Farbstoffe ranken, ein historisch gesichertes Ausgangsniveau vorgetäuscht, von dem aus die folgende Werksgeschichte um so glänzender, der Triumph der »modernen« Wissenschaft über die »mittelalterliche« Tradition der Färberdrogen und -extrakte um so eindeutiger ausfallen kann.

Auch wenn trotz dieser Gegenbeispiele populäre, in der Diktion von Propagandaschriften gehaltene Darstellungen über die Teerfarben in den fünfziger und sechziger Jahren des 20. Jahrhunderts allmählich verschwinden, so bedeutet das nicht, daß nun das »Welt«-Modell der synthetischen Chemie seine paradigmatische Bedeutung eingebüßt hat. Der scheinbar für immer diskreditierte ideologische Ballast seiner politisch-imperialen Phase wird nun abgeworfen, die Erfolgsbilanzen stützen sich allein auf die Vielfalt und Nützlichkeit der Dinge, die, aus den Retorten der Industrie stammend, die kleinen Welten des Alltags erobern. Als seien sie das glaubhafte Versprechen einer klassenlosen Wohlstandsgesellschaft, symbolisieren die neuen synthetischen Erzeugnisse die euphorisch-oberflächliche Aufbruchstimmung der Wirtschaftswunderzeit.

Doch kaum weniger rigoros als zuvor bestimmt das Synthese-Prinzip – also die reklamierte Fähigkeit, jeden gewünschten Stoff in seiner molekularen Struktur konstruieren und damit herstellen zu können – die Beziehung der (Natur-) Wissenschaften zur belebten Natur; nun aber beweisen sich die praktisch-materiellen Fähigkeiten der chemischen Industrie, die aus dieser Überlegenheit erwachsen, nicht mehr in Form des politischen Machtgewinns, sondern vor allem in der gesteigerten Lebensqualität und den vielfältigen Annehmlichkeiten, zu denen die Produkte der Chemie beitragen und die »die Menschheit schöner, leichter, besser und gesünder leben lassen«. »Chemie – Motor der Zukunft« betitelt denn auch Walter Greiling 1964 sein neues Buch; die »Eroberung der Welt« meint nun allein die des täglichen Lebens[21]: Kunststoffe und -fasern, Kunstdünger und Pflanzenschutzmittel, synthetisch hergestellte Vitamine, Hormone, Proteine, Riech- und Aromastoffe dringen in alle Poren des Alltäglichen. Sie geben vor, besser, billiger, haltbarer und pflegeleichter zu sein als herkömmliche Produkte. Es sei der chemischen Industrie mit ihren rasch expandierenden pharmazeutischen Abteilungen zu verdanken, so lautet nun die Botschaft fast aller geschichtlichen Abrisse zu den Farbstoffen, daß nicht nur in den Industriestaaten Gesundheit, Wohlstand und Fortschritt für alle möglich geworden seien. Vielmehr liege auch der Schlüssel für die großen globalen Zukunftsprobleme bei der Chemie – nur die Wissenschaft könne angesichts einer zahlenmäßig wachsenden Menschheit und knapper werdenden natürlichen Ressourcen langfristige Lösungen entwickeln.

Das »gewaltige Schöpfungswerk, das in den Laboratorien und Betrieben der deutschen Fabriken vor sich ging«[22] und das den Aufstieg der heutigen Chemie-Multis Bayer, Hoechst und BASF begründete, realisiert sich nun in einer anderen Form von Herrschaft: der Dominanz der Chemie in der Welt des Stofflichen. Mitte der 60er Jahre scheint es nur noch eine Frage der Zeit, bis chemisch synthetisierte Lebensmittel weltweit alle Ernährungsprobleme würden bewältigen können. Trotz aller offenkundigen Enttäuschungen und nicht eingelöster Versprechungen haben sich heute Bio- und Gentechnologie – mit demselben Anspruch und Programm – an die Stelle der Chemie gesetzt.

»Die Chemie gestaltet das heutige Weltbild entscheidend mit«[23] – doch
es ist einseitig und nicht das einzig mögliche. Bis in die jüngste Vergangenheit ist die Geschichte der Teerfarben und der organischen Chemie, sobald
es galt, sie außerhalb der engen Fachwelt einem breiten Publikum bekannt
zu machen, als Vehikel mißbraucht worden, etwas Grundsätzliches, »Fun-
damentalistisches« zu transportieren. Nicht mehr offen-chauvinistisch wie
etwa Duisberg, Lepsius, Greiling oder Schenzinger, sondern geschickt
versteckt unter der nützlichen Vielfalt chemischer Produkte wird eine
ideologisch motivierte Interpretation als historisch gesicherte Tatsache bis
in die heutige Diskussion um die Zukunft der Chemieindustrie geschmug-
gelt. In beiden Varianten leitet sich eine Auffassung von Wissenschaft ab,
die nicht nur von einer grenzenlosen Überschätzung ihrer eigenen Möglichkeiten geprägt ist, sondern für die die Beherrschbarkeit der Natur ein
gesichertes, unumstößliches Dogma ist. Von diesem Standpunkt prinzipiel-
ler Überlegenheit blendet Wissenschaft ihre sozialen, politischen und ökologischen Folgen als Gegenstand des Interesses aus.

Eine Geschichte der Teerfarben und der sich mit ihnen entwickelnden
Chemieindustrie, die bis heute als Aneinanderreihung immer neuer »Siege«
daherkommt, erweckt den Anschein, als habe sie nur so verlaufen können,
wie sie verlaufen ist. Es gibt Gründe, an diesen Siegen zu zweifeln.

❋

Zu den Kernsätzen beinahe aller Darstellungen zur Geschichte der Teerfarben gehört, daß »zwischen der deutschen Wissenschaft und der deutschen
chemischen Industrie (...) ein sehr enges und nahezu ideales Arbeitsverhält-
nis«[24] bestanden habe; darin liege nicht nur das Geheimnis des steilen
Aufstiegs der deutschen Teerfarbenfabriken verborgen, sondern erst dieser
Prozeß der »Verwissenschaftlichung der Technik«, bei dem die Chemie im
allgemeinen, Deutschland im besonderen eine »Pionierrolle« spielte, habe
die materiellen Voraussetzungen für Fortschritt und wachsenden Wohlstand geschaffen. Der »erste und mächtigste Vorsprung der deutschen
Teerfarbenindustrie« habe deswegen entstehen können, weil dort »die
Theorie zuerst in das Fleisch und Blut der Praxis drang (...) und gewerbliche
Früchte trug«. Daß »Wesen und Welterfolg der deutschen Technik auf ihrer
wissenschaftlichen Grundhaltung beruhten«, hatte sich gegen Ende des 19.
Jahrhunderts zu einem »ritualartig wiederholten Glaubensbekenntnis«
verfestigt.[25]

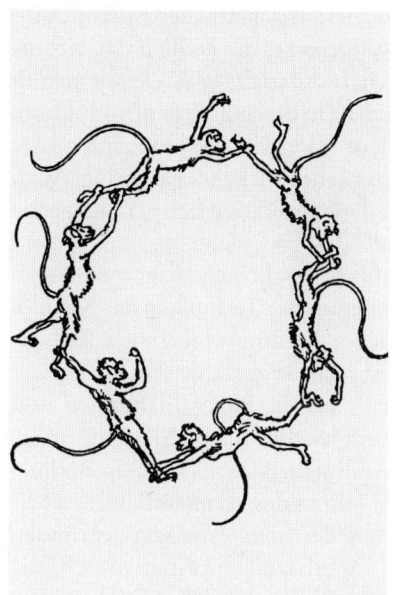 

August Kekulé und sein Benzolring. Karikaturen aus den Jahren 1860 (rechts) und 1886 (links).

Als klar definierter Scheidepunkt zwischen planlosem Probieren und wissenschaftlicher Forschung galt dabei das Jahr 1865, als August Kekulé seine »geniale Theorie« des ringförmigen Aufbaus des Benzols, des »Grundkörpers aller aromatischer Verbindungen« entwarf und so eine schlüssige Deutung vieler bis dahin verwirrender, rätselhafter und widersprüchlicher Phänomene anbot. Gleichzeitig konnte diese neue Theorie, so Heinrich Caro, zwischen 1868 und 1889 Forschungsleiter der BASF, in seinem berühmten Aufsatz von 1892 »wie ein hellanbrechender Tag den vordem dunklen Pfad der Industrie erleuchten und auf gesicherter Bahn, weithin erkennbaren Zielen entgegen, ihren Fortschritt mächtig beflügeln. (...) Nun war auch für die Technik eine neue Zeit gekommen.«[26]

Diese Darstellung der Gründungsperiode der Teerfarbenfabriken ist geprägt durch das Selbstverständnis der Naturwissenschaftler, wie es um die Jahrhundertwende typisch war. Auch die eigene Geschichte hatte sich ihrem totalitärem Anspruch zu unterwerfen. Wissenschaft mit ihren genialen Einzelpersönlichkeiten erschien darin als die allein prägende und gestaltende, mächtige und von Anfang an planvolle Kraft. Die gesamte Entwicklung der chemischen Industrie ergab sich daraus als gradlinig aufsteigender

Weg auf der Stufenleiter fortschreitender wissenschaftlicher Erkenntnis –
ebenso »wahr« und richtig wie die Naturgesetze, die endlich der technischen Nutzanwendung erschlossen waren. Industrielle Praxis leitete sich ab
als deduktive Übertragung von Wissenschaft in die Sphäre der Produktion.

Tatsächlich aber gestaltete sich diese »Verwissenschaftlichung der
Produktion« nicht als einfacher und nur einseitig wirkender Vorgang. Auch
vollzog sich die »bis in die letzten Adern der Fabrikation sich verzweigende
wissenschaftliche Durchdringung der Praxis« nicht so rasch und
kontinuierlich wie das Caro im Rückblick erscheinen mag; von einem
Sprung in ein neues Zeitalter moderner chemischer Technik, in das Kekulés
Benzoltheorie die unerfahrenen und ziellos herumprobierenden Farbenfabriken förmlich hineinstieß, konnte erst recht keine Rede sein. Die später
so mächtigen deutschen Unternehmen – Friedr. Bayer in Barmen und
Elberfeld, Meister, Lucius und Brüning in Hoechst, die BASF in Ludwigshafen sowie die Aktiengesellschaft für Anilinfabrikation (Agfa) in Berlin –
alle zwischen 1863 und 1867, also in den Jahren des vermeintlich entscheidenden Schubes durch die Entschlüsselung der Benzolstruktur gegründet,
kamen noch für Jahrzehnte nicht über ein erbärmlich primitives, chaoti-
sches Niveau hinaus. Die Fabrikation der neuartigen Teerfarben übernahm
anfangs eher handwerkliche Arbeitsweisen und -abläufe, einfache Geräte
und Apparaturen, wie sie bis dahin auch in den Färbereien oder den
Extraktfabriken üblich waren; es dauerte noch Jahre, bis sich auch in den
Betrieben der organischen Chemie eine eigenständige Arbeits- und neue
Fabrikorganisation entwickelte.

Die Betriebe glichen »Alchimistenküchen« und hatten »das Aussehen
großer Waschküchen«[27]; in den Schuppen standen Holzbottiche, primitive
Eindampfvorrichtungen und Filterpressen. Mit langen Stangen, später mit
Rührwerken hatten die Arbeiter die Farbbrühen über Stunden und bei oft
großer Hitze ständig zu bewegen. Die für die gewünschte chemische
Reaktion benötigten Flüssigkeiten wurden direkt aus Flaschen oder Glas-
ballons, die ein paar Stufen hatten hochgewuchtet werden müssen, über den
Rand des Bottichs geschüttet. Erfahrung und Augenmaß bestimmten die
notwendigen Mengen. Feste Stoffe wurden von Hand mit hölzernen Tragen
oder einfachen Karren innerhalb des meist ungepflasterten und bei
Regenwetter schlammigen Betriebsgeländes transportiert. Überall Fässer,
Farbreste; dazwischen Tiere, die den in der Fabrik wohnenden Meistern
gehörten. »In der Alizarinfabrik liefen Kaninchen, Hühner, Enten, Gänse
und sonstiges Getier in aller Gemütsruhe und ohne Scheu herum.«[28]

15 Jahre später, als der Topos der fruchtbaren Einheit von Wissenschaft
und Technik schon zum Standardrepertoire der Festtagsreden gehörte,

stützte sich die praktische Herstellung der Teerfarben noch immer weitgehend auf Handarbeit. Wenn etwa im Blaubetrieb bei Bayer die Farbbrühe
in 200 Liter fassenden Bottichen angesäuert werden mußte, nahmen zwei
Mann die Korbflasche mit konzentrierter Schwefelsäure »zwischen sich,
stiegen 3 bis 4 Stufen hinauf, hoben sie auf den Rand des Bottichs und ließen
die Säure mit abgewendetem Gesicht in die Lösung laufen. Hierbei kam es
häufig vor, daß unangenehme Spritzer entstanden. Am schlimmsten war es,
wenn eine Flasche durch das Auflegen zerbrach.« Auch Anilinöl wurde
ähnlich abgefüllt und den offenen Bottichen zugesetzt; Ballons mit Salzsäure wurden »auf einen Holzbock gehoben und mit Bleiheber, welcher mit
Lungenkraft angeblasen wurde, entleert«. Beim Eindampfen von Violett
»wurde der Farbstoff von Hand aus Bottichen in Eiskästen gefüllt und in
diesen in einer Emaillepfanne im Wasserbad angewärmt.« Danach mußte
ein Arbeiter »ca. 8 Stunden mit einem Holzrührer das Produkt hin und her
bewegen, bis es gegen Abend so weit getrocknet war, daß der Inhalt wieder
auf Bleche gefüllt und per Hand über den Hof in einen anderen Betrieb zum
Fertigtrocknen transportiert wurde«. Noch um 1885 gehörten Eimer,
Schaufeln und Stoßeisen zu den vorherrschenden Arbeitsgeräten; Bottiche,
Mischer und Rührwerke waren grundsätzlich offen. »An den großen
Farbbottichen mußte man mit schweren Rührstangen die Farblauge bear-
beiten, bekam aus erster Linie den Säuregeruch, die Ammoniakdüfte und
beim Nitrieren den Salpetersäuregeruch zu kosten.«[29]
      Im ersten Jahrzehnt der Firmengeschichte gab es bei Bayer noch keinen
an der Universität ausgebildeten Chemiker. Verantwortlich für Produktion
und Forschung waren fachlich ausgebildete Werkmeister. Unumschränkt
leiteten sie den Betrieb, »ihr Fingerspitzengefühl bestimmte letztendlich die
Güte der Produktion«. Die Experimente, die sie an einem bleibelegten Tisch
in einer Ecke des Betriebes durchführten, dienten dazu, die Herstellungs-
verfahren zu verbessern, nicht jedoch neue Farbstoffe zu finden. »Man hatte
(die Meister, d.V.) gelehrt, in groben Analogien zu denken, in solch einfachen Begriffen wie Oxydation oder Reduktion und alkalisch, sauer und
neutral, und sie kannten die Reagenzien, mit denen man diese chemischen
Bedingungen zustande bringen konnte. (...) Viele Experimente wurden bei
laufender Produktion gemacht; d.h., die Bedingungen oder die Zusätze, die
man gewöhnlich benutzte, um eine bestimmte Menge an Farbstoffen herzustellen, wurden leicht geändert, um herauszufinden, welche Wirkung die
Veränderung auf den Ertrag oder die Qualität des Produktes besaß. Um
Mißerfolge vor der Geschäftsleitung zu verbergen, wurden Produktions-
zahlen oft gefälscht.«[30]

Fabrikstraße 1895. (Hoechst)

Zwar waren die Konkurrenten in Ludwigshafen und Hoechst den Farbenfabriken von Friedr. Bayer einige Schritte voraus, wenn es galt, neuere Forschungsergebnisse der Chemie für die Produktion zu erschließen, dennoch schien den Wissenschaftlern allgemein der Wechsel aus den Laboratorien der Universitäten in ein Privatunternehmen nichts anderes als ein wenig verlockender Abstieg, eine Verbannung aus der Freiheit des Forschens in den faden Alltag eines Werkschemikers. Selbst Duisberg zögerte, als Ostern 1884 für ihn eine feste Anstellung in Elberfeld in Aussicht stand, »ob mich ein dumpfes Tor von früh bis spät in öde Fabrikmauern mit lärmenden und keuchenden Maschinen einschließen soll«. Ein Jahr später, als bereits zwölf Chemiker bei Bayer arbeiteten, ließ schon der erste äußere Eindruck seines künftigen Arbeitsplatzes einen jungen, frisch von der Universität kommenden Wissenschaftler noch immer zutiefst erschaudern. »Schornsteine, graue Dächer, unansehnliche Fabrikgebäude, Fladen von Rauch und Nebel, (...) die Wupper mit ihren schwarzen Fluten, die Luft mit Naphtholdunst erfüllt.« Geradezu schmutzige Räume bildeten das Laboratorium. Es bestand »aus zwei Arbeitszimmern, einem Wägezimmer und einem Vorzimmer, welches als Spülraum diente. Die Wände dieser Räume waren schwarz, und eine unbeschreiblich schlechte Luft herrschte in den-

Fabrikationsraum für Neumethylenblau um 1895. (Hoechst)

selben.« Und noch Ende 1888, so beschrieb später der Chemiker Dr.
Vollmann seinen ersten Arbeitstag in Elberfeld, »haftete oben im
Laboratorium allem rötliche Farbe an, und ich war kaum eine halbe Stunde
im Laboratorium, da diazetierte ich eine größere Menge Farbstoff. Gänzlich
neu erschien mir dabei die Arbeitsweise. Es wurde vielfach weder gewogen,
noch genau gemessen, schaumige Kupplungen wurden nach Augenmaß in
zwei Hälften geteilt und dann weiter verarbeitet. Kurz: einen größeren
Kontrast gegenüber dem peinlichst quantitativen Arbeiten auf der Universität konnte es nicht geben.«[31]
    Auch viele der wichtigen Forschungsergebnisse, die man zunächst nur in
den universitären, später auch in den industriellen Laboratorien bejubeln
konnte, ergaben sich keinesfalls wie von selbst, nachdem mit der Strukturtheorie die Grundprinzipien des molekularen Aufbaus und der organischen Chemie als verstanden galten. Die Farbenchemie mit all ihren Ver-
zweigungen erschloß sich nicht wie ein Kontinent, der Schritt für Schritt
entdeckt und zum Nutzen der Eroberer unterworfen wurde. Es gab – wie
bei anderen wissenschaftlichen Disziplinen auch – Sprünge, Irr- und Umwege; und der Zufall half. Doch fast scheint es, als passe derartiges nicht
zum stolzen Selbstbewußtsein einer »unfehlbaren« Wissenschaft – wenn

»Glück« für Forscher und Techniker eine Rolle gespielt hat, dann wurden« solche Episoden gleich in den großen Anekdotenfundus verbannt und damit aus der »seriösen« Geschichtsschreibung ausgeschlossen.

Schon als 1856 Henry William Perkins, ein achtzehnjähriger Assistent bei Hofmann in London, einen rätselhaften violetten Niederschlag in seinem Laborglas fand, mit dem sich Seide und Baumwollstoffe ansehnlich färben ließen und den er sofort unter dem Namen »Mauvein« als ersten Teerfarbstoff in einer Fabrik ertragreich herzustellen begann, hatte er etwas ganz anderes gesucht: Chinin, das als unentbehrliches Anti-Malariamittel von den englischen Kolonialtruppen und Kaufleuten auf dem indischen Subkontinent in steigenden Mengen benötigt wurde. Es versprach ein lukratives Geschäft zu werden, sollte es gelingen, auf chemischem Wege Chinin zu erhalten, denn der Extrakt aus der Cinchona-Rinde (Chinarindenbaum) war knapp und teuer geworden.[32]

Ebenso war die Alizarin-Synthese 1868 durch Carl Graebe und Carl Liebermann alles andere als »einer der größten Triumphe der modernen Chemie, bei dem nichts dem Zufall, alles der planmäßigen Arbeit zu danken« war[33]. Vielmehr hatte Graebe »übermäßiges Glück«[34]; erst mußte ein »Befehl« seines Lehrers Adolf von Baeyer ihn dazu zwingen, dessen neue Methode der Zinkstaubdestillation auch auf das Alizarin anzuwenden, bevor Graebe den Wirkstoff des Krapp-Rots auf das kaum bekannte Anthracen, und nicht wie erwartet auf Naphthalin – beides Destillationsprodukte des Teers – zurückführen konnte. Danach schlug er nicht »tausend Umwege« ein, sondern fand überraschend schnell einen technisch gangbaren Weg, aus Anthracen das begehrte Alizarin zu synthetisieren.[35]

Immer wieder beschleunigten Zufälle den Gang der Teerfarbengeschichte – auch gerade dort, wo es um wirtschaftlich bedeutende Produkte ging. So mußte eine Nachlässigkeit seines Laboratoriumsjungen Carl Duisberg zu Hilfe kommen, bis er nach vielen vergeblichen Versuchen einen Azofarbstoff fand, mit dem die Farbenfabriken Bayer das Kongorot, den Verkaufsschlager des Konkurrenten Agfa übertreffen konnten, um den es heftige Patentstreitigkeiten gegeben hatte. Die Azofarben, zu denen der bescheidene Brauereichemiker Peter Griess den Weg gewiesen hatte, waren die ersten direkt färbenden substantiven Farbstoffe, bei denen die Textilien nicht durch Beizen vorbehandelt werden mußten. Mitte der achtziger Jahre wetteiferten die führenden Farbenfabriken mit verschiedenen Azofarbstoffen, als deren erster das zwar wenig beständige, dafür aber auffällig leuchtende Kongorot sich beim Publikum großer Beliebtheit erfreute. Alle Versuche, etwas besseres zu finden, scheiterten; auch Duisbergs Idee, zwei bestimmte Ausgangsstoffe (diazotiertes Tolidin und α-Naphthionsäure) zu

Die Alizarinsynthese. Gemälde der amerikanischen Malerin Anna Merrit (1841-1930). Von links
nach rechts: Carl Graebe, August Wilhelm von Hofmann, Carl Liebermann.

kuppeln, führte zunächst nur zu einem unbrauchbaren, schmutzig-roten Niederschlag. Erst als der Labordiener vergaß, ein Becherglas ordnungsgemäß zum Wochenende zu reinigen, und so das Reaktionsgemisch unbeabsichtigt mehrere Tage aufeinander einwirken konnte, bildete sich ein für Duisberg zunächst unerklärlicher roter Farbstoff – denn die gewünschte Kupplung, die ihm so oft mißlungen war, vollzog sich in zwei Stufen. »Diesmal war mir das Glück hold gewesen und der große Wurf gelungen. Der Farbstoff war nicht nur in quantitativer Ausbeute, sondern auch in einer Schönheit und Pracht entstanden, die im Vergleich zum Kongo nichts zu wünschen übrig ließ, im Gegenteil dieses noch übertraf.«[36] Als das neue Produkt 1885 unter dem Namen Benzopurpurin 4B in den Handel kam, wurde es, da auch licht- und säureechter als das Kongorot, nicht nur zu einem der größten und erfolgreichsten Artikel auf dem Gebiet der roten Azofarbstoffe, sondern führte die Farbenfabriken Bayer aus einer tiefen ökonomischen Krise.[37]

Eine ähnliche »Rettung in der Not« wie das Benzopurpurin 4B für Bayer war für die BASF ein zerbrochenes Thermometer. Seit Jahren kam dort die großtechnische Indigosynthese trotz eines Zeit- und Kostenaufwandes ohne Beispiel nur schleppend voran – »ein nervenzermürbendes Spiel«. Das Projekt drohte zu scheitern. Denn ein für den eingeschlagenen Weg notwendiges Zwischenprodukt, die Phthalsäure, stand nicht in ausreichender Menge zur Verfügung, da ihre Oxydation aus Naphthalin eine viel zu geringe Ausbeute erbrachte. Plötzlich fielen im Jahre 1891 zwei Versuche aus der Reihe. Aus einem Thermometer war Quecksilber in den Kessel gelaufen und hatte dort den Reaktionsverlauf entscheidend beeinflußt – der ideale Katalysator war gefunden. Die spätere Kombination des katalytischen Phthalsäureverfahrens – wichtig auch für viele andere Farbstoffe – mit dem Schwefelsäure-Kontaktverfahren, von Rudolf Knietsch entwickelt und das stoffliche Fundament jedes großen Chemie-Unternehmens, »hat der BASF im Wettrennen um eine technisch brauchbare und wirtschaftliche Indigosynthese einen beachtlichen Vorsprung gegeben«[38].

Solange allerdings die industrielle Herstellung des Indigo mißlang, versuchten die Farbenfabriken ihr Geschäft mit anderen Blaufarben. 1886 brachte Bayer »mit Posaunenklang« das von Duisberg – so die Anekdote – im Traum gefundene Benzoazurin G auf den Markt. »Echter als Indigo« versprach die Werbung, doch schon nach wenigen Tagen schickten die Färber die verblichenen, häßlich gewordenen Stoffe zurück; dennoch kletterte die Tagesproduktion dieses indigoähnlichen Azofarbstoffes, da es besseres unter den Teerfarben nicht gab, auf mehr als 1 000 Kilogramm. Kehrseite des Erfolgs aber war, daß dabei in großen Mengen ein nutzloser,

nicht ungefährlicher Abfallstoff – para-Nitrophenol – anfiel, von dem
30 000 kg in Fässer abgefüllt wurde. Überall lagen sie auf dem Werksgelände
herum, »niemand brauchte sie, sie waren nur im Wege«. Wieder half der
Zufall – diesmal in der Person eines Straßburger Apothekers, der zwei
jungen Ärzten Acetanilid statt des gewünschten Naphthalins verkaufte,
dessen vermutete fiebersenkende Wirkung sie an ihrem Hund ausprobieren
wollten. Nachdem auf diese Weise die unerwartete Eigenschaft des Acetan-
ilids entdeckt war, schlug Duisberg vor zu prüfen,[39] ob nicht ein diesem
verwandter Stoff mit gleicher Wirkung aus dem störenden para-Nitrophenol zu gewinnen sei. Es gelang, und die Bayer-Werke brachten 1888 mit dem
Phenacetin ihr erstes erfolgreiches Medikament heraus.[40]

Dieses Beispiel illustriert, daß in der Chemieindustrie weit vor anderen
Branchen wissenschaftliche Methodik und betriebliche Forschung wesentliche Elemente bei der Entwicklung neuer Produkte geworden sind. Längst
waren die erfahrenen Werkmeister mit ihrem Fingerspitzengefühl nicht
mehr unumschränkte Herren der Produktion. Unter dem Zwang zu ständi-
ger Innovation hatten das firmeneigene Labor und die Zahl seiner ange-
stellten Chemiker für die Farbenfabriken rasch an Bedeutung gewonnen.
Schon die Existenz einer von den übrigen Fabrikräumen separierten Einrichtung, in der gewichtig dreinschauende Akademiker unablässig
experimentierten, galt einer staunenden Öffentlichkeit als untrügliches Zeichen, daß hier erstmals – und dazu erfolgreich – wissenschaftliche Erkenntnis und Systematik in die industrielle Praxis eingezogen waren. Selbstverständnis und gesellschaftliche Bedeutung der Wissenschaft hatten sich
jedoch in dem Moment grundlegend zu wandeln begonnen, als sie die
Abgeschiedenheit der Universitäten verließen und das Bündnis mit den
Fabrikanten eingingen; denn es waren »wissenschaftsfremde« Zielsetzungen, die den Gestaltungsspielraum der betrieblichen Forschungen ab-
steckten und sich aus Unternehmensstrategie, Kapitalinteressen und dem
Konkurrenzkampf der Fabriken untereinander ableiteten.

Wurde Grün zur Modefarbe – vielleicht infolge eines geschickten Schach-
zugs einer Verkaufsabteilung –, mußten grüne Farben her: Dem Hoechster
Aldehydgrün folgten Methyl- und Malachit-, Jod- und Echtgrün. Bis zur
erfolgreichen großtechnischen Indigosynthese tobte ein Wettlauf in Blau:
1901 gab es 152 deutsche Reichspatente zur Indigosynthese.[41] Die Flut der
Azofarben war unübersehbar.

Eine andere, wichtigere Aufgabe als die hektische Suche nach immer
neuen Farbstoffen und -nuancen war es für einen Werkschemiker, die
Herstellungskosten der Produkte zu senken; es galt, systematisch die Ausbeute bestimmter chemischer Reaktionen zu erhöhen, möglichst billige und

verfügbare Ausgangs- und Zwischenprodukte für die großtechnische Synthese zu wählen sowie dabei anfallende Neben- und Kuppelprodukte möglichst vollständig, ertragreich und effektiv zu verwerten. Ein Handbuch für Industrielle Chemie forderte, »eine Ausnutzung der Abfallstoffe bis zum Äußersten zu ermöglichen; nur so wird eine Fabrik in der Lage sein, bei dem großen Konkurrenzkampfe der Betriebe untereinander vorteilhaft abzuschneiden«[42]. Doch was dann mit dem para-Nitrophenol gelang, war nicht neu: Schon um 1870 hatten große Mengen Chromlauge, die im Alizarinbetrieb der BASF bei der Oxydation des Anthracens mit Chromsäure anfielen, »eine Verwertung erfordert«. Die »Chromgrünfabrikation kam« – eine erste Entsorgung schädlicher Rückstände über ein neues Produkt.[43]

Diese Rationalisierung und Effektivierung der Fabrikation, die optimale Verwertung und »Veredelung« der eingesetzten Stoffe war eines der Hauptarbeitsfelder des Werkslaboratoriums. Dabei trug es durchaus qualitativ Neues zur Entwicklung der technischen Chemie bei, war doch die Übertragung einer Synthese vom Labor in die Großproduktion mehr als eine simple Analogie im Maßstab von Milligramm zu Tonne. Daß dabei, wie auf dem Gebiet der Katalysatoren, sogar eigenständige Technik- und Forschungsfelder entstehen konnten, wenn in der Fabrik spezifische Probleme auftauchten und nach Lösungen verlangten, zeigte sich besonders deutlich an den vielen schwierigen Hindernissen, die bis zur erfolgreichen Indigosynthese hatten überwunden werden müssen. Hier erfuhren weitere, später wichtige Technolgien ihren ersten Anstoß – und hier eignete sich die BASF ihr »Know-how« für die Ammoniaksynthese an. Die Domäne der großen Farbenfabriken war das technisch beherrschbare Verfahren, nicht die wissenschaftliche Methodik. Insofern »verwissenschaftlichte« die Produktion nicht; sie wurde vielmehr einer technischen Rationaliät unterworfen, deren Vorgaben und Zielsetzungen nicht die Wissenschaft Chemie diktierte, sondern die Erfordernisse des Herstellens und Verkaufens chemischer Produkte. Wissenschaft war nicht, wie es später idealisierend hieß, »der goldene Leitstern der Praxis«[44], nicht ihr Motor; die betriebliche Forschung entwickelte sich im Gegenteil als Folge des industriellen Aufstiegs der Farbenfabriken.[45]

Auch auf ihrem kreativen Sektor, dem Erfinden und Variieren immer neuer Farbstoffe und -nuancen leisteten die Werkschemiker nur in Ausnahmefällen wissenschaftlich bedeutsame Beiträge. Der Markt, die Konkurrenz, die Kaufleute gaben vor, welche Farbe in die Produktion ging. Spätestens mit den Azofarben, von denen Zehntausende im Labor synthetisiert und mehr als hundert in den Betrieben hergestellt wurden, war Farbenche-

Exkremente der Produktion: 30 000 Kilogramm p-Nitrophenol – später Ausgangsstoff für das erste Pharmaprodukt – lagern in Fässern auf dem Elberfelder Fabrikhof. (Bayer)

mie zur Routinearbeit geworden. Den Gesetzmäßigkeiten des Molekülaufbaus folgend, konstruierte der Chemiker im Labor Farbe für Farbe, veränderte systematisch einzelne Atomgruppen, tauschte sie gegen andere aus; anschließend wanderte der neue Farbstoff in die Versuchsfärberei, in die »coloristische Abteilung«, wo ihre Qualität und Tauglichkeit geprüft und nur selten günstig beurteilt wurde.[46]

Um 1890 begannen die großen Teerfarbenfabriken, ihre Forschungsabteilungen den sich ändernden Erfordernissen anzupassen. Hatte das erste deutsche Patentgesetz von 1876, das den Firmen die übliche Praxis bloßer Nachahmung untersagte und sie dazu zwang, selbst nach originären patentfähigen »Ideen« zu suchen, dazu geführt, daß nicht nur in Ludwigshafen und Hoechst vermehrt Chemiker von den Universitäten abgeworben wurden, so sollte nun deren Tätigkeit, das Experiment, einer fabrikähnlichen Disziplin und Ordnung unterworfen werden. An die Stelle von Glück, Zufall und Intuition traten geplante Systematik und routiniertes Handwerk, der einzelne verschwand hinter der »Etablissementerfindung«. Am konsequentesten setzte Duisberg diese neue Ausrichtung der betrieblichen For-

Das Boxensystem: das neue Werkslaboratorium der Farbenfabriken Friedr. Bayer, 1891.

schung und Entwicklung um, als er eigenhändig das neue Hauptlaborato-
rium der Farbenfabriken Bayer entwarf, das zwischen 1889 und 1891 in
Elberfeld gebaut wurde. Mit seinem »Boxensystem« und seiner für dama-
lige Verhältnisse großzügigen Ausstattung galt es als weltweit beachtetes
Musterbeispiel zukunftsweisender Industrieforschung. Die beiden großen
Arbeitsräume waren durch Regalwände in je zwölf Boxen aufgeteilt, jedes
ein kleines Labor mit 160 Reagenzien, dazu Anschlüsse für Gas, Wasser,
Vakuum und Druckluft, Be- und Entlüftung. In beiden Etagen gab es noch
einen Platz für größere Arbeiten, versorgt mit Sauerstoff, Kohlenmonoxid,
Chlor und Schwefeldioxid aus Vorratsbehältern im Keller.[47]
      Duisbergs Boxensystem galt als vorbildlich. Für ihn selbst waren damit
die materiellen Voraussetzungen geschaffen, das »Erfinden zu systematisie-
ren«. »Bei uns in Elberfeld«, so Duisberg, »werden zur Zeit täglich, sagen
wir etwa fünfzig neue Farbstoffe gemacht. Es wird einfach ein bestimmter
auf wissenschaftlicher Basis beruhender Gedankengang verfolgt. (...) Daß
das Produkt färbende Eigenschaften besitzen muß, sagt uns die Theorie.
Aber darauf kommt es nicht an, sondern darauf, ob der neue Farbstoff etwas
neues kann oder neue Eigenschaften in bezug auf Echtheit usw. zeigt. Der
Chemiker schickt daher ohne weiteres jedes neue Produkt, das er gemacht
hat, in die Färberei und wartet ab, was der Färbereileiter dazu sagt. (...) Von

Gedankenblitz keine Spur: der Erfinder hat nichts weiter getan, als hand-werksmäßig aufgrund der Fabrikmethodik einen bestimmten Weg beschritten.«[48] Folglich spielten ab Mitte der neunziger Jahre überragende Einzelpersönlichkeiten für die weitere Entwicklung der industriellen Farbenchemie kaum noch eine Rolle – mit Ausnahmen wie René Bohn bei BASF oder Robert Emmanuel Schmidt bei Bayer, die auch in persönlicher Konkurrenz zuerst die Alizarinfarben verbesserten und später zu den Indanthrenfarben vorstießen.

Eben dieser Typus einer hochgradig arbeitsteiligen, auf unmittelbare industrielle Anwendung und unternehmerische Verwertung ausgerichteter Wissenschaft ist es, der sich gegen Ende des 19. Jahrhunderts in der Farbenindustrie ausbildete; auf die hierarchisch geordnete Effektivität der betrieblichen Forschung, bisweilen sogar nach militärischem Vorbild[49], gründete sich die Überlegenheit der deutschen Farbenfabriken, die sich später, eingebunden in die Großmachtpolitik des Reiches, so destruktiv und gewalttätig entlud. Auf dem Gebiet der Chemie entstand erstmals in der neueren Geschichte ein »akademisch-industrieller Komplex«, eine symbiotische Einheit von Forschung und praktischer Nutzanwendung ihrer Ergebnisse, in der die Weiterentwicklung einer Wissenschaft sich nicht mehr »intern« – als autonome Entscheidungsfolge der »scientific community« – vollzieht, sondern »extern« – nach den Interessen industrieller Anwendung – gesteuert wird. »Die Quelle der außerordentlichen Erfolge« der Teerfarbenindustrie, führte Heinrich Caro 1892 aus, »ist eine bis in die letzten Adern der Fabrikation sich verzweigende wissenschaftliche Durchdringung der Praxis, unablässige Fühlung mit der Bewegung auf dem Erfindungsgebiete, den Fortschritten der theoretischen und angewandten Chemie und den wechselnden Bedürfnissen des Marktes, streng durchgeführte Teilung der Arbeit und ein planmäßig geleitetes harmonisches Zusammenwirken aller Kräfte, von dem ersten bis zum letzten, jeder an dem ihm gebührenden Platze.«[50]

Auch die »reine« Naturwissenschaft Chemie, als die sie sich vor allem an den Universitäten verstand, geriet schnell in den Sog industrieller Interessen. So war es üblich, wie das Beispiel von Graebe und Liebermann mit der BASF bei der Alizarinsynthese zeigt, daß Universitätschemiker und Unternehmen sich zu einem beiderseits einträglichen Zweckbündnis zusammenschlossen, um einen neu synthetisierten Farbstoff in größeren Mengen herzustellen. Professoren boten den Firmen ihre später sogar patentgeschützten Farben meistbietend zum Kauf. Manche Universitätsinstitute wandelten sich zu Außenstellen der Werksforschung – besonders als diese noch weit besser ausgestattet waren als die Fabriklabors. Probleme und Zielsetzungen der Produktion wurden zu universitären Forschungsprojek-

ten umformuliert. »Nicht mehr wie früher war die Industrie die ausschließlich Empfangende«, äußerte sich später Heinrich von Brunck über
diese Phase, »sie vermochte nun auch zu geben, die wissenschaftliche
Forschung zu fördern und zu bereichern.«[51] So schickten etwa die Farbenfabriken Bayer den jungen Duisberg vor dessen Festanstellung mit dem
konkreten Auftrag an die Straßburger Universität, sich dort mit bestimmten
Reaktionsprozessen zu beschäftigen, die für die begehrte technische Darstellung von Indigoblau von großem Interesse schien. Besonders Heinrich
Caro gelang es immer wieder, die führenden Köpfe unter den Chemikern
für die verfahrenstechnischen Probleme zu interessieren, wie sie sich bei der
BASF vor allem im Verlauf der Arbeit an der so schwierigen Indigosynthese
auftürmten. Zwischen ihm und Adolf von Baeyer, dem Nachfolger Liebigs
in München, bestand über Jahre ein reger Austausch von Erfahrungen und
Erkenntnissen, der jedoch 1883 abrupt abbrach, als sich Baeyer vom Indigo
abwandte, nachdem für ihn »jetzt der Platz eines jeden Atoms im Molekül
dieses Farbstoffs auf experimentellem Wege festgestellt«[52] war. Auch wenn
wie hier in den Personen Caros und Baeyers universitäre und betriebliche
Forschung sich durchaus gegenseitig befruchten und produktiv zusammenwirken konnten – in der Gesamtbilanz dominierte das strikt anwen-
dungsbezogene über das »reine«, industrieferne Wissenschaftsverständnis
humanistischer Tradition, das an den naturwissenschaftlichen Fakultäten
durchaus fortbestand und nicht gleich restlos vom ersten Industrialisie-
rungsschub und seinen neuen, praxisbezogenen Anforderungen überrollt
worden war.

An Baeyer selbst kristallisierte dieses Spannungsverhältnis deutlich aus.
Bereits als er 1869, damals Lehrer am Gewerbeinstitut in Berlin, mit den
leitenden Herren der BASF zusammentraf, um die geplante Alizarinherstellung zu besprechen, waren ihm diese Techniker fremd »wie Wesen aus
einer anderen Welt«[53]. Und obwohl Baeyer 1905 den Nobelpreis nicht
zuletzt dafür erhielt, daß er der Industrie entscheidende Impulse vermittelt
hatte, bewahrte er sich dennoch eine kritische Distanz gegenüber der
Hektik und den vordergründig materialistischen Motiven der Industrie. Er
schätzte genaue Beobachtung und den Gebrauch der Sinne vor aufwendigen
Apparaturen; sein Werkzeug war das Reagenzglas, nicht Schüttelschießofen
oder Hochdruckautoklave.[54] In seiner Idee einer »humanen Naturwissenschaft« hatte die Tätigkeit der Werkschemiker keinen Platz: »In Ihren
großen Fabriken«, führte er anläßlich einer Feier in Leverkusen in Anwe-
senheit Duisbergs aus, »stimmt es mich immer traurig zu sehen, wie Sie da
unsere schönen Erfindungen aus unseren Reagenzgläsern in Ihre großen
Kessel übertragen, ohne daß Sie viel Neues dazugeben.«[55] Auch hinsichtlich

des Verhältnisses zur Natur unterschied sich Baeyers Auffassung vom anwendungsnahen Wissenschafts-Typus, wie er gegen Ende des 19. Jahrhunderts vorzuherrschen begann: »Was macht den großen Naturforscher aus? Er soll nicht herrschen, sondern horchen, er soll sich dem Gehorchten anpassen und sich nach ihm ummodeln. (...) Jemand, der mit einer bestimmten Idee an die Natur geht, der wird gewissermaßen vor der Natur stehen wie ein General.«[56]

Mit solchen Äußerungen, mit denen er sich vor allem in seinen letzten Lebensjahren hervorwagte, blieb Baeyer Außenseiter. Die disziplinierte, arbeitsteilige und systematische Erfindungstätigkeit in den Werkslabors, die Ausrichtung der Chemie an unternehmerischen Interessen, war mittlerweile zu »Wissenschaft« geworden – erst in dieser Deformation wurde sie die Basis für den Aufstieg der deutschen Farbenfabriken, der im Triumph der »Großmacht« gipfelte.

✣

Wenn es von der Zeit um die Jahrhundertwende hieß, die Menschen seien »farbenfroh«, die Welt »farbentoll« geworden, ein »Farbrausch« habe sie erfaßt[57], dann bezog sich dies auf den augenfälligsten Anwendungsbereich, die Kleidung. Mit dem Aufkommen der synthetischen Farben war das Angebot vielfältig, sogar unüberschaubar geworden. Sie standen jetzt in verschiedenen Qualitäten, leuchtend oder dezent, in allen Nuancen und untereinander mischbar zur Verfügung; aus einem Mangel- war ein Überschußartikel geworden. Hatten die traditionellen pflanzlichen und tierischen Farbrohstoffe noch einen immensen Verarbeitungsaufwand erfordert, war nun das Handwerk des Färbens einfacher und weniger zeitraubend. Die Preise für gefärbte Tuche sanken, das äußere Erscheinungsbild der Menschen, ihre Kleidung konnte bunter werden – und nicht nur als Vorrecht für die Angehörigen der sozialen Oberschichten. Nun existierten endlich alle Voraussetzungen, damit der individuelle Gebrauch der Farben sich von allen Einschränkungen befreien konnte, die eine starre gesellschaftliche Ordnung einerseits, die unterschiedliche Verfügbarkeit einzelner Farben andererseits seit jeher gezogen hatten. Theoretisch stand es jetzt jedem frei, sofern er nur zahlungsfähig war, Kleidung in jeder beliebigen Farbe zu tragen.

Das war nicht immer so. Bis an die Schwelle zur Neuzeit blieben besonders die in klaren, leuchtenden Farben gehaltenen Stoffe nicht nur extrem teuer und damit für die unteren bis mittleren Bevölkerungsschichten unerschwinglich, sie zu tragen war ihnen auch gar nicht erlaubt. Denn bis ins Detail legten Farbordnungen und -vorschriften fest, wer und zu welchem Zweck bestimmte Farben zu gebrauchen hatte. Je höher der soziale Stand, um so teurer und kostbarer die Farben, mit denen er sich kleiden und umgeben durfte. Während sich so das »nüchterne Kostüm der kleinen Leute« kaum veränderte – in den Städten war es grau bis schwarz gehalten, auf dem Lande braun und ungefärbt –, thronte am anderen Ende der Hierarchie das Rot, die Farbe der Macht und des Luxus. Zunächst war sie den Königen vorbehalten, dann durften nur Adlige rote Mäntel tragen, später, mit dem Aufblühen des städtischen Bürgertums, auch die Patrizier. Dieser Kontingentierung des roten Stoffes entsprach der immense Aufwand, welcher nötig war, das Rohmaterial für eine leuchtende, lichtechte Färbung zu gewinnen: in der Antike waren es Purpurschnecken, dann Kermes- und nach der Entdeckung Amerikas mexikanische Cochenilleläuse, die erst in Mengen zu Hunderttausenden nenneswerte Farbstoffausbeuten ergaben.[58] Das Verhältnis von spärlichem Angebot und zugelassenem Verbrauch des Rots stimmte solange, bis es den Holländern gelang, Färberkrapp in guter Qualität anzubauen.

Als infolgedessen die rote Kleidung billiger werden konnte, büßte sie ihre Bedeutung als Adelsprivileg ein. Nun trugen auch vornehme Bürger oder Bauern rote Anzüge und Hosen. Mit ihrer Verbilligung verloren die reinen Farben auch ihre Wertschätzung als ästhetisches Ideal. »Nun waren die reinen Farben die einfachen Farben, die Kunst des Färbens wurde zur Kunst des Mischens und Schattierens.« Je billiger etwa der Plantagen-Indigo wurde, den die Engländer in Europa anboten, desto beliebter wurde das leuchtende Blau als die Farbe einfacher oder sogar der Arbeitskleidung. Um die immer noch lange und komplizierte Prozedur des Blaufärbens zu vereinfachen, schätzte man besonders Baumwollstoffe, die Zeug- oder Textildrucker mit Hilfe von Holzmodeln bedruckten, wobei sie kleinteilige blau-weiße Muster aufbrachten. Einen ganz besonderen Erfolg hatte der 1850 nach Amerika ausgewanderte Textilhändler Levi Strauss, der Drillichstoff mit Indigo einfärbte und daraus strapazierfähige, vor allem unter den kalifornischen Goldgräbern beliebte Hosen schneiderte.[59]

Was mit dem intensiven Krappanbau und der Einfuhr preiswerten und guten Indigos aus Übersee begann, vollendeten die Teer- und Anilinfarben: Sie schufen die materielle Basis, individuellen Farbgebrauch von allen sozial gestaffelten Vorschriften zu entkoppeln, die Farbordnungen zu lockern und zu demokratisieren.

Auch wenn kulturgeschichtliche Traditionen mit ihren Gebräuchen und Geboten der Schicklichkeit weiterhin in Farbensymbolik und -präferenzen fortwirkten, bot sich nun in der Fülle der synthetischen Farben die scheinbar freie Wahl. Man gab sich farbenfroh, und die Nachfrage stieg rasch. Obwohl »die Männerwelt u.a. aufgrund der zunehmenden Einbindung in die Wirtschafts- und Industrieprozesse sich äußerlich immer mehr vom Reich der glanzvollen, poetischen Farben abwendet, kostet die Damenwelt die Fülle aller inzwischen zur Verfügung stehenden Farben weidlich aus«.[60] Die Facetten der Modefarben differenzierten, verfeinerten sich in ihren Nuancen, wechselten in immer kürzeren Abständen. Innovationsfähigkeit und Flexibilität der Teerfarbenfabriken paßten sich nicht nur dem dabei eingeschlagenen Tempo an, sondern versuchten es sogar zu bestimmen. »Die Mittel, um neue Effekte zu erzielen, lieferte die deutsche chemische Industrie.«[61] Jahr für Jahr schwärmten ihre Vertreter und Verkaufsagenten aus, um den Kunden aufwendige Musterbücher mit den jeweils neuesten »Farben der Saison« zu präsentieren. Nun galten die schnellen Wechselfälle der Mode als absatzfördernd.

Die betörende Attraktivität eines der großen neuartigen Pariser Kaufhäuser äußerte sich etwa für Emile Zola nicht allein in der Flut der Stoffe und Kleider, sondern auch in der Vielfalt der »buntscheckigen« Farben, der »flammenden Feuersbrunst der Seiden« – »nilgrün, indischhimmelblau, dijonröschenrot, donaublau« –, dem Strudel von Schiefergrau, Marineblau und Olivgrün, von »Flammenmustern, Streifen und blutroten Flecken«; in den Auslagen der Schaufenster entfalteten Seide, Atlas und Samt »in einer sanften und flimmernden Skala die köstlichsten Blumenfarben: zuoberst die Samte von tiefem Schwarz, vom Weiß geronnener Milch; weiter unten die Atlasstoffe, die rosenfarbenen, die blauen, schillernd in den Brüchen, immer lichter werdend bis zur Blässe äußerster Zartheit; noch weiter unten die Seiden, ein wahrer Regenbogen.«[62] Bei der Verwandlung der Dinge in Waren spielten die Farben eine nicht unerhebliche Rolle, die Vielfalt der Waren entsprach der der Farben.

Dennoch erlag die Welt nicht von selbst den Verlockungen des Farbenrausches. Aus der Sicht der Farbenfabriken entwickelte sich der Absatz ihrer Produkte längst nicht so, wie sie es sich wünschten. Es mangelte ihnen an Qualität: Besonders die Unbeständigkeit, die fehlende Lichtechtheit der so »feurigen und schönen« Anilinfarben hatte das Mißtrauen von Verbrauchern und Färbern geweckt, das auch die nachfolgend entwickelten, verbesserten Farbstoffgruppen nicht entkräften konnten. Kongorot und Benzoazurin bestachen zwar auf den ersten Blick, doch nach Gebrauch und einigen Wäschen verblaßten die mit ihnen gefärbten Kleidungsstücke. Besonders die Färber weigerten sich, die neuen synthetischen Farbstoffe zu verwenden, die sich zwar erheblich einfacher verarbeiten ließen, deren

Der »blaue Rock«: Indigo färbte auch die Uniformen der deutschen Soldaten.

Anwendung zugleich aber auf den Stolz und das Selbstverständnis eines traditionellen Gewerbes mit seinen besonderen überlieferten Fertigkeiten zielte und dessen Eigenständigkeit bedrohte. Obwohl die großen, untereinander konkurrierenden Farbenfabriken alle Anstrengungen unternahmen, aus diesen skeptischen Färbern zufriedene Kunden zu machen und sie von reisenden »Coloristen« mit den neuesten Produktinformationen versorgen ließen, blieben bei ihnen bis zu Beginn des 20. Jahrhunderts die Naturfarben beliebt, vor allem dann, wenn qualitativ hochwertige Stoffe gefragt waren. Erst 1894 wurden Anilin- und andere synthetische Farbstoffe in Preußen zur Färbung der Militäruniformen zugelassen, und noch 1911 hatte Carl Duisberg offensichtlich Gründe, gegen »Künstler und Kunsthandwerker« zu polemisieren, »welche nahezu Krieg führen gegen die Teerfarbenindustrie und die Färbereien, welche sie (die synthetischen Farbstoffe, d.V.) benutzen. Man verlangt Rückkehr zur Natur, obgleich die guten, lichtechten Naturfarbstoffe längst auf künstlichem Wege hergestellt werden.«[63]

Sogar mit den neuen hochechten Indanthren-Küpenfarbstoffen, zunächst 1903 von der BASF als Indanthrenblau RS, 1906 auch von Bayer unter dem Namen Algol auf den Markt gebracht, stießen die Unternehmen auf ungeahnte Absatzschwierigkeiten bei den Färbern. Daraus entwickelte sich eine veränderte Marketingstrategie: Nicht mehr der Färber sollte von den Qua-

Die »coloristische Abteilung« oder Versuchsfärberei um 1930. (Hoechst)

litäten einer Farbe überzeugt werden, sondern der Verbraucher. »Eine
ungeheure Reklame beginnt. Eine Reklame mit dem einen Wort: Indanthren. Ein Warenzeichen wird entworfen. Ein großes I mit einer gelben
Sonne, Regentropfen, rot umrändert auf blauem Untergrund. Lichtecht –
waschecht – kochecht sind die Stoffe mit diesem Warenzeichen! schreit es
von der Anschlagsäule, liest der Mann morgens beim Frühstück in der
Zeitung, wird den Frauen in kleinen Anekdoten und aufklärenden Artikeln
beigebracht. (...) Die Tuchhändler müssen nun diese Ware erzeugen. Sie
müssen Indanthren-Farben bei den deutschen chemischen Werken kaufen.«[64]

Es war also nicht allein die menschliche Lust auf Farbe, die individuelle
Freiheit ihres Gebrauchs, denen Vielfalt und Verfügbarkeit der synthetischen Farben zur Erfüllung verhalfen; und es waren nicht nur Bedürfnis
und Bedeutung der optisch-sinnlichen Wahrnehmung, die sich in den steil
wachsenden Absatzzahlen der Farbenfabriken niederschlugen, sondern
auch die Erfolge geschickt geplanter Verkaufs- und Vermarktungskampa-
gnen. Der am Ende vollständige »Triumph« der Teer- über die Naturfarben
gründete sich nicht allein auf ihre Qualitätsunterschiede, in ihm zeigte sich
auch die gewaltige Überlegenheit des großen, kapitalkräftigen, später weltweit und trustähnlich operierenden Unternehmens über das kleinteilige

Gewerbe der traditionellen Färberei und ihrer Zulieferbetriebe.[65] Er war nicht der Sieg des Produkts, sondern der Produktionsform.

Dieses Zusammentreffen von starker Nachfrage und großem Angebot, diese Mischung eines nach Farben hungernden Publikums und expansionsorientierter Unternehmen führte auch dazu, daß die synthetischen Farben schon bald außerhalb ihres ursprünglichen Anwendungsbereiches auftauchten. Nicht nur die gebräuchlichen Textilien Wolle, Baumwolle, Leinen und Seide wurden mit Teerfarben gefärbt, auch Jute, Kokos, Ziegenhaar und andere Fasern, sogar Leder und Pelze. Eine eigene Industrie entstand, die farbige Stroherzeugnisse und künstliche Blumen herstellte, Federn und Gräser zu Schmuckzwecken färbte – und gut verkaufte. Tinten[66] und Schuhcreme enthielten nun Teerfarben; Papiere, Seifen und Kerzen wurden mit ihnen gefärbt. Bunte Tapeten, lange allein den besitzenden Schichten vorbehalten und nun für viele erschwinglich, hellten die stickig-dunklen Stuben und Salons allmählich auf. Alles, was bunt gefärbt werden konnte, wurde bunt gefärbt – auch die Lebensmittel.[67]

✳

E 102, E 110, E 122, E 123, E 124 – Kennziffern heute zugelassener Lebensmittelfarben: Tartrazin, Gelborange G, Azorubin, Amaranth, Cochenillerot A; alle aus der Gruppe der Azofarbstoffe, die in großer Zahl und vielen Farbschattierungen vor knapp hundert Jahren in den Werkslaboratorien der Farbenfabriken gefunden wurden. Damals wurden sie auf Teerbasis hergestellt, heute überwiegen Erdöl oder -gas als Grundlagen. 1982 wurden in der Bundesrepublik ca. 950 Tonnen synthetischer Lebensmittelfarben produziert. Sie »verschönern« Eis und Pudding, Getränke und Süßigkeiten, Kaugummi und Tabletten, sie sind – im Gegensatz zu den meisten Naturfarben – zwar chemisch stabil, lichtecht und billig, aber nicht gesundheitlich unbedenklich.[68]

Die Anwendung von Teerfarben im Lebensmittelbereich hat Tradition und zeigt, daß sich die ersten Erzeugnisse der wachsenden organisch-chemischen Industrie nicht darauf beschränkten, lediglich Textilien rot, blau oder gelb einzufärben, sondern zunehmend auch andere Gegenstände des täglichen Gebrauchs. Im Verlauf dieser allgemeinen Chemisierung des Alltagslebens haben vor allem die Azofarben eine Vorreiterrolle gespielt. Ihr anfangs bedenkenloser Einsatz bei der nachträglichen Färbung von Lebensmitteln führt dabei deutlich vor Augen, daß der Zuwachs an Kenntnissen über ihre gesundheitlichen Risiken der exzessiven Anwendung stets hinterherhinkte.

Gefärbte Lebensmittel waren im letzten Drittel des 19. Jahrhunderts nichts grundsätzlich Neues, doch die gerade entdeckten synthetischen Farben zeichneten sich gegenüber den bisher zu diesem Zweck verwendeten dadurch aus, daß sie effektiver und zugleich weniger offensichtlich ihren gewünschten Zweck erfüllten, nämlich schlechte, minderwertige oder unansehnliche Nahrung optisch aufzubessern, ihre Verkäuflichkeit zu steigern und so den Verbraucher über die tatsächliche Qualität einer Ware zu täuschen. »Kupfersulfat zum Grünen von Gemüse«, so trug es ein Lebensmittelchemiker 1914 vor, »hat vom Standpunkt des Verbrauchers den Vorteil, vom Standpunkt des Herstellers den Nachteil, daß gelbgewordenes, welkes, überreifes Gemüse damit nicht grün gefärbt werden kann; es wurde daher verlassen und durch andere grüne Farbstoffe ersetzt, mit denen man auch minderwertige Ware auffärben konnte.«[69]

Zwar gab es seit 1887 ein Gesetz, das »gesundheitsschädliche Farben zur Herstellung von Nahrungs- und Genußmitteln« verbot, doch um die Unzahl der neuen synthetischen Farben kümmerte es sich nur wenig und konzentrierte sich vielmehr auf die schwermetallhaltigen Zusätze, deren Giftigkeit zwar seit langem bekannt war, die aber immer noch dazu benutzt wurden, Lebensmittel äußerlich nachzurüsten. Nicht mehr mit gelbem Safran, grünem Petersilien- und blauem Kornblumensaft wurde gefärbt wie zu den Zeiten, als dies allein das Vorrecht der Apotheker war, sondern Käse mit rotem Quecksilbersulfid, Zuckerwaren mit leuchtend rotem Bleioxid und gelbem Bleichromat und Wein mit rotem Fuchsin, einem seit 1859 hergestellten, aufgrund seines Arsenanteils hochtoxischen Anilinfarbstoff. Auf diese schlimmsten Auswüchse zielte das Farbengesetz von 1887, über das fünf Jahre öffentlich diskutiert wurde, bevor es endlich – in einer gegenüber früheren Entwürfen abgemilderten Fassung – in Kraft treten konnte.[70]

Die Praxis der Lebensmittelfärbung hatte sich jedoch längst geändert. Mit der Entstehung einer großen Lebensmittelindustrie verdrängten die neuen synthetischen Farbstoffe nicht nur die traditionellen Mineralfarben, sondern gewannen in dem Maße an Bedeutung, wie die Lebensmittel zu Waren wurden, deren künstlich aufgefrischte Äußerlichkeit ihren Absatz fördern sollte. Obwohl viele Lebensmittelchemiker das Färben der Lebensmittel als »entbehrlich« und »Tatbestand der Täuschung« ablehnten, wuchs die Zahl der für diese Zwecke angebotenen Substanzen unüberschaubar an.[71] Das Gesetz von 1887 dämmte ihre Verwendung nicht ein, sondern machte die Bahn erst richtig frei: »Verglichen mit dem hundertfältigen Spektrum der

Farben, die dann von der Teerfarbenindustrie hergestellt wurden und die in gesundheitlicher Hinsicht unbekannt waren«, beschränkte sich das Gesetz auf einen »ganz engen Kreis von Farbstoffen. (...) Diese Lücke diente dazu, um Dutzende und Dutzende dieser Teerfarben in die Lebensmittel hineinzuschleusen.«[72] Endgültig gerieten die für die öffentliche Gesundheitsvorsorge verantwortlichen Lebensmittelchemiker ins Hintertreffen. Die Giftigkeit einzelner Teerfarben und sogar ganzer Farbstoffgruppen war zwar bekannt, doch scheiterte ein gesetzliches Verbot auch daran, daß weder »eine höchste zulässige Menge« anzugeben war, die »vom Standpunkt der öffentlichen Gesundheitspflege« gerade noch als unbedenklich galt, noch analytische Verfahren verfügbar waren, mit denen diese Mengen »in praktisch durchführbarer Weise zu bemessen«[73] waren.

Nicht nur die Analytik konnte der Vielfalt chemischer Produkte nicht folgen. Seit ihrem nunmehr sanktionierten Einzug in die Nahrungsmittelindustrie wuchs der kaum kontrollierbare Gebrauch der Teer- und Azofarbstoffe, ohne daß sich um mögliche gesundheitliche Risiken gekümmert worden wäre: Noch Mitte der fünfziger Jahre wurden 80 bis 110 dieser Farbstoffe zugesetzt, obwohl schon 1933 ein bekannter Lebensmittelchemiker lediglich 27 von ihnen für ungiftig hielt. Zwanzig Jahre später bekamen nur noch sieben synthetische Lebensmittelfarben eine solche Unbedenklichkeitsbescheinigung, darunter auch jene Azofarbstoffe, von denen man heute sicher weiß, daß sie Allergien auslösen können oder gar als erbgutschädigend verdächtigt werden.[74] Buttergelb, seit 1930 als krebserregend bekannt, färbte bis nach dem Zweiten Weltkrieg Butter und Margarine; Orange G (und ähnliche), bis 1950 in großen Mengen produziert, leuchtete so lange in Kuchen, Süßigkeiten und Getränken, bis die »indirekte« Toxizität dieser Farbstoffgruppe über jeden Zweifel erhaben und der Beweis erbracht war, daß der menschliche Organismus in einem komplexen Stoffwechselprozeß daraus das giftige Anilin abspaltet. Und das legendäre Benzopurpurin, Duisbergs erster kommerziell erfolgreicher Azofarbstoff und ebenfalls lange in der Nahrungsmittelindustrie verwandt, wurde erst 70 Jahre nach seiner Synthese als »Summationsgift« erkannt, das sich kumulativ im menschlichen Körper anreichert.

In keiner Phase ihrer Nutzungsgeschichte als Lebensmittelfarbstoffe hat es eine begleitende oder gar präventive Risikoforschung darüber gegeben, wie sich synthetische Farbstoffe und andere aromatische Verbindungen im Organismus verhalten oder verändern, welche sich möglicherweise addierenden Wechselwirkungen sie auslösen können. »Die Ausscheidungs- und Entgiftungsgeschwindigkeiten der meisten chemische Stoffe in Lebensmitteln sind unbekannte Wissenschaften.«[75]

Im Juni 1914 – der Anilinkrebs war als Arbeitserkrankung längst bekannt – trafen im Reichsgesundheitsamt Chemiker, Mediziner, Hygieniker und Pharmazeuten mit Männern der chemischen Industrie, an ihrer Spitze Geheimrat Carl Duisberg, zu einer denkwürdigen Unterredung zusammen. Es galt zu entscheiden, ob bestimmte, bei der Konservierung von Lebensmitteln eingesetzte chemische Zusätze künftig weiter zulässig sein sollten, an deren gesundheitlicher Harmlosigkeit begründete Zweifel bestanden, ohne daß bereits ein wissenschaftlich unanfechtbarer Beweis dafür vorlag. Vor die Wahl gestellt, die fraglichen Stoffe für diesen Verwendungszweck auszuschließen oder sie in bestimmten Nahrungsmitteln unter »Deklarierungszwang« zuzulassen, entschied sich die Mehrheit der versammelten Herren gegen ein rigoroses Verbot. »In die so entstandene Bresche drang die Lebensmittel-Technik im Sturm ein, ohne noch wesentlich Widerstand zu finden, zuerst mit Konservierungsmitteln, dann mit Farben und chemischen Bleichmitteln, dann mit dem Heer der übrigen Verschönerer.«[76]

Zwar ist Einsatz von synthetischen Farben in der Lebensmittelindustrie für die Geschichte der Farbstoffe quantitativ von nur untergeordneter Bedeutung, dennoch offenbart sich hier eine problematische Phasenverschiebung. Diese hat sich nicht nur als charakteristisch für eine zunehmend durch die industrielle Produktion strukturierte Gesellschaft erwiesen, sondern ist ebenso Resultat neuartiger Gefahren, die mit den Technologien und Stoffkreisläufen der synthetischen Chemie heraufzogen: Während die angewandte Wissenschaft in den privaten Unternehmungen eine ungeheure Vielfalt künstlicher Produkte hervorbrachte und ständig neue Anwendungsbereiche erschloß, führte die systematische Erforschung ihrer Neben- und Folgewirkungen ein eher kümmerliches Schattendasein. Wenn dieses gesellschaftliche Defizit einer anwendungsfixierten Wissenschaft überhaupt erkannt wurde, dann wurde es als öffentliche Aufgabe in staatliche Trägerschaft ausgelagert. Die auf den Produktnutzen ausgerichtete Wissenschaft wird privatisiert, ihr Pendant aber, das die Erforschung spezifischer Risiken zu seinem Gegenstand erkärt, in gesellschaftliche Zuständigkeit abgeschoben, der Staat und Politik – fest in das Fortschrittsmodell des industriellen Zeitalters integriert – nie gerecht geworden sind. Diese verhängnisvolle Aufspaltung deutete sich mit den Teerfarben und der sich aus ihnen entwickelnden großindustriellen Chemie erstmals an; damit stahlen sich die privaten Kapitalgesellschaften und die dort »angewandte« Wissenschaft aus der Verantwortung für die Folgen ihrer Tätigkeit.

Hier Bilanzgewinn, dort noch nicht einmal eine Bestandsaufnahme der gesellschaftlichen Kosten, die durch die entfesselte industrielle Produktion entstanden: Es glich dem hoffnungslosen Wettrennen zwischen Hase und Igel. Verseuchte Flüsse, giftige Altlasten, nicht abbaufähige Umweltchemikalien, Arbeitserkrankungen und gesundheitsschädliche Produkte – Schlaglichter einer Geschichte des Nicht-Wissen-Wollens.

✣

Eine »Giftküche«, eine »Drecksküche« solle da gebaut werden, deren »Stinkgase die ganze Gegend vergiften« würden – mit starken Worten wehrten sich einige Ludwigshafener Stadträte gegen das Vorhaben der Badischen Anilin- und Sodafabrik, 1865 im badischen Mannheim auf der anderen Rheinseite gegründet, nun im selben Jahr in ihrer Stadt ein großes Gelände in günstiger Lage zu erwerben, um dort eine neue Chemikalien- und Farbenfabrik zu errichten. Am Ende unterlagen die Gegner dieses gewaltigen Industrieansiedlungsprojekts. Mit der Aussicht auf Arbeit, Geld, Aufschwung und Bevölkerungszuwachs durch die neue Fabrik setzte sich der Bürgermeister gegen die kleinbürgerliche »Angst um den persönlichen Vorteil«[77] durch.

Auch wenn der Konflikt sich in dieser personifizierten Zuspitzung nicht abgespielt hat, entsprach es duchaus der Realität, daß fast überall die beabsichtigte Gründung einer Teerfarbenfabrik nicht begeistert aufgenommen, sondern als gefährlich abgelehnt wurde. Wo immer wagemutige Unternehmer, Farbhändler oder Färbereibesitzer, auch Abenteurer oder Spekulanten mit der Herstellung der neuen Anilinfarbstoffe begannen, waren Giftskandale die Folge. So hatte es in Basel schwere Erkrankungen und sogar Todesfälle gegeben, nachdem arsenhaltige Rückstände in einen Trinkwasserbrunnen gesickert waren. Sie stammten aus dem neuen Betrieb der alteingesessenen Extraktfabrik Geigy & Heusler, wo seit 1859 auch das rote Fuchsin hergestellt wurde – mit Arsensäure als Oxidationsmittel. Auch das Trinkwasser in der Nachbarschaft der Fabrik von Friedr. Bayer & Co in Barmen war vergiftet, nachdem Fässer mit den aggressiven Arsenrückständen, die überall auf dem Werksgelände lagerten, durchgerostet waren. Im Sommer 1864 mußte das junge Unternehmen die ersten Entschädigungen zahlen und verlor anschließend sogar einen Prozeß; die Beschwerden mehrten sich, die »Erbitterung« in der Nachbarschaft, aber auch die regelmäßig fälligen Abfindungssummen nahmen zu. Bayer erwarb 1866 ein neues Fabrikgrundstück flußabwärts unterhalb der Städte Barmen und Elberfeld, »wo am Wupperwasser nicht mehr viel zu verderben war«[78].

Dabei konnte die Arsen-Gefahr, die durch das Fuchsin heraufbe-
schworen wurde, keine Überraschung sein: Es gehörte seit langem zum
Erfahrungswissen, daß viele der damals häufig verwendeten künstlichen
Mineralfarben äußerst giftig waren. Bei diesen liegt der färbende Wirkstoff
nicht wie bei den Teerfarben in gelöster Form vor, sondern als festes, von
einem Bindemittel umhülltes Körnchen – als Pigment –; die Farbe verbindet
sich auch nicht mit dem zu färbenden Gegenstand, sie überzieht ihn als
Lack. Seit Ende des 18. Jahrhunderts, an der Schwelle zwischen alten
chemisch-anorganischen Techniken und der knapp hundert Jahre später
aufblühenden modernen Chemieindustrie, wurden diese Mineralfarben in
kleineren Fabriken künstlich hergestellt und verdrängten wegen ihres Glan-
zes und ihrer Beständigkeit die natürlichen Erdfarben. Die notwendigen
Rohstoffe Blei, Zink, Chrom, Kupfer, Quecksilber, Kadmium oder Zinn
lieferten Hütten- und ähnliche Betriebe, denn Mineralfarben sind metalli-
sche Verbindungen. Sie sind giftig, wie z.B. viele blaue und rote Kupfer-,
einige Chromfarben, die wichtigste aller Metallfarben, das Bleiweiß, und
nahezu alle Grünfarben. Vor allem grüne Farben blieben einhundert Jahre
lang bekannt giftige – »giftgrüne« – Farben, da sie, wie etwa das »Schwein-
furter Grün«, »einer der am meisten verwendeten Farbstoffe« und unter
verschiedenen Bezeichnungen im Handel, auf Arsenbasis hergestellt wurden.[79]
Sowohl bei den grünen Mineralfarben wie bei einem der ersten kommerziell wichtigen Anilinfarbstoffe, dem roten Fuchsin, spielte das klassische
Gift Arsen die entscheidende Rolle. Das traditionelle Verständnis von Gift
und Giftigkeit, das sich aus den Erfahrungen mit diesem Stoff in exemplarischer und besonders deutlicher Weise ableitete, hatte lange Bestand. An ihm
orientierten sich die Einschätzungen auch der besonderen gesundheitlichen
Risiken, die mit dem Aufkommen der neuen Teerfarbenfabriken deren
Arbeiter, ihre Nachbarn und die Konsumenten ihrer Produkte bedrohten.
Die Folge war, daß sich der Sicherheitsmaßstab für die neugegründeten
Teerfarbenfabriken über lange Zeit an den jeweils offenkundigen Mißstän-
den orientierte: Es galt, einen spektakulären Unfall wie einen Benzolbrand
ebenso zu vermeiden wie eine Vergiftung, oder wenigstens ihre unmittelbaren Folgen für den betroffenen Arbeiter zu mildern. So wurde die
auffällig verlaufende akute Anilinvergiftung schon recht früh beobachtet
und beschrieben: Sie äußerte sich in Müdigkeit, Schwäche, in taumelndem
oder unsicherem Gang, in fahler Gesichtsfarbe und blauem Schaum vor den
Lippen. Die Arbeiter lernten, die ersten Anzeichen richtig zu deuten,
verließen rechtzeitig die »Atmosphäre« des Anilinraums, und schon nach

Farbstoffbetrieb mit Pressenbühne um 1895. (Hoechst)

wenigen Stunden verschwanden die Symptome völlig. Die Zahl akuter
Anilinvergiftungen nahm ab, das Anilismusproblem schien damit gelöst.[80]
  Die spezifischen Gefahren der neuartigen organischen Molekülverbin-
dungen und der bei ihrer großtechnischen Produktion anfallenden Abfälle
blieben schon deswegen verborgen, weil sich niemand dafür interessierte,
welche komplexen, möglicherweise erst langfristig wirkenden Folgen es für
Mensch und Umwelt haben könnte, wenn bis dahin kaum bekannte Stoffe
in großen Mengen hergestellt und verteilt werden. Verhältnismäßig lange
blockierte das traditionelle toxikologische Erfahrungswissen, das auf einer
unmittelbaren Beobachtung von Ursache und Wirkung beruhte, entsprechende Fragestellungen. Erst recht aber engten die eigenen Maßstäbe den
Horizont der Naturwissenschaften auf einfache, »eindimensionale«
Zusammenhänge ein. Durch die groben Maschen damals wissenschaftlich
akzeptierter Kausalbeziehungen fielen diejenigen Probleme, bei denen die
Zuordnung bestimmter krankhafter Veränderungen im menschlichen Körper zu einem Stoff, der sie bewirkte, allenfalls erfahrungsgemäß beschrieben, nicht aber wissenschaftlich nachgewiesen werden konnten.
  Dieser Bereich des »Nichtwissens« blendete aber gerade die qualitativ
neuen Problemfelder aus, die sich erst mit der großindustriell betriebenen
synthetischen Chemie einstellten. Die chronischen Wirkungen von Schadstoffen und ihre großflächige Verbreitung in der Umwelt blieben wissen-

Filterpressen der Indigo-Fabrik, 1921. (BASF)

schaftlich unbeweisbar. So gab es weder politschen Druck noch Interesse, intensiv nach angemessenen Methoden zu suchen oder gar Ansätze einer »Risikoforschung« zu entwickeln, die zu einem kontrollierten und bewußten Umgang mit den neuen chemischen Stoffen und Erzeugnissen hätten führen können. Lücken einzugestehen, die modernen, rationalen Erklärungsmodelle als begrenzt, vorläufig und hypothetisch zu begreifen, paßte nicht in das Selbstverständnis eines Naturwissenschaftlers der Jahrhundertwende, der davon ausging, daß die abschließende gedanklich-theoretische Durchdringung aller Naturvorgänge kurz bevorstand. So schien es gänzlich unvorstellbar, die eingeschlagene Richtung des wissenschaftlich-technischen Fortschritts zu überdenken oder gar sein Tempo abzubremsen. Vor diesem Hintergrund hatten etwa epidemiologische Studien, die über den Weg einer indirekten, statistischen Beweisführung diejenigen unter den Arbeitsstoffen hätten ausfindig machen können, die oft erst nach Jahrzehnten bei den Betroffenen Krebserkrankungen auslösten, einen schweren Stand gegen die Sturheit gestandener Werkschemiker, die mit Berufung auf den »gesunden Menschenverstand« darauf beharrten, daß die Schädlichkeit eines Stoffes erst mit der akuten Vergiftung beginne. Immer wieder verstrichen viele Jahre des Abwehrens und Abwartens, bis die ersten Hinweise auf krebsauslösende Eigenschaften eines bestimmten Stoffes wissenschaftliche

Anerkennung fanden und die Betroffen wenigstens entschädigt werden konnten.

Seit der Gründung der ersten primitiven Teerfarbenfabriken zog sich diese Schieflage durch die Geschichte: Der zunehmenden Verwissenschaftlichung der Produktion entsprach das naive und zugleich verantwortungslose Desinteresse gegenüber ihren Folgen. Wenn im letzten Drittel des 19. Jahrhunderts nun erstmals Teer, ein undurchsichtiges, geheimnisvolles Stoffgemisch, industriell genutzt wurde, dann geschah dabei vom Augenschein her nicht viel anderes als in den alten Manufakturen auch: ähnliche Verfahren mit gleichen Gerätschaften; in den neuen Fabriken mischte, rührte, erhitzte und verdampfte man Anilin, Benzol, aromatische Verbindungen aller Art und ließ sie chemisch reagieren – und das gleich in großen Mengen. Schnell und hektisch expandierten die Farbenfabriken, ohne daß deren Betreiber wissen wollten, mit welchen toxikologisch brisanten Stoffen umgegangen, was in Wasser, Boden und Luft der Umgebung entlassen und was mit den Produkten in die Alltagswelt verteilt wurde.

Wenn es Konflikte um die Abwässer der Teerfarbenfabriken oder die gesundheitlichen Belastungen ihrer Arbeiter gab, dann bewegten sie sich zunächst in dem Rahmen, den das klassische Gift-Verständnis absteckte. Je mehr aber Arbeitsmediziner oder Hygieniker allmählich zu begreifen begannen, daß sich auch kleine Schadstoffbelastungen über große Zeiträume zu bedenklichen Wirkungen summieren konnten, um so deutlicher kristallisierte sich heraus, daß bei der nun beginnenden Diskussion um chronische Risiken zugleich ein Kampf um eine politisch-gesellschaftliche Machtposition ausgefochten wurde – um die Definitionsgewalt darüber, was unter »Gift« zu verstehen sei. Dabei lag es im Interesse von Unternehmern und führenden Industriechemikern, daß sich der klassische Gift-Begriff möglichst lange behaupten konnte. Denn legte man ihn zugrunde, so konnte man konstatieren, daß sich etwa um die Jahrhundertwende die Arbeitsverhältnisse in den großen Farbenfabriken durchweg verbessert hatten. Die Arsensäure war als Oxydationsmittel längst durch Nitrobenzol ersetzt worden, und viele der lästigen bis üblen Neben- und Kuppelprodukte wurden wenigstens verwertet und nicht mehr als Abfall in die Flüsse verkippt. Wenn sich besonders schlimme »Ausdünstungen« einfach nicht vermeiden ließen, wie z.B. der »Katzengestank« bei der Fabrikation von Merkaptan, einer Vorstufe des Schlafmittels Sulfonal, dann verlegten – in diesem Fall – die Bayer-Werke den entsprechenden Betrieb in die Einsamkeit der Lüneburger Heide. Solange die chronisch wirkenden Belastungen gesellschaftlich nicht als »Gifte« angesehen wurden, konnte kaum ein Schatten diese positive Bilanz trüben.

Im Juni des Jahres 1905, auf der Konferenz der Zentralstelle für Arbeiter-Wohlfahrtseinrichtungen, nahm sich Carl Duisberg die Sozialdemokraten und die »gesamte öffentliche Meinung« vor, um noch einmal in aller Schärfe die Grenzen der klassisch-exakten Gift-Definition gegen alle Kritik an der Farbenindustrie zu verteidigen.[81] Häufig griffe die Presse, so beklagte er, die Unternehmen in diffamierender Weise als »Giftindustrien«, »Gifthütten« an. Doch diesen Kritikern, die überall die »Giftgefahr wittern«, fehle nicht nur jeder Sachverstand, über die Giftigkeit der in den Betrieben verwendeten Stoffe zu urteilen, sondern schon die Praxis des Fabrikalltags, mit ein paar Zahlen untermauert[82], bewiese, daß Vergiftungen bei den Arbeitern – verglichen mit den »mechanischen Unfällen« – »minimal« geworden seien. Wer dennoch das Argument der »Giftgefahr« gegen die Industrie wende, der benutze »als bestes Mittel zur Schürung des Klassenkampfes«, so Duisberg, »die Giftigkeit der Stoffe, die wir fabrizieren müssen, ohne daß dabei aber eine Giftgefahr besteht, in der gemeinsten und scheußlichsten Weise zu Angriffen gegen uns«.[83]

Für Duisberg war das Giftproblem in den Fabriken bereits gelöst, zumindest verfügten Ingenieure und Verfahrenstechniker über die geeigneten Mittel dazu. »Man kann jede Giftgefahr nicht nur bekämpfen, sondern vollkommen beseitigen, wenn man die geeigneten mechanischen Vorrichtungen trifft.« In der Tat hatte Duisberg in den neunziger Jahren die Betriebsanlagen der Bayer-Werke kräftig modernisiert. Geschlossene Rührwerkskessel, Transmissionsriemen, Pumpen und Rohrleitungen ersetzten die alten, primitiven Arbeitsgeräte und offenen Bottiche[84]; dabei besserten sich sowohl die teils unerträglichen Arbeitsbedingungen – weniger Hitze, Staub und giftige Dämpfe, weniger Knochenarbeit –, als auch durch Rationalisierung und Mechanisierung die Produktionsergebnisse. Dieses »mechanische Prinzip« wurde nun auf den Arbeitsschutz insgesamt ausgedehnt. Nicht nur Duisberg, auch viele Fabrikhygieniker empfahlen in der Folge dort, »wo die natürlichen Lüftungseinrichtungen nicht ausreichten, künstliche Ventilationsanlagen baulicher oder maschineller Art«, »Materialtransport durch Saug- oder Druckluft«, »möglichst restloses Absaugen von Gasen und Stauben an den Entstehungsstellen« sowie »gut ventilierte Arbeitsräume mit glatten Böden und Wänden« als die wichtigsten und effektivsten Maßnahmen, den Umgang mit gesundheitsgefährdenden chemisch-organischen Stoffen weitgehend risikolos zu gestalten.[85]

Doch diese mechanischen Maßnahmen des Arbeitsschutzes blieben Scheinlösungen. Denn die Schadstoffe wurden nicht vermindert oder aus dem Produktionskreislauf herausgenommen, sondern nur anders verteilt. Arbeitsschutz ging immer wieder zu Lasten des Umweltschutzes, wenn die hochgradig gesundheitsschädliche Fabrikluft mit ihren Stäuben und Gasen lediglich abgesaugt und nach außen umgeleitet wurde. Doch auch alle Einzelmaßnahmen eines so verstandenen Arbeitsschutzes griffen allenfalls kurzfristig und konnten nur solange als erfolgreich gelten, wie sie sich auf das Ziel beschränkten, eine akute Vergiftung der Arbeiter auszuschließen. So hielt Duisberg das Problem des Arbeitsschutzes schon damit für gelöst, »daß wir heute die giftigste Substanz, die wir kennen, das Cyankali, ohne Giftgefahr tonnenweise herstellen können«. In der Tat: Die Anzahl der akuten Vergiftungen in den Farbenfabriken nahm ab. Doch schon in den Jahren vor Duisbergs Vortrag waren die auffällig häufigen chronischen Erkrankungen der Farbenarbeiter endlich offenkundig geworden. Mit den einfachen Rezepten des mechanischen Arbeitsschutzes war es nun vorbei.

Noch 1902 kündigten alle Arbeiter im Eosinbetrieb der Hoechster Farbenfabriken bereits im Jahr ihrer Einstellung. Sie zogen trotz eines geringeren Verdienstes andere Industrien »ohne Verunreinigungen oder lästige Dämpfe« vor. Einige Jahre zuvor hatte der Frankfurter Arzt Ludwig Rehn, nachdem er bei drei Arbeitern desselben Betriebes Blasenkrebs festgestellt hatte, diesen auf Anilin zurückgeführt. 1903 wurde bekannt, daß unter den Arbeitern der BASF in Ludwigshafen die ungeheure Zahl von mehr als 50 Anilinkrebs-Erkrankungen aufgetreten war. Doch erst nach 1918 kümmerte sich die Arbeitsmedizin systematischer um die Krebserkrankungen der Anilinarbeiter. 1925 wurde eine Verordnung der Berufskrankheiten erlassen, die Blasenkrebs durch aromatische Amine als Berufskrankheit auswies. Später stellte sich dann heraus, daß nicht nur Ausgangs- und Zwischenstoffe für die Teerfarben, die als Verunreinigungen dem in den Fabriken allgegenwärtigen Farbstoffstaub beigemischt waren, kanzerogen wirken, sondern auch viele Azofarbstoffe selbst.[86] Die chronischen Krebs-Erkrankungen, die erst nach Jahrzehnten offen ausbrachen, zwangen zu neuen Strategien des betrieblichen Arbeitsschutzes. Der Einsatz der kanzerogenen Stoffe selbst stand dabei jedoch nie zur Diskussion.

Diese so zögerliche Ausweitung des klassischen Gift-Begriffes, diese interessenspezifische – und damit politische – Interpretation dessen, was zu den gesundheitliche Risiken zu zählen ist, wiederholte sich auf anderen Gebieten. Wie selbstverständlich hatten sich die Teerfarbenfabriken, wie auch Färbereien und andere alte Gewerbe, der Flüsse bedient, die ihnen nicht nur die Wassermengen lieferten, »deren sie zur Lösung und Kühlung, zur Erzeugung von Eis und Dampf bedürfen«, sondern sie zugleich als den »natürlichen« Weg aufgefaßt, sich flüssiger wie fester Rest-, Abfall- und Giftstoffe, Säuren, Salze und Laugen zu entledigen. Auch hier besserten sich die schlimmsten Zustände vor allem dann, wenn konkurrierende Nutzun-

gen des Wassers durch andere Industrien zur Krafterzeugung, Fischerei
oder Trinkwasserversorgung nachteilig betroffen wurden und die fälligen
Schadenersatzzahlungen die Teerfarbenfabriken zwangen, ihre Produktionsverfahren zu verbessern. An der gängigen Praxis, die stofflichen Über-
schüsse in die Flüsse zu leiten, änderte sich jedoch nichts – im Gegenteil:
Die Gleichgültigkeit gegenüber den Wirkungen auf Flußleben, Was-
serqualität und die Ökosphäre insgesamt ließ die Mengen derjenigen bio-
logisch oder toxikologisch bedenklichen Stoffe ansteigen, die die Farbenfabriken über den Abwasserpfad in die Umwelt verteilten. So ließ 1902 die
BASF aus sechs großen Ausläufen in jeder Sekunde 870 Liter Abwässer in
den Rhein; deren »rote Farbe bleibt linksseitig im Randstrom weit abwärts
bis gegen Worms verfolgbar«. Und 1905 wies ein Gutachten darauf hin, daß
die Farbwerke Bayer & Co aus ca. 95 Abflüssen »nicht bloß freie Säure,
sondern auch noch viele aggressiv wirkende Farbstoffe«, »meist wohl ganz
ohne Klärung«, in die Wupper fließen ließen. Bis zur Einmündung in den
Rhein wurde ihre Selbstreinigungskraft derart überfordert, daß über weite
Strecken jegliches Leben ausgestorben war. Besonders dieser »Tintenstrom« mit seiner offenkundigen, da farblich sichtbaren Verschmutzung
diente oft als Beispiel, wenn um die »Flußverunreinigungsfrage« gestritten
wurde. Mit drastischen Bildern stritt der spätere sozialdemokratische Mi-
nisterpräsident Phillip Scheidemann 1904 vor dem Reichstag erneut für ein
Reichswassergesetz: Die Wupper sei so schwarz vor Schmutz, daß man
einen Nationalliberalen, den man darin untertauche, »als Zentrumsmann
wieder herausziehen könnte«; der Main wechsele nicht nur häufig seine
Farbe, er sei so intensiv gefärbt, daß die weißen Hosen der Badenden bunt
wieder heraus kämen; die Industrie könne nicht länger »einfach alles ver-
seuchen und verwüsten«[87]. Doch trotz der heftigen Diskussionen um die
Flußverunreinigungsfrage zählte noch 1907 der Hoechster Vorstandsvor-
sitzende Gustav von Brüning zu den für die in England geplante Fabri-
kansiedlung notwendigen Standortfaktoren neben »Eisenbahnstation und
Nähe eines Dorfes, aus dem sich Arbeiter rekrutieren lassen, (...) ausreichend vorhandenes Wasser und die Möglichkeit, ohne besondere Schwierigkeiten Fabrikabwässer in den Fluß fließen zu lassen«[88].

Als zu Beginn des 20. Jahrhunderts wieder einmal zaghafte Bemühungen
unternommen wurden, die freie und ungehinderte private Nutzung der
Gewässer zur Entsorgung industrieller Reststoffe einzuschränken, war es
erneut Duisberg vorbehalten, den Kontrapunkt zu setzen. »Der Himmel
bewahre uns vor einem Reichsabwassergesetz«, stieß er 1912 aus. Die
Industrie könne der »Königlichen Versuchsanstalt für Wasserversorgung
und Abwässerbeseitigung« nur mit »größtem Mißtrauen« begegnen, spiele

sie sich doch als »Abwasserpolizei« auf, statt den Farbenfabriken zu »nützen« und sie zu »unterstützen«. Ihre Gutachten über die Verunreinigung der Flüsse durch die chemische Industrie wies Duisberg als »nicht sachkundig«, »seltsam und unglaublich« zurück; anstelle staatlicher Kontrolle und Überwachung empfahl er die eigene Fachkenntnis und die Selbstverantwortung der Wasserverschmutzer, deren »Abwasserkommissionen sich schon seit vielen Jahren praktisch und theoretisch mit der Frage beschäftigen, die Abwässer der einzelnen Betriebe sowie das Sättigungs- und Selbstreinigungsvermögen dauernd zu kontrollieren«[89].

Aus der nationalen und wirtschaftlichen Bedeutung dieser »wichtigen Industrie Deutschlands« leitete Duisberg das Vorrecht ab, die vorhandenen Wasserressourcen ohne Verpflichtung gegenüber Staat und Öffentlichkeit allein nach eigenem Gutdünken zu nutzen. Zugleich erhob er im Namen des mächtigen »Vereins zur Wahrung der Interessen der chemischen Industrie Deutschlands« Anspruch auf die Verfügungsgewalt über die natürliche Umwelt: Die Entscheidung darüber, welche Schad- und Reststoffmengen Wasser, Luft und Boden zuzumuten waren, hatte sich allein den Erfordernissen von Produktion und Rentabilität unterzuordnen. Duisberg konnte sich dabei auf eine Praxis berufen, wie sie schon seit längerem in der Chemieindustrie üblich, aber erst bei der Herstellung von Teerfarben zur Perfektion entwickelt worden war.

Die deutschen Teerfarbenfabriken hatten ihre international führende Position auch deswegen einnehmen können, weil sie in der Lage waren, die dem Produktionsprozeß zugeführten Stoffmengen möglichst vollständig zu verwerten. Es verschaffte betriebswirtschaftliche Vorteile, die am Ende eines Produktionsschritts »übrig« bleibenden Kuppel- oder Zwischenprodukte nicht über das Abwasser oder durch den Schornstein zu »entsorgen«, sie gar zu Abfallhalden aufzutürmen, sondern sie zu neuen, produktfähigen Stoffen umzuwandeln.[90] Auf der Basis der verschiedenen Destillationsfraktionen des Teers entstand so ein verzweigter Produktbaum, der sich zunehmend differenzierte und die Grundlage dafür bildete, daß aus Farbenfabriken große Chemiekonzerne mit verschiedenen Sparten werden konnten. Nach dieser inneren Logik weitete sich der Wirkungsradius des industriell in Gang gesetzten Stoffkreislaufes zunehmend aus. Eine Flut chemischer Produkte durchdrang das Alltagsleben, und zugleich nisteten sich die am Ende nicht mehr verwertbaren Reststoffe als nunmehr stabile Umweltchemikalien in alle Poren der Ökosphäre ein. Es blieb aber immer eine wirtschaftliche und unternehmensstrategische Entscheidung, welcher Teil der eingesetzten Stoffe als Abfall über Wasser, Luft und Boden und welcher als Produkt »entsorgt« wurde. Dabei spielten nicht nur betriebsinterne Kosten-Nutzen-Rechnungen eine Rolle, sondern ebenso die Frage, ob für ein Erzeugnis, das sich aus einem weiteren Zweig des Produktbaums heraustreiben ließ, eine Nachfrage existierte – oder diese durch eine geschickte Verkaufsstrategie aufgebaut werden konnte. So wurden viele natürlich gewonnene Öle und Harze durch synthetische Substitute verdrängt, die in der Teerchemie als billige Nebenprodukte anfielen. Die eingesetzten Grundstoffe und Technologien aber waren über jeden Zweifel erhaben.

Konsequenterweise war für Männer wie Duisburg die Belastung der an ihren Fabriken vorbeifließenden Vorfluter mit Schadstoffen nur eine unmittelbare Folge betriebswirtschaftlicher Rationalität. Niemals konnte die Reinhaltung der Flüsse und der Luft, die Vermeidung giftiger Abfälle ein eigenständiges Ziel unternehmerischen Handelns sein – allenfalls Begleiterscheinung. Und wo Duisberg behördliche Einschränkungen des freien Zugriffs auf die natürlichen Umwelt-Ressourcen befürchtete, da versuchte er, diese mit dem Hinweis auf die nationale Bedeutung der chemischen Industrie zurückzudrängen. Aus ihren Laboratorien und Fabriken kamen die wirtschaftlich und strategisch wichtigen Rohstoffe, die es in natürlicher Form in Deutschland nicht gab. Ihre Synthese bildete die Voraussetzung dafür, daß sowohl die später vereinigten Farbenfabriken zum einflußreichen politischen Machtfaktor wurden, als auch das Deutsche Reich zur Großmacht mit imperialen Ansprüchen.

Tatsächlich hat zu Beginn des 20. Jahrhunderts die Chemie die »Welt erobert«. Doch der Aufstieg der deutschen Teerfarbenfabriken zu Herrschern über die Weltmärkte konnte nur durch die Instrumentalisierung der Natur in nie gekanntem Umfang möglich werden. Die moderne Chemie entfesselte nicht nur einen gigantischen Industriezweig, dessen Erzeugnisse das soziale Leben veränderten, sondern ebenso eine Vielzahl neuartiger, bis dahin unbekannter Stoffe, deren Eigenschaften nur dann von Interesse waren, wenn ihre Kenntnis die Produktion optimierte oder neue, vermarktungsfähige »Kunststoffe« aller Art ermöglichte. Weiße Flecken der Erkenntnis aber blieben die vielschichtigen, sich überlagernden und unüberschaubaren Wirkungen dieser Stoffe auf den menschlichen Organismus und die natürliche Umwelt.

Die Geschichte der Teerfarben ist auch eine Geschichte des Nicht-Wissen-Wollens und des Nicht-Wissen-Könnens.

*

Es war kurz nach den Ersten Weltkrieg, als Carl Bosch, Vorstandsvorsitzender der BASF, einem französischen Pressevertreter auf die Frage nach der Zukunft der Chemie eine optimistische Antwort gab. »Es gibt keinen Naturstoff, der sich nicht einmal synthetisch gewinnen ließe. Gestern waren es die Farbstoffe, heute sind es die Düngemittel, morgen wird es das Eiweiß sein. Die menschliche Ernährung wird revolutioniert werden.«[91]

Die Erwartungen haben sich nicht erfüllt. Es gibt kaum chemisch synthetisierte Lebensmittel, und die Möglichkeiten der Synthese begrenzen sich auf wenige spezielle Anwendungsgebiete. Die Vielfalt stofflicher Strukturen und Gemische läßt sich nicht auf regelmäßig aufgebaute, immer gleiche Molekülketten reduzieren; sie ist auf chemischem Wege nicht künstlich konstruierbar. Doch es scheint, als beginne die Geschichte von vorn: Heute erhebt die synthetische Biologie – die Gentechnik – den gleichen Anspruch wie die Chemie knapp hundert Jahre zuvor.

Führende Wissenschaftler erwarten nicht nur in der Industrie einen ähnlichen Entwicklungsschub wie bei der Chemie, sollte die synthetische Biologie den Sprung aus den Laboratorien zur großindustriellen Nutzanwendung vollenden.[92] Sie beschreiben zudem deren zukünftige Entwicklungsphasen als Parallele zur Chemie: Noch verharre die synthetische Biologie auf dem Niveau des bloßen Nachbaus natürlicher Stoffe. Dem Indigo entspreche etwa das »hochinteressante Biomolekül« des körpereigenen Wirkstoffs Interferon, die beide auf natürlichem Wege nur mit gewaltigem Kostenaufwand darstellbar sind. Doch schon bald soll die Biologie der Chemie folgen und »Proteine auf dem Reißbrett nach eigenen Vorstellungen konstruieren«.

Gentechnisch veränderte Mikroorganismen produzieren Zucker und pharmazeutische Wirkstoffe; aus rekombinanten Nutzpflanzen wie Raps, Kartoffeln, Sojabohnen oder Sonnenblumen wollen die Bio-Ingenieure wirtschaftlich interessante Fette und Öle, sogar Kakaobutter, gewinnen – Produkte, deren Anbau in den klimatisch kühlen Zonen Europas und der Vereinigten Staaten bisher nicht möglich war.

Wenn auf dem Gebiet der Biologie sich die Geschichte der synthetischen Chemie zu wiederholen anschickt, ist das Grund genug, diese wenigstens in ihren Verbiegungen und Zurichtungen frei zu legen. Denn eine Neuauflage all der »Siege« und »Eroberungen« brauchen wir nicht.

Sylvia Reckel

Von »Teufelsfarbe«, »Scharlachtüchern«, »Waidjunkern« und »Schönfärbern«

Aufstieg und Fall der natürlichen Farben

Durch die neulich erfundene, schädliche, fressende Corrosivfarbe, so man die Teufelsfarbe nennt, (wird) jedermann viel Schaden zugefüget (...), indem, daß man zu solcher Farbe statt des Weydes Vitriol und andere fressende und wohlfeilere Materie braucht, dadurch gleichwohl das Tuch so schoen als mit der Weydfarbe gefärbt und wohlfeiler hingegeben werden kann. Aber es wird ein solches gefärbt Tuch, da man es schon nicht anträgt, in wenigen Jahren verzehret und durchfressen. Derohalben wollen wir solche verderbliche Tuchfarbe gänzlich verbotten, auch allen und jeden obrigkeiten hiermit auferleget haben ernstliches aufsehen zu thun: Damit solche Teufelsfarb von den Tuchmachern gänzlich vermieden bleibe. Der überfahrer solle mit allem maß härtiglich an seinem Gut und Ehren gestraffet werden. Auch der so dergleichen wissentlich feil hatt, soll nebst Confiscation des Tuches an Ehren und sonsten gestrafft werden.«[1]

So heißt es in der kaiserlichen Reichspolizeiverordnung von 1577. Mit der »fressenden Teufelsfarbe« ist der Indigo gemeint, der blaue Farbstoff aus der Indigopflanze Indigofera tinctoria, die ursprünglich aus Vorderindien stammt. Die restriktive Maßnahme gegen den Indigo war keine Einzelerscheinung. In Münster z.B. war es den Färbern ab 1601 laut Ratsbeschluß verboten, die »(...) indianischen Blomen zur farbe zu gebrauchen«. Ähnliche Erlasse gab es in Regensburg, Straßburg und Nürnberg. Das Nachbarland Frankreich untersagte die Indigofärberei bereits 1558 unter Androhung der Todesstrafe.[2]

Was war der Hintergrund für diese drastischen Verbote? Zwar fand über die Färberzünfte eine strenge Qualitätskontrolle der verwendeten Farbstoffe und Färbeverfahren statt,[3] doch rechtfertigte die angeblich schlechte Qualität der Indigofärberei kaum derartige Maßnahmen. Vielmehr spiegelten sich in dem Bestreben, die Verwendung von Indigo einzudämmen, tiefgreifende Umwälzungen im damaligen Wirtschaftssektor der Farbstofferzeugung und Färberei wider.

Der Waid

Über Jahrhunderte hatte man in den Blaufärbereien Mitteleuropas den »Weyd«, den Färberwaid (Isatis tinctoria) benutzt, dessen Verwendung bis in frühgeschichtliche Zeiten zurückzuverfolgen ist. Nach Plinius benutzten ihn gallische Frauen, um sich vor Kulthandlungen den Körper mit blauer Farbe zu bemalen.[4] Die Faszination, die zur damaligen Zeit für die Menschen von der Farbe Blau, der Farbe des Himmels, ausging, hatte sicher verschiedene Gründe. Der Prozeß der Farberzeugung mit dem Waid, der wie Zauberei wirken mußte, war dabei von besonderer Bedeutung: Es handelt sich bei dem blauen Farbstoff aus dem Färberwaid, der später als Indigotin bezeichnet wurde, um einen sogenannten Küpenfarbstoff. Das heißt, daß das Indigotin nur in seiner reduzierten Form, in der Leukoform, als Indigoweiß bzw. Indoxyl im Farbbad in Lösung gehalten und auf die Faser übertragen werden kann. Das Farbbad muß daher durch Gärungsvorgänge sauerstofffrei gehalten werden. Das Indigoweiß schlägt sich als gelbliche Farbe auf den in die Küpe getauchten Textilien nieder. Erst durch Einwirkung von Luftsauerstoff auf die behandelten Stoffe und Garne, durch den eine Reoxidation des Indigoweiß zum Indigotin stattfindet, entwickelt sich die leuchtend blaue Farbe.[5]

Diese chemischen Prozesse waren den Blaufärbern bis an die Schwelle zur Neuzeit jedoch unbekannt; ihr Handwerk stützte sich auf einen reichhaltigen Erfahrungsschatz.

Anbau und Verarbeitung des Waides

Wie viele andere Färbepflanzen auch, durchlief der Waid im Laufe der Jahrhunderte eine Entwicklung von der Verwendung in der bäuerlichen Hausfärberei über die Kultivierung in Hofgütern und Klostergärten bis zum planmäßigen kommerziellen Anbau, der ab dem 13. Jahrhundert seine

Blütezeit erreichte. Die Anbaugebiete dieser wärmeliebenden Pflanze lagen im Elsaß und in der Gegend um Köln und Braunschweig. Die ausgedehntesten Waidkulturen waren aber in Thüringen zu finden,[6] so daß man vom Waid als vom »goldenen Vlies Thüringens«[7] sprach, was sich sicher nicht nur auf die goldgelb blühenden Waidfelder, sondern auch auf den Gewinn bezog, den Anbau und Vermarktung abwarfen.

Beim Waid hängt, ähnlich wie bei anderen Färbepflanzen, der Farbstoffgehalt von Faktoren wie Klima und Bodenverhältnissen ab. Daher wurde bei der Vorbereitung des Saatbetts, Düngung und Unkrautentfernung mit zur damaligen Zeit nicht üblichem Aufwand vorgegangen.[8] Vor der Saat, die entweder im Herbst oder im Frühjahr erfolgte, mußte mehrere Male tief gepflügt und reichlich gedüngt werden. Bis zur Ernte wurde zur Unkrautentfernung mehrfach gehackt. Die erste Ernte erfolgte im Juni/Juli durch Schneiden des Krauts, ohne die Wurzeln zu beschädigen, um weitere Ernten zu ermöglichen. Geerntet wurde nur bei gutem Wetter, weil das Kraut im Freien getrocknet werden mußte. Feuchtes Wetter konnte zu Fäulnis und damit zum Verlust von Färbekraft führen. Da die Ernte aus diesem Grund zügig vonstatten gehen mußte, aber auch sehr arbeitsintensiv war, heuerten die Waidbauern Tagelöhner aus anderen Landesteilen an, die sogenannten Sachsengänger.[9] Die Bauern waren nicht nur für Anbau und Ernte zuständig, sie zermahlten auch die geernteten Blätter in einer Naßmühle zu Brei, der anschließend in Haufen von etwa einem Meter Höhe zur Gärung gebracht wurde. Nach etwa 14 Tagen, in denen die Masse mehrfach zu wenden war, formte man die sogenannten Waidkugeln oder Blaukörner, die auf Horden (Trockengestellen) getrocknet wurden.[10]

Die weitere Verarbeitung war den Bauern verboten und oblag den Waidhändlern, die die Waidkugeln zerkleinerten, über Wochen mit Wasser und Urin anfeuchteten und damit einem weiteren Gärungsprozeß unterwarfen. Bei diesem Vorgang stank es natürlich übel, so daß die Durchführung mit Auflagen verbunden war; u.a. durfte die Gärung bei Androhung schwerer Strafe nicht an Festtagen vorgenommen werden. Die Arbeit der Waidknechte wurde gut entlohnt, zum einen wegen der unangenehmen Arbeitsbedingungen, zum anderen, weil sie große Umsicht und Erfahrung verlangte.[11] Das Endprodukt dieser nochmaligen Gärung wurde dann in Fässern meist auf dem Landwege, seltener per Schiff, über weite Strecken transportiert. Hauptumschlagplätze für Waid, wie für andere Farbstoffe auch, waren Frankfurt, Nürnberg, Köln und Speyer; von hier aus wurde er bis nach England, Flandern und Holland verkauft. Waren es anfangs noch kleine Kaufleute, die in dem Vertrieb von Waid ihr Auskommen fanden, so entwickelten sich nach und nach größere Handelsgesellschaften.[12]

Waid war der bedeutendste Farbstoff des Mittelalters. Er lieferte nicht nur die Farbe Blau, man konnte mit ihm in hochkonzentrierter Lösung auch die begehrte Farbe Schwarz erzeugen. Auch Grün entstand häufig als Überfärbung der gelben Farbe mit dem Blau des Waides, wie Braun durch Doppelfärbungen von Rot und Schwarz gewonnen wurde. Welch ein blühender Wirtschaftszweig die Waiderzeugung und der Waidhandel waren, kommt in den zeitgenössischen Bezeichnungen für die Waidbauern und Waidhändler zum Ausdruck: Sie wurden »Waidjunker« und »Waidbarone« tituliert. Noch Anfang des 17. Jahrhunderts flossen im Rahmen des Waidhandels über drei Tonnen Gold in die thüringischen Waidanbaugebiete.[13]

Der Indigo

Zu dieser Zeit war die Blüte des Waidanbaus allerdings schon überschritten. Der Indigo, der ab Anfang des 16. Jahrhunderts in immer größeren Mengen aus Übersee nach Europa kam, schlug den Waid als Hauptfarbstoff nach und nach aus dem Feld. Zwar hatte man auch vor dieser Zeit den aus Vorderindien stammenden Indigo schon gekannt, der ab dem 12. Jahrhundert von persischen Kaufleuten über Bagdad und später über Italien nach Europa gebracht worden war, doch hatte der Indigo aufgrund seines hohen Preises als Luxusartikel nur eine untergeordnete Rolle gespielt, zumal mit dem Waid eine einheimische Pflanze zur Verfügung stand, mit der die blaue Farbe vergleichsweise preisgünstig und mit Hilfe eines bewährten Verfahrens erzielt werden konnte.[14]

1497 fuhr der Portugiese Vasco da Gama auf der Suche nach einer Seeverbindung mit Indien zum ersten Mal um das Kap der Guten Hoffnung und gründete in Indien die portugiesische Niederlassung Goa. Die Portugiesen brachten neben anderen Handelsgütern wie Gewürzen auch Indigo nach Lissabon, dessen Herstellung und Verwendung in Indien bereits eine lange Tradition hatte. Das Zeitalter der Entdeckungsfahrten und des Kolonialismus hatte begonnen und damit der Kampf der europäischen Staaten um die Vorherrschaft in den überseeischen, unterworfenen Ländern, in denen die in Mitteleuropa begehrten exotischen Handelswaren ein bedeutendes wirtschaftliches Potential darstellten.

Die Portugiesen wurden in Indien von den Holländern verdrängt, die dort 1602 die Ostindische Handelsgesellschaft gründeten und die Indigoeinfuhr nach Europa intensivierten. Der Indigo, dessen Färbekraft wesentlich höher war als die des Waides, entwickelte sich rasch zu einer ernsthaften

Gefahr für den einheimischen, blühenden Wirtschaftszweig des Waidan-
baus und Waidhandels, an dem nicht nur die Bauern und Händler gutes
Geld verdienten, sondern von dem z.B. auch Tagelöhner, Waidknechte,
Fuhrleute und Zulieferer für Gerätschaften und Transportbehälter abhin-
gen.[15] Aber auch die Fürsten und die freien Städte waren Nutznießer dieses
Erwerbszweiges, da sämtliche Geschäfte, sei es im Anbau-, Verarbeitungs-
oder Vermarktungssektor, mit hohen Steuern belegt waren. So konnte mit
Hilfe der Gelder aus den Waidabgaben 1392 in Erfurt die erste deutsche
Universität mit vier Fakultäten gegründet werden.[16] Die Klagen der Waidbauern und Waidhändler über die neue Teufelsfarbe Indigo trafen daher bei
den Landesfürsten und Ratsleuten der Städte auf offene Ohren und führten
zu den eingangs erwähnten Einschränkungen der Indigoverwendung unter
Androhung schwerer Strafen.

Diese protektionistischen Maßnahmen konnten den Siegeszug des Indigo
jedoch nicht aufhalten. Im Gegensatz zum Waid war er nicht mit hohen
Steuern belegt und konnte daher trotz der weiten Transportwege über das
Meer relativ preisgünstig angeboten werden, zumal der verteuernde Zwi-
schenhandel wegfiel. Allerdings beherrschten die mitteleuropäischen Blaufärber anfangs die Färbungen mit Indigo noch nicht in vollen Maße, so daß
die fürstlichen und städtischen Erlasse mit der angeblichen Unterlegenheit
des Indigo gegenüber dem Waid bezüglich der Farbechtheit und Haltbarkeit des Tuches argumentieren konnten.[17]

Die Gewinnung der blauen Farbe

Das Blaufärben mit Waid galt als etablierte Technik, in der die Färber seit
Jahrhunderten bewandert waren. Zum Färben wurden anfangs hölzerne,
später kupferne Behälter, die sogenannten Kufen, verwendet, in denen der
Waid durch Zusatz von Weizenkleie, Kalk und Krappwurzel (pflanzlicher
Farbstoff zum Rotfärben) zum Gären gebracht wurde. In dieser »Küpe«
lief bei Temperaturen nahe dem Siedepunkt der Färbeprozeß ab. Ebenso
wie bei der Waidbereitung kam es auch beim Färben durch die Gärung zu
sehr unangenehmen Geruchsentwicklungen.[18]

Das Prinzip der Verküpung, d.h. das Überführen des Farbstoffes in den
reduzierten Zustand, das Indigoweiß, war beim Indigo im Grunde dasselbe
wie beim Waid. Von chemischen Prozessen wie Reduktion und Oxidation
des Farbstoffes wußten die Färber der damaligen Zeit natürlich nichts;
sämtliche Anwendungsmethoden waren rein empirisch zustande gekom-

Das Färberhandwerk im Mittelalter: Szene aus einem venezianischen Werk des 16. Jahrhunderts.

men. Man bediente sich daher zur Verküpung beim Indigo anfangs eines Mittels, das vermutlich auch die indischen Färber benutzt hatten, nämlich einer alkalischen Lösung von Operment. Das Operment oder Auripigment ist eine Schwefelarsenverbindung (Arsensulfid), die in sächsischen Bergwerken gewonnen wurde. Man kannte diese Substanz – auch Rauschgelb genannt – in der Färberei bereits aus der Schwarzfärberei, da Arsensulfid mit Eisen einen schwarzen Niederschlag bildet. Die Augsburger Schwarzfärber besaßen sogar ein besonderes Magazin für Operment, das »Rauschhaus«. Als Arsenverbindung ist Operment giftig, und seine Anwendung war für den Färber mit gesundheitlichen Risiken verbunden. Daneben trug die ätzende Wirkung des Operment auf die gefärbten Stoffe zum schlechten Ruf des Indigo als »Corrosivfarbe« bei. Auch die später übliche Vitriolküpe mit Kalk und Eisensulfat zur Reduktion des Indigo konnte zu einer Schädigung des Gewebes führen, da das Eisenvitriol (Eisensulfat) die Fasern hart und brüchig machte. Außerdem fielen in großen Mengen Eisenhydroxid und Gips aus und setzten sich am Boden des Küpengefäßes ab, so daß die Küpe häufig erneuert werden mußte und daher keine optimale Ausnutzung des Farbstoffes möglich war.[19] Häufig verwendeten die Blaufärber für Färbungen mit Indigo daher die Waidküpe, indem sie beim für Waid üblichen Verfahren blieben und lediglich den größten Teil der Waidmenge durch Indigo ersetzten. In einer zeitgenössischen Darstellung heißt es dazu: »Man nimmt zu einer Waidküpe anderthalb, wohl auch zwei Zentner Waid, 20 Pfund Pottasche (Kaliumcarbonat), 16 Pfund Röte (Krappwurzel), etwas Weizenkleie, nebst einer hinlänglichen Menge Wassers, das nicht hart sein darf, macht beides zusammen heiß und rührt alles wohl durcheinander. Darauf tut man 16-24 Pfund Indigo in diese Brühe, den man gut gestoßen (gemörsert) hat, rührt das Bad wieder durcheinander und fährt damit von drei zu drei Stunden fort. Die in der Küpe solchergestalt vermischten Farbmaterialien fangen nun an, sich untereinander zu reiben, aufzulösen und so in Gärung zu kommen. Befindet sich die Küpe in diesem Zustand, so ist sie ganz trübe, und es geht alles durcheinander, welches die Künstler das ›Treiben‹ der Küpe nennen; zu gleicher Zeit bilden sich leichte und beißende Dünste, die immer häufiger und stärker werden. Dies dauert fast, bis die Ingredienzen einen hinlänglichen Grad der Gärung erreicht und sich innig miteinander verbunden haben, da dann die Brühe schön gelblich wird und die blauen Indigoadern sich darin zu schlängeln beginnen, auch ein bläulicher kupfriger Schaum erhebt sich, wenn man mit der Laute (Rührer) hineinstößt. Ist die Küpe in diesem Zustand, so sagen die Färber, sie sei angekommen.«[20]

Besonders für kleinere Farbbäder verwendete man auch die Urinküpe, wobei gefaulter Männerurin mit Indigo unter Zusatz von Krapp und Pottasche erwärmt wurde. Da die Urinküpe nur schwach alkalisch ist, eignete sich dieses Verfahren hauptsächlich zum Färben von Wolle, die besonders empfindlich auf hohe pH-Werte reagiert. In der bäuerlichen Hausfärberei war die Verwendung von Urinküpe noch bis zum Ende des 19. Jahrhunderts üblich.[21]

Der Siegeszug des Indigo

Je besser man das Färben mit Indigo beherrschte, um so mehr trat der Waid in den Hintergrund. Zwischen 1579 und 1605 ging die Fläche der Waidäcker

Indigoplantage um 1750. Kupferstich von 1765.

in Thüringen fast um die Hälfte zurück. Im Jahre 1610 wurde den Hamburger Blaufärbern offiziell die Verwendung von Indigo gestattet, und selbst eine Waid-Handelsfirma aus Erfurt kaufte im selben Jahr für 2 000 Gulden Indigo ein. Als 1618 der 30jährige Krieg ausbrach, wurde der Waid immer knapper und teurer, weil die Waidäcker nicht mehr ordnungsgemäß bestellt werden konnten oder zur Erzeugung von Nahrungsmitteln gebraucht wurden. In die so entstandene Lücke stieß der weitaus billigere Indigo und fand nun auch in Europa weite Verbreitung. Als nach Beendigung des Krieges wieder vermehrt Waid angebaut wurde, gab es keine Abnehmer mehr, und die Preise verfielen rasch. Verzweifelt versuchten die

Waidbauern, ihre Einkommensverluste von etwa 50% im Vergleich zu den ursprünglichen Preisen zu kompensieren: Sie verlängerten den Waid mit Kletten, Disteln, Nußschalen oder ähnlichem. Doch ein derart mangelhaftes Produkt ließ sich nicht mehr verkaufen.[22] Der Waid, der große Farbstoff des Mittelalters, diente lediglich noch zur Bereitung der Waidküpe für den neuen König der Farbstoffe, den Indigo.

Die Indigoplantagen

Ab Mitte des 17. Jahrhunderts setzte ein ungeheurer Aufschwung bei Anbau und Vermarktung des neuen Farbstoffes ein. Die Spanier, die im 16. Jahrhundert Mittel- und Südamerika besetzt hatten, förderten dort anfangs die Kultur von heimischen indigoliefernden Pflanzen, führten aber bald die Indigopflanze Indigofera tinctoria aus Indien ein. Zunächst entstanden in den spanischen Kolonien Guatemala und Caracas, später auch auf den britischen und französischen Antilleninseln ausgedehnte Indigoplantagen, die Indigoterien.[23]

Der Aufstieg des Indigo ging einher mit Menschenraub und Ausbeutung. Wie bei Zucker-, Kaffee- und Baumwollplantagen wurden auch auf den Indigopflanzungen afrikanische Sklaven für Anbau und Verarbeitung des

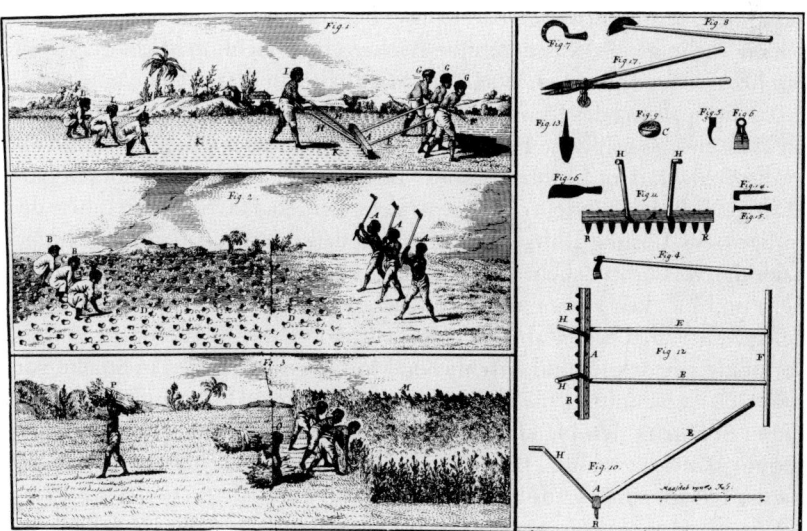

Der Indigobereiter: Werkzeuge und Arbeitsweisen. Kupferstich von 1771.

Anbau und Herstellung des Indigo im 17. Jahrhundert. Kupferstich von 1694.

Farbstoffes eingesetzt. Kultur und Herstellung des Indigo war arbeitsintensiv und unangenehm aufgrund der gärungsbedingten Geruchsentwicklung.
Zur Ernte wurden die Pflanzen dicht über dem Boden abgeschnitten und
gebündelt, dann entweder zur Konservierung getrocknet oder noch am
selben Tag in große, wassergefüllte Becken (Einweichkufen) gelegt, wo sie
rasch zur Gärung kamen. Wie beim Waid fand an dieser Stelle eine enzy-
matische Spaltung des Indikan statt, und das entstehende Indoxyl löste sich
im Wasser. Die gelbliche Flüssigkeit ließ man in tiefer gelegene Kufen ab,
in die Schlagkufen. In ihnen mußte die Lösung ein bis drei Stunden lang
kräftig mit Rutenbündeln durchgepeitscht werden. Das Schlagen führte der
Indigoweiß-Lösung Luftsauerstoff zu, so daß durch Oxidation nach und
nach der wasserunlösliche blaue Indigofarbstoff entstand. Zu festen Kör-
nern und Flocken zusammengeballt, setzte sich der Indigo in einem tiefer
gelegenen Ruhebecken ab. Die Masse wurde dann in Preßsäcke gefüllt,
sorgfältig getrocknet und anschließend mit Messingdrähten in Stücke von
etwa 200 g geschnitten, die weiter trocknen mußten. Da der Indigo in Form
dieser Stücke in den Handel kam, hatte man ihn in Europa immer wieder
für ein Mineral gehalten. Bezeichnungen wie »indianischer Stein« sind auf
diesen Irrtum zurückzuführen.[24]
    Wie alle Monokulturen waren auch die Indigopflanzungen für Schädlinge
besonders anfällig, so daß die gesamte Ernte innerhalb kürzester Zeit

zerstört werden konnte. »Die Indigopflanzer gehen reich ins Bett und stehen als Bettler wieder auf«[25], hieß es damals. Die wenigsten Indigopflanzer endeten jedoch am Bettelstab, denn ohne gravierende Ernteeinbußen war das Geschäft äußerst lukrativ. Indigogefärbte Stoffe fanden in Europa reißenden Absatz – das Indigoblau entwickelte sich zur Modefarbe.

Indigo kam in einer Vielzahl von Qualitätsstufen auf den europäischen Markt. Neben den Handelsformen »halbstückig, groß zerbrochen und kleinstückig« gab es Bezeichnungen wie »superfein, violett, fein violett, schön blau, ordinär blau, fein gekupfert«. Der Einkauf erforderte daher eine besondere Sachkenntnis, zumal der Farbstoff häufig durch Beimischungen verfälscht wurde: durch Asche, Sand, Schiefermehl, Ziegelpulver seitens der Plantagenbesitzer, durch Stärke, Berliner Blau, Ruß, Harz und zerkleinerte blaue Lumpen seitens der europäischen Handelsfirmen. Erfahrene Färber prüften die Ware daher vor dem Kauf eingehend. Beim Verreiben auf der Fingerkuppe mußte sich beim reinen Indigo ein kupfriger Glanz zeigen. Bei der Verbrennungsprobe war ein violetter Dampf ein untrügliches Zeichen für unverfälschte Ware. Auch Probefärbungen mit kleinen Mengen wurden vorgenommen.[26]

Die neuen Farbstoffe für Blau und Schwarz

Indigo war nicht der einzige Farbstoff, der im Zeitalter des Kolonialismus den europäischen Farbstoffmarkt völlig veränderte. Auch andere, bisher nicht bekannte oder aufgrund ihrer Kostbarkeit kaum benutzte Farbstoffe kamen nun aus den überseeischen Gebieten nach Europa und zeigten sich wegen ihres geringen Preises und ihrer zum Teil besseren Färbekraft den bis dahin verwendeten einheimischen Färbematerialien überlegen. Neben dem Indigo waren das für die Farbe Blau bzw. Schwarz Galläpfel, Sumach und Blauholz.[27]

Galläpfel, Wucherungen, die durch den Stich der Gallwespe an Eichenblättern und Eichentrieben hervorgerufen werden, sind zwar auch in Mitteleuropa zu finden, weisen aber im Mittelmeerraum einen höheren Farbstoffgehalt auf und wurden daher aus Syrien und der Türkei eingeführt. Nach dem Niedergang des Waides, der in hochkonzentrierter Lösung und mit Hilfe einer kurzen Gallapfelbehandlung auch zum Schwarzfärben verwendet worden war, ging man zum ausschließlichen Gebrauch von Galläpfeln über. Da der entscheidende Inhaltsstoff, das Tannin, nur in Verbindung mit Eisensulfat, Vitriol, die schwarze Farbe bildet, gab es in verschiedenen

Gegenden Deutschlands Verbote der Anwendung von Galläpfeln. Unsachgemäßer Gebrauch von Eisensulfat machte nämlich die zu färbenden Textilien hart und brüchig. Dennoch benutzte man die Galläpfel aufgrund ihres niedrigen Preises immer häufiger zum Schwarzfärben. Auch die Verwendung von Sumach (Rhus coriaria), der ursprünglich aus Asien stammt und später im Mittelmeerraum angebaut wurde, erforderte den Zusatz von Eisensulfat.[28]

Das ebenfalls im 16. Jahrhundert aus Südamerika und von den westindischen Inseln nach Europa eingeführte Blauholz (Haematoxylum campechianum) setzte sich zunächst kaum durch, da man anfangs keine lichtechten Färbungen damit beherrschte. Es unterlag daher etlichen Verboten, bis man im 18. Jahrhundert Verfahren entwickelt hatte, den Farbstoff dauerhafter an die Faser zu binden.[29]

Gelb durch einheimische Pflanzen

Für die Herstellung gelber Farbtöne stand in Mitteleuropa eine Fülle von einheimischen Pflanzen zur Verfügung. Die wichtigste gelb färbende Pflanze, der Färberwau (Reseda luteola), lieferte ein sehr leuchtendes, lichtechtes Gelb. Man baute ihn fast in ganz Deutschland an, und wie seine mittelalterliche Bezeichnung »Färberblume« andeutet, war er eine der bedeutendsten Färbepflanzen der damaligen Zeit.[30] Bereits in der Pfahlbautenzeit war er als Färbepflanze bekannt, wie aus Funden am Pfäffiker See bei Zürich hervorgeht.[31] Er bevorzugt arme Böden, die zur optimalen Farbstoffentwicklung in der Pflanze möglichst trocken, kalkhaltig oder sandig sein mußten. Man säte den Wau in der Regel im Juli/August und erntete im darauffolgenden Sommer kurz vor der Samenreife, indem man die Pflanzen mit der Wurzel ausriß und in gebündelter Form trocknete. Der Farbstoff, das Luteolin, ist allerdings nur in den oberirdischen Pflanzenteilen enthalten.[32]

Wie bei den meisten anderen Pflanzen war das Färben mit Wau ein im Vergleich zur Blaufärberei mit Waid und Indigo einfacher Prozeß. Durch Auskochen des Pflanzenmaterials mit Wasser ließ sich ein farbstoffhaltiger Sud gewinnen, in den die Stoffe und Garne getaucht wurden. Zwar wurde dieses Verfahren im Laufe der Jahrhunderte abgewandelt und verfeinert, das Prinzip selbst überdauerte aber die Zeit vom Ursprung der Entdeckung der Färbekraft von Pflanzen bis zu den hochentwickelten Färbeverfahren des späten Mittelalters und der Neuzeit.

Ein noch leuchtenderes Gelb als der Wau lieferte der Safran (Crocus sativus). Farbstoffträger sind die Narben der blaßvioletten Blüten, die an Krokus oder Herbstzeitlose erinnern. Der Safran, der ursprünglich im Orient beheimatet ist und dort schon vor über 3 500 Jahren kultiviert wurde, war in der Antike im Mittelmeerraum weit verbreitet. Am Ende des Mittelalters wurde Safran in Italien und Spanien, später auch in Frankreich und in der Gegend um Basel angebaut und gehandelt. Da Safran überaus kostbar war – man benötigte 80 000 bis 200 000 Blütennarben für 1 Kilo – unterlagen die Händler häufig der Versuchung, ihn durch Zusatz anderer Substanzen zu strecken, wie z.B. die Blüten der Färberdistel (Carthamus tinctorius). In Nürnberg beispielsweise überwachten daher städtische »Safranschauer« die Reinheit dieses kostbaren Gutes.[33] Aufgrund seines hohen Preises spielte er aber in Mitteleuropa für Textilfärbungen eine eher untergeordnete Rolle und wurde besonders als Farbstofflieferant für Malfarbe sowie als Lebensmittelfarbe und Gewürz benutzt.[34]

Die Blüten der Färberdistel (Carthamus tinctorius), auch Bauernsafran oder Saflor genannt, dienten ebenfalls zum Gelbfärben. Den Ende des 10. Jahrhunderts aus Ägypten oder Persien eingeführten Saflor baute man im späten Mittelalter in Mitteleuropa, besonders im Elsaß und in Thüringen, zu Handelszwecken an. Seine Kultivierung vor dieser Zeit in Hofgütern und Klostergärten diente lediglich der Deckung des Farbstoffbedarfs für die Hausfärberei. Die Saflorblüten enthalten einen gelben und einen roten Farbstoff, die unterschiedliche chemische Eigenschaften aufweisen. Der gelbe Farbstoff ist leicht in Wasser ausziehbar, liefert jedoch keine lichtechten Färbungen. Seine Verwendung beschränkte sich hauptsächlich auf das Gelbfärben von Wolle. Der rote Farbstoff, das Carthamin, blieb nach Auszug des gelben in den Blüten zurück, da er in neutralem Milieu unlöslich ist. Die zu Laiben geformten Blüten kamen in den Handel. Hauptabnehmer waren die Seidenfärber, die zum Färben das Carthamin mit Lauge aus den Blüten auszogen. Nach Neutralisation mit Essig schlug es sich dann in wieder unlöslicher Form auf der Faser nieder.[35]

Ohne Anspruch auf Vollständigkeit seien noch weitere einheimische Pflanzen erwähnt, die häufig zur Erzeugung gelber Farbtöne verwendet wurden. Neben Färberscharte (Serratula tinctoria) und Färberginster (Genista tinctoria)[36] war die Rinde des Wilden Apfelbaumes (Malus sylvestris) ein häufig benutzter Farbstofflieferant für Gelb. Die Rinde allein lieferte ein neutrales Gelb, bei gleichzeitiger Verwendung des Bastes erhielt es einen Stich ins Rötliche.[37] Auch Rinden von anderen Pflanzen dienten zum Gelbfärben, so beispielsweise die Rinden von Sauerdorn (Berberis vulgaris) und Faulbaum (Rhamnus frangula). Weitere gelbe Farbtöne lieferten z.B.

das Birkenlaub (Betula pendula, Betula pubescens) sowie das Kraut von
Johanniskraut (Hypericum-Arten), Rainfarn (Tanacetum vulgaris) und
Goldrute (Solidago virgaurea).[38]

Die neuen Farbstoffe für Gelb

Mit der massenhaften Einfuhr tropischer Pflanzen zum Gelbfärben verschwanden diese einheimischen Färbepflanzen nahezu vom Markt oder
verloren zumindest an Bedeutung. Bei den neuen Farbstoffen handelte es
sich im wesentlichen um Gelbholz, das Holz einer tropischen Maulbeer-
baumart (Morus tinctoria) und um Querzitron, die Rinde der Färbereiche
(Quercus tinctoria).[39] Die Querzitronrinde, die den gelben Farbstoff Quer-
cetin und Tannin, einen Gerbstoff, enthält, hatte eine 9-10mal so starke
Färbekraft wie das wichtigste Gelbfärbemittel des Mittelalters, der Färberwau.[40]

Das ebenfalls gelb färbende Curcuma, die getrocknete Wurzel von Curcuma tinctoria, wurde auf den Westindischen Inseln, insbesondere auf
Tobago, neben dem Indigo angebaut. Auch der Orleanbaum (Bixa orellana)
wurde ab dem 18. Jahrhundert auf Jamaika kultiviert.[41] Die Früchte und
Samen enthalten einen orangegelben Farbstoff, das Bixin, mit dem die
Einwohner der Antillen zur Zeit der Entdeckung Amerikas ihre Körper
einfärbten.[42]

Rotfärbemittel tierischer Herkunft

Auch bei der Farbe Rot gab es im Zuge der Kolonialisierung zum Teil
tiefgreifende Veränderungen. So wurde der Kermes, ein Farbstoff tierischen
Ursprungs, der während des gesamten Mittelalters zur Scharlachrotfärberei
verwendet worden war, durch die Cochenille, einen Farbstoff ebenfalls
animalischen Ursprungs verdrängt.[43]

Schon in früheren Jahrhunderten hatte es in der Rotfärberei grundlegende
Wandlungen gegeben. Das älteste Rotfärbemittel tierischer Herkunft, der
Purpur, geht bis auf die Phönizier zurück, die die Purpurfärberei ab etwa
1500 v. Chr. insbesondere in der Gegend der Städte Tyrus (Sur) und Sidon
(Saida) in wachsendem Ausmaß betrieben hatten. Die Phönizier, die als
Seefahrervolk im Lauf der Zeit immer weiter nach Westen vordrangen,
verbreiteten die Purpurfärberei schließlich im gesamten Mittelmeerraum.

Die Rot- und Violettöne des Purpur, der aus dem Drüsensekret bestimmter Meeresschnecken gewonnen wird, repräsentierten im Altertum aufgrund ihrer Leuchtkraft und außergewöhnlichen Lichtechtheit des Farbstoffes die göttliche Macht. Die außerordentliche Kostbarkeit des Purpurs erklärt sich zum einen aus den geringen Farbstoffmengen, die in den Schnecken enthalten sind – für ein Gramm Farbstoff wurden 8 000 Schnecken benötigt –, zum anderen durch den aufwendigen Prozeß zu dessen Gewinnung. Der Purpur wird von den drei Purpurschneckenarten Murex brandaris, Murex trunculus und Purpura haemastome als gelbliche Vorstufe aus einer Drüse in die Kiemenhöhle abgesondert. Zur Gewinnung des Sekrets wurden die Schnecken zerstampft und mit Salz versetzt drei Tage stehen gelassen. Nach Verdünnen mit Wasser und Urin wurde die Masse zehn Tage lang gekocht – manchmal unter Zusatz von Honig, der den Gärprozeß beschleunigen sollte. Man kann sich leicht vorstellen, daß aufgrund dieses Verfahrens die Purpurfärberei ein recht übelriechendes Geschäft war. Anschließend wurde das Garn zum Färben eingelegt oder die Lösung zur festen Masse eingedampft, die im Handel als wasserlösliches Färbemittel erhältlich war. Die Entwicklung des eigentlichen roten Farbstoffes auf den Stoffen und Garnen, die gelb aus dem Farbbad kamen, erfolgte unter Lichteinwirkung von Gelb über Grün zu Rot oder Violett. Bei der Purpurfarbe handelte es sich wie beim Indigo um eine Küpenfarbe, nur daß hier die Umwandlung zum unlöslichen Produkt, das sich auf der Faser niederschlägt, nicht durch Sauerstoff-, sondern durch Lichteinwirkung erfolgt.

Als es später gelang, den Indigo- und den Purpurfarbstoff chemisch darzustellen, entpuppten sich die beiden als nahezu gleichartig; eine erstaunliche Entdeckung, da der eine doch aus dem Pflanzen- und der andere aus dem Tierreich stammt. Der Purpurfarbstoff unterscheidet sich vom Indigo lediglich durch zwei Bromatome. Anscheinend sind die Purpurschnecken im Gegensatz zu anderen Meeresschnecken in der Lage, das in Spuren im Meerwasser enthaltene Brom anzureichern und in den Farbstoff einzubauen.[44]

Nach der biblischen Überlieferung galt der Purpur als göttliche Symbolfarbe, die den Tempelvorhängen und Gewändern der Hohepriester vorbehalten war. Später trugen auch jüdische Könige Purpurgewänder zur Repräsentation ihrer von Gott verliehenen weltlichen Macht. Herrscher wie Alexander der Große oder die Kaiser von Rom und Konstantinopel betrieben einen unbeschreiblichen Purpurluxus. Der Niedergang dieser Machtzentren zog den Verfall der Purpurfärberei nach sich, und das Purpurrot wurde durch das billigere Scharlachrot abgelöst, den Kermesfarbstoff, der aus den getrockneten Weibchen von Schildlausarten der Gattung Kermes gewonnen wurde. Die Kermesarten Kermes (Coccus) ilicis und Kermes (Coccus) vermilio leben auf den im Mittelmeerraum heimischen Eichenarten Quercus ilex und Quercus coccifera. Die Weibchen saugen sich bereits im Larvenstadium an den Blättern und Zweigen ihrer Wirtspflanzen fest. Dort bleiben sie unter einem Schutzschild von ausgeschiedenen Substanzen, die unter anderem den Farbstoff enthalten, unbeweglich sitzen. Das Einsammeln der erbsengroßen Tiere erfolgte kurz vor der Eiablage im Mai/Juni von Hand. Nach Abtötung durch Essig wurden sie getrocknet und kamen als braunrote bis bläulichrote Körner in den Handel. Auch aus Ost- und Mitteleuropa war eine Kermesart im Handel, die Polnische Schildlaus Margarodes polonicus, deren Weibchen auf den Wurzeln des Ausdauernden Knauels (Scleranthus perennis) leben. Zur Ernte mußte man daher die Wurzeln ausgraben, die Tiere absammeln und die Pflanzen wieder einsetzen. Die Polnische Schildlaus, auch Johannisblut genannt, da sie um die Zeit der Sommersonnenwende eingesammelt wurde, diente besonders im 13. und 14. Jahrhundert als Tribut, den Bauern an Landesherren und Klöster zu zahlen hatten. Kermes war ein sehr teurer Farbstoff. Mit ihm gefärbte »Scharlachtücher« konnten sich nur wenige leisten.[45]

Als die Spanier im 16. Jahrhundert das Reich der Azteken erobert hatten und dort auf die Verwendung eines Farbstoffes gestoßen waren, der dem Kermes sehr ähnlich war, hatten sie neben dem aztekischen Gold reiche Beute gemacht. Der spanische König ordnete sofort die massenhafte Ausfuhr der »Grana cochinilla«, der »scharlachfarbenen Körner« an, die später Cochenille genannt wurden.[46]

Bei der Cochenille handelt es sich wie beim Kermes um eine Schildlausart, Coccus cacti, deren Weibchen auf dem Feigenkaktus Opuntia coccinellifera leben, der von den Azteken Nopal genannt wurde. Man begann, diesen Kaktus in Plantagen, den Nopalerien, anzupflanzen. Spanien war lange bemüht, sich das Monopol für die Einführung von Cochenille nach Europa zu sichern. Versuche, auch in englischen und französischen Kolonien Nopalerien anzulegen, schlugen zunächst fehl, da die Cochenillelaus von bestimmten klimatischen Gegebenheiten, wie geringe Temperaturschwankungen und Wechsel zwischen Trocken- und Regenzeiten, abhängig ist.[47] Als Mexiko sich Anfang des 19. Jahrhunderts von Spanien zu lösen drohte, gelang es den Spaniern, die Cochenille auf die Kanarischen Inseln zu verpflanzen. Später entstanden auch auf Java und in Honduras Nopalerien.[48]

Da Cochenille mehr Farbstoff enthält als Kermes und dieser Farbstoff, die Carminsäure, ein reineres und leuchtenderes Rot liefert, war der Kermes, wie andere heimische Rot-Farbstoffe auch, bald vom Markt gedrängt. Auch war der neue Farbstoff billiger als der Kermes, so daß das Kermessammeln immer unrentabler wurde. Als man zufällig entdeckte, daß sich durch Zusatz von Zinnlösung aus der Cochenille eine rote Farbe höchster Leuchtkraft erzielen ließ, war der Siegeszug der Cochenille endgültig nicht mehr aufzuhalten.[49]

Die Krappwurzel

Auch wenn bisher nur von Färbemitteln tierischen Ursprungs zur Erzeugung der Farbe Rot die Rede war, so spielten doch auch pflanzliche Farbstoffe eine bedeutende Rolle in der Rotfärberei. Der wichtigste Part kam dabei dem Krapp zu, der zerkleinerten Wurzel der Krapppflanze oder Färberröte (Rubia tinctoria). Diese Verwandte des Waldmeisters und der Labkräuter aus der Familie der Rötegewächse (Rubiaceae) stammt ursprünglich aus Vorderasien und Südeuropa. Schon die Griechen, die die Pflanze mit dem Namen Erythrodanon bezeichneten, legten Krappkulturen an, und nach Berichten von Dioskurides (1. Jahrhundert n. Chr.) wurde sie in der Gegend von Rom angebaut.[50]

Für etwa 800 n. Chr. ist ihr Anbau auch in Mitteleuropa bekannt, da Karl der Große in seiner Landgüterordnung (Capitulare de villis) neben der Kultur von Waid und Wau auch die Anpflanzung von Krapp auf seinen Meierhöfen angeordnet hatte. Auch in Nordeuropa kannte man zu dieser Zeit bereits die Färberröte und das entsprechende Verfahren zur Erzielung des roten Farbstoffes, wie aus Grabfunden am Oslofjord hervorgeht. 1904 entdeckte man in einem Grabhügel bei Oseberg ein Wikingerschiff, das sich als Grabstätte der Wikingerkönigin Asa (etwa 800-850 n. Chr.) herausstellte. Neben Resten eines gewebten Bildteppichs befanden sich unter den Grabbeigaben verschiedene Gerätschaften zum Spinnen, Weben und Färben sowie Reste der Färberpflanzen Waid und Krapp.[51]

Der Krappanbau

Der Boden für die Krappkultur mußte nährstoffreich, locker und ausreichend feucht sein. Kalkhaltige Böden waren besonders günstig, da sie sich fördernd auf den Farbstoffgehalt auswirkten. Zur Vorbereitung der Krapp-

anpflanzung mußte der Boden zunächst tief gelockert werden, um dem
stark verzweigten, tief hinabreichenden Wurzelstock, der der Farbstoffträger ist, ausreichend Raum zur Verfügung zu stellen. In den vorbereiteten
Boden wurden dann im Frühjahr oder Herbst Wurzelstecklinge gesetzt.
Geerntet wurde im Herbst des zweiten bzw. dritten Jahres. Zwischendurch
mußte mehrmals gejätet und gehackt werden. Oft wurde auch Erde ange-
häufelt, um den Wurzelhals samt seinen neugebildeten Seitentrieben zuzu-
decken, denn die Farbstoffbildung erfolgt nur im unterirdischen Dunkel.
Die Ernte des Krapps war recht mühsam und arbeitsintensiv, da die Wurzeln das Erdreich 50-80 Zentimeter tief durchziehen. Entweder grub man
sie von Hand aus, oder es wurde mit dem Pflug vorgearbeitet, so daß sie
von den nachfolgenden Arbeitskräften herausgezogen werden konnten.
Die Wurzelstöcke durften dabei möglichst nicht beschädigt werden.[52] Da
der Krapp einen sehr hohen Nährstoffbedarf hat und den Boden daher stark
auslaugte, mußten die Ackerflächen nach der Ernte zehn Jahre ruhen, bis
sie erneut mit Krapp bebaut werden konnten.[53] Nachdem die Wurzeln von
der anhaftenden Erde befreit worden waren, wurden sie zum Trocknen
ausgebreitet. Die weitere Trocknung erfolgte über großen Öfen. Anschließend wurden die gedörrten Wurzeln zerkleinert und zu Pulver zermahlen.
Beim Darren und Mahlen von Krapp konnten leicht Brände entstehen, so
daß nur Personen mit einer besonderen Konzession diese Tätigkeit durchführen durften.[54]

Wie der Waid, der auch erst nach zwei Jahren seine optimale Färbekraft
entwickelt, mußte der getrocknete Krapp ein bis zwei Jahre gelagert werden, um den Farbstoff »ausreifen« zu lassen. Die Lagerung erfolgte in
geschlossenen Fässern, wobei es zu einem Gärungsprozeß kam, der den
Pigmentgehalt noch erhöhte. Gut gelagerter Krapp wies einen Farbstoffgehalt von 2-4% auf. Dabei handelt es sich um eine ganze Gruppe von etwa
20 verschiedenen gelben, roten und braunroten Farbstoffen, deren unterschiedliche Zusammensetzung die verschiedenen Krappsorten und -quali-
täten bestimmte. Diese Farbstoffe liegen entweder frei oder an Zucker
gebunden als Glykoside in der Wurzelrinde vor, wobei der rote Farbstoff
Alizarin, dessen Name sich von der arabischen Bezeichnung »Al Izari« für
Krapp ableitet, den Hauptanteil bildet.[55]

Beizen und andere Hilfsmittel

Während sich einige Farbstoffe, die sogenannten direktziehenden, ohne weiteres an die Faser binden – hierzu zählt der Farbstoff aus dem Safran in Verbindung mit Wolle und Seide –, ist zur Bindung des Alizarins eine »Beize« unabdingbar. Bei den Beizenfarbstoffen findet die Verknüpfung mit der Faser über eine als Brücke dienende Mittlersubstanz statt; im Falle des Krappfarbstoffes geschieht dies, wie bei vielen anderen, mit Hilfe des Alauns (Kalium-Aluminium-Sulfat). In einer Färbeanweisung aus dem Jahre 1773 heißt es: »Alaun ist eine Art von einfressendem Mittel, welches, wenn es auf das Zeug kommt, Krapp daselbst befestigt, bindet und die feinsten Teilchen verhindert, daß sie nicht so leicht verfliegen können.«[56] Heute weiß man, daß die entscheidende Funktion hier dem Aluminium zukommt, das sich einerseits an die Faser bindet und andererseits mit dem Farbstoff eine schwer lösliche Verbindung, einen sogenannten »Farblack« bildet.[57] Bei vielen anderen Farbstoffen, so beim Luteolin aus dem Färberwau, kann der Zusatz von Alaun die Menge des auf der Faser fixierten Farbstoffes beträchtlich erhöhen.[58]

Andere Beizmittel, die teilweise auch Einfluß auf die Farbnuancierung haben, waren Weinstein und Salze des Chroms, Kupfers, Eisens und Zinns. So ergeben sich bei der Verwendung von Eisen- und Chromsalzen in der Krappfärberei Brauntöne. Mit Kupferbeizen lassen sich violette, mit Zinnsalzen orangefarbene Töne erzielen.[59] Auch Wismut- und Bleiverbindungen wurden für manche Farbstoffe als Beizmittel benutzt. Etliche der verwendeten Chemikalien sind giftig (das Alaun ist allerdings ungefährlich), und daher verwundert es nicht, daß die Färber nur eine geringe Lebenserwartung hatten.[60]

Als weitere Hilfsmittel wurden Kochsalz, Pottasche (Kaliumcarbonat), Urin und Essig eingesetzt.[61] So binden sich beispielsweise saure Farbstoffe wie das Luteolin aus dem Wau in einer Farblösung, deren pH-Wert durch Urin zum Basischen hin verschoben wurde, besser an die Faser.[62] In der bäuerlichen Hausfärberei und zu Zeiten, als man die Metallbeizen noch nicht kannte, war man allein auf derartige Ingredienzen angewiesen. Man bediente sich damals auch zum Teil sehr aufwendiger Methoden; z.B. vergrub man das Färbegut tagelang im Moor oder im Misthaufen. Viele dieser ursprünglichen Verfahren, die vermutlich Farben minderer Qualität und Haltbarkeit lieferten als die späteren Techniken der handwerklichen Färberei, liegen allerdings im Dunkeln, da es aus dieser Zeit keine schriftlichen Überlieferungen gibt und die Färber bis ins Mittelalter hinein die meisten Verfahren nur mündlich weitergaben.[63] In der Hausfärberei benutzte man jedoch auch noch lange die sogenannten vegetabilischen Beizen, d.h. Pflanzenextrakte aus Bärlapp (Lycopodium selago – alaunhaltig), Sternmiere (Stellaria media – kaliumhaltig) oder Sauerampfer (Rumex acetosa – oxalsäurehaltig).[64] Allerdings muß man selbst in Nordeuropa schon recht früh die Verwendung des Alauns gekannt haben, wie aus dem Osebergfund zu schließen ist, da mit Krapp ja nur unter Zuhilfenahme des Alauns gefärbt werden kann. Das ist insofern erstaunlich, als die in der damaligen Zeit bekannten Lagerstätten für Alaunschiefer in Smyrna (Izmir) und Bussa (Bursa) in Vorderasien lagen. Der Alaun wurde aus dem Alaunschiefer durch Erhitzen und Auslaugen gewonnen, ein Verfahren, das bereits in der Antike bekannt war.[65] Auch in Italien, auf Ischia und in Civitavecchia, wurde die Alaunsiederei betrieben und war hier im Besitz des Vatikan. Ein weiteres italienisches Alaunwerk wurde Anfang des 16. Jahrhunderts im spanischen Cartagena gegründet. Im selben Jahrhundert entdeckte man ergiebige Alaunschieferlager in Deutschland in der Gegend um Merseburg. Auch England konnte sich durch die Entdeckung eigener Lagerstätten aus der Abhängigkeit vom Alaunhandel mit Italien und der Türkei befreien. Um die Kenntnisse der Alaunsiederei in England einzuführen, holte man sich »Aluminarii«, Alaunarbeiter, aus dem päpstlichen Civitavecchia. Aus Rache für die finanziellen Einbußen, die die englische Alaun-Autarkie für den Vatikan mit sich brachte, belegte der Papst die abgeworbenen Alaunsieder mit dem Kirchenbann.[66]

Das Türkischrot

Gestützt auf eigene Alaunschiefervorkommen, wurde in Vorderasien die Kunst des Rotfärbens mit Krapp, die die Türken im Zuge der Völkerwanderung aus Zentralasien mitgebracht hatten, zur höchsten Vollkommenheit entwickelt.[67] Berühmt war ein sehr haltbares, feuriges Rot, das Türkischrot, dessen Rezept sorgsam gehütet wurde. Noch im 17. und 18. Jahrhundert kamen große Mengen Türkischrot-Garns, das neben seiner leuchtenden Farbe auch eine besondere Feinheit auszeichnete, aus der Türkei und aus Griechenland nach Europa. Trotz des außerordentlich hohen Preises war der Absatz enorm, so daß griechische Kaufleute sogar eigene Türkischrot-Kontore in etlichen europäischen Handelsstädten einrichteten.

Natürlich war man in Europa bemüht, hinter das Geheimnis dieser begehrten Farbe zu kommen. Im 17. Jahrhundert gelangte die Kenntnis des langwierigen und komplizierten Verfahrens durch eingewanderte türkische und griechische Färber zunächst nach Nordfrankreich und später ins Elsaß. Für eine gute Türkischrotfärbung war ein Arbeitsaufwand von mindestens einem Monat nötig. Allein für die Vorbereitung des Färbeguts war außer der Alaunbeize u.a. eine Behandlung der Baumwolle mit Kuhmist, ranzigem Olivenöl und Pottasche nötig. 10-17 Arbeitsgänge sind überliefert. Die folgende Vorschrift benennt 13:[68]

1. Auskochen der Baumwolle
2. Kuhmistbeize mit Öl
3. Erste Ölbeize
4. Zweite Ölbeize
5. Dritte Ölbeize
6. Erste Laugenbeize
7. Zweite Laugenbeize
8. Dritte Laugenbeize
9. Vierte Laugenbeize
10. Auswaschen
11. Gallieren mit Sumach oder Galläpfeln
12. Beizen mit Alaun
13. Reinigen der Ware

Für die Behandlung mit Öl wurde abgestandenes, ranziges Olivenöl der zweiten und dritten Pressung verwendet. Entscheidend war hierbei die Ölsäure, die aufgrund ihrer Wasserunlöslichkeit nur sehr langsam in das Färbegut eindrang, was eine mehrmalige Behandlung nötig machte. Die sogenannte »Animalisation« mit Kuh- oder Schafmist, die in der damaligen Zeit als das eigentliche Geheimnis des wunderbaren Rots galt, das so feurig war, daß es eher aus dem Tier- als aus dem Pflanzenreich herzurühren schien, stellt sich aus heutiger Sicht als unnötig dar.

Dem so aufwendigen und langwierigen Prozeß des Vorbereitens und Beizens folgte dann das nicht weniger aufwendige Färben. Krapp, Ochsenblut, Sumach, Galläpfel und gestoßene Kreide waren die vorgeschriebenen Ingredienzen, mit denen das Färbegut in aufeinander folgenden Bädern zum Teil mehrfach behandelt wurde. Nach der letzten Behandlung mit Seife und Pottasche, dem Avivieren, wurde die gefärbte Baumwolle im Sonnenlicht getrocknet. Unter Umständen erfolgte nach einer Behandlung mit Zinnsalz, Salpetersäure und Seife ein zweites Avivieren.[69] Anders als bei der Färbung der pflanzlichen Zellulosefaser Baumwolle fiel bei den Eiweißfasern Wolle und Seide die umständliche Vorbehandlung weg, so daß nur mit Alaun vorgebeizt werden mußte.[70]

Beim später von französischen Färbern entwickelten Neurotverfahren, das eine erhebliche Vereinfachung darstellte, ersetzte man das Olivenöl durch das leichter zu handhabende Türkischrot-Öl, sulfoniertes (mit Schwefelsäure behandeltes) Rhizinusöl. Auch auf die Animalisation mit Tierkot verzichtete man nach und nach. Die erzielte Farbe, das Neurot, war jedoch nicht ganz so echt und leuchtend wie das ursprüngliche Altrot.[71]

Das Ende des Krappanbaus

Als einziger Farbstoff Europas blieb der Krapp von den Umwälzungen durch die neuen Farbstoffe aus den Kolonien einigermaßen verschont, obwohl in großen Mengen importiertes Brasilholz oder Rotholz (Caesalpinia echinata) aus Südamerika nach Europa kam. In Deutschland ergriff man auch protektionistische Maßnahmen, um den einheimischen Krapp gegen diesen Farbstoff zu schützen. So erließ der Rat der Stadt Münster im Jahr 1593 folgende Vorschrift:

»Item sollen auch die farbere die laken, so sie roit farben, mit ufrichtiger krabbe usmachen und nit mehr brunsilienholz darzu gebrauchen, als zu ufrichtiger farbe gepurt.«[72]

Nach der Lüftung des Geheimnisses im 18. Jahrhundert verbreitete sich die Technik der Türkischrot-Färberei in den mitteleuropäischen Ländern; der Krappanbau erlebte eine neue Blüte. War im 15. Jahrhundert noch Holland das Zentrum des Krappanbaus in Europa gewesen, zog man jetzt in Frankreich unter dem Einfluß des Merkantilismus den Krapp selbst, insbesondere in der Gegend um Montpellier, Avignon, Orange, Carpentras und Isle en Provence sowie im Elsaß. Zur Zeit der Französischen Revolution und der Napoleonischen Kriege traten nochmals Absatzschwierigkeiten auf, denen aber 1830 durch die Anordnung des Königs Louis-Philippe zum Schutz der französischen Krappbauern begegnet wurde, die Hosen der französischen Soldaten rot zu färben.[73] Erst als 1871 erstmals 15 000 Kilo Alizarin fabrikmäßig hergestellt wurden, begann der Niedergang des Krapps, von dem Mitte des 19. Jahrhunderts weltweit noch 50 000 Tonnen Wurzelmaterial verbraucht worden war.[74] Die Alizarinpreise sanken zwischen 1870 und 1886 von etwa 270 Mark auf 9 Mark. Da die Krappbauern, um überleben zu können, mindestens einen Preis von 60 Mark pro kg Alizarin erzielen mußten, war der Krapp unter diesen Umständen nicht mehr konkurrenzfähig und mußte dem synthetischen Produkt weichen.[75]

Das Färbereiwesen im Merkantilismus

Der im 17. Jahrhundert aufkommende Merkantilismus sollte sich nachhaltig auf die Entwicklungen im Färbereiwesen auswirken. Eine wichtige Persönlichkeit der merkantilistischen Zeit war Jean-Baptiste Colbert (1619-1683), der Finanzminister Ludwigs XIV. Um die Einnahmen des Staates zu fördern und damit das luxuriöse Leben am Hof und die militärischen Unternehmen des absolutistischen Königs finanzieren zu können, entwickelte er eine Wirtschaftspolitik, die auf der Basis hoher Qualität der Erzeugnisse des eigenen Landes den Export fördern sollte. Gefordert war die weitestgehende Anwendung neuer Verfahren, die Verbesserung von Apparaturen und die Rationalisierung der Methoden. Hatte die Färberei im Mittelalter in der Hand von Handwerksbetrieben mit einem Meister und ein, zwei Gesellen oder Lehrlingen gelegen, die dem Reglement der Zünfte bezüglich Ausbildung, Einkauf der Rohware und Färbeprozeduren unterlagen, so erfolgte jetzt eine Verlagerung auf größere, arbeitsteilig organisierte Betriebe, die Manufakturen.[76] Die Produktivität ließ sich dadurch zwar erheblich steigern, und die Unternehmer in Handel und Gewerbe konnten ihren Reichtum beträchtlich vermehren. Dies ging jedoch zu Lasten der Bauern und der gewerblichen Arbeiter in den Manufakturen, deren Löhne niedrig waren.

Colbert, selber Sohn eines Tuchmachers, brachte 1669 mit dem Ziel der Qualitätssicherung eine Färbereiordnung heraus. Die im Mittelalter übliche Trennung der Färber in Schlecht- (schlecht = schlicht) und Schönfärber wurde dadurch noch gefestigt. Während die Schlechtfärber Schwarz und alle einfachen Töne färbten, war den Schönfärbern der Umgang mit feineren Materialien und kostbareren Farbstoffen vorbehalten. Die Seidenfärber waren stets außerhalb des Zunftwesens als freie Künstler tätig gewesen.[77]

Wie im Mittelalter üblich, waren die zunftmäßig zusammengeschlossenen Handwerksbetriebe in bestimmten Straßen angesiedelt. Die Färbergasse befand sich jeweils entweder an den Wassergräben der städtischen Befestigungsanlagen oder direkt an den Flüssen, da die Färber auf große Mengen klaren Wassers angewiesen waren.[78] Auch die Manufakturen waren dort gelegen. Führt man sich die bei der Färberei verwendeten Hilfs- und Beizmittel vor Augen, kann man sich leicht vorstellen, in welchem Zustand die Wasserläufe gewesen sein müssen, zumal noch andere wasserverbrauchende Gewerbe wie die Gerber dort ansässig waren. Aus Frankreich ist eine Eingabe der Bürger von Chaillot und vom Faubourg St. Marcel aus dem Jahr 1702 an die Polizei überliefert, die sich darin beschweren, daß das Wasser der Seine »äußerst fettig und schmutzig sei, ja, sogar einen faulenden

Geschmack besitze und infiziert sei, so daß der Genuß dieses Wassers gefährliche Krankheiten hervorrufen könne«. Daraufhin wurde die Entnahme von Seine-Wasser als Trinkwasser an den verunreinigten Stellen verboten.[79]

Colbert ließ an der von ihm gegründeten Académie des Sciences Untersuchungen zu Färbeverfahren durchführen und beauftragte Chemiker wie Charles Francois Dufay (1698-1729), neue Prüfungsmethoden zur Echtheit von Färbungen anzuwenden. Insgesamt kam es im 17./18. Jahrhundert jedoch zu keinen grundlegenden Veränderungen in der Färberei, sondern lediglich zu Verfeinerung und Aufarbeitung alter Rezepte.[80] Die Untersuchungen Dufays und anderer Gelehrter wie z.B. Jean Hellot (1685-1766)[81] oder später Louis Berthollet (1748-1822)[82] spiegelten dennoch eine neue Auffassung von der Natur der Färbeprozesse wider, die letzlich in einen revolutionären Umschwung in der Färberei – die Entwicklung synthetischer Farbstoffe – münden sollte.

Im Mittelalter glaubte man noch daran, daß eine in den Pflanzen verborgene nichtstoffliche Kraft beim Färben auf die Textilien übertragen und dort als Farbe sichtbar würde. So dachte man von den Küpenfarbstoffen wie Waid, dessen Farbe sich erst nachträglich an der Luft entwickelt, es sei der Wind, der die blaue Farbe auf das Tuch zaubere. Von den chemischen Vorgängen, die erst im 19. Jahrhundert entdeckt wurden, wußte man zu dieser Zeit noch gar nichts. Beim Sammeln und Verarbeiten der Färbepflanzen hatte man daher auch bestimmte Rituale zu beachten, wie das Einhalten vorgeschriebener Sammelzeiten (was auch aus heutiger Sicht verständlich ist, da die Konzentration von Pflanzeninhaltsstoffen bestimmten tageszeitlichen und jahreszeitlichen Schwankungen unterliegt) und das Aufsagen von Zaubersprüchen, um die färbenden Kräfte günstig zu stimmen. Ähnliche Vorstellungen gab es auch von den heilenden Kräften in Pflanzen.[83] Hinzu kam, daß sich häufig färbende und heilende Kräfte in ein und derselben Pflanze fanden – viele Färbepflanzen sind zugleich auch Heilkräuter. So ist beim Johanniskraut (Hypericum perforatum) ein darin enthaltener Farbstoff, das Hypericin, wie man heute weiß, verantwortlich für seine Wirkung als wundheilendes und Depressionen entgegenwirkendes Mittel.[84] Birkenblätter sind z.B. wirksam bei Blasen- und Nierenleiden,[85] und Waid hat eine glättende, heilende Wirkung bei Erkrankungen der Haut, was auch in seinem botanischen Namen Isatis (von isako = gleichmachen) zum Ausdruck kommt.[86]

Ab dem 17. Jahrhundert fand ein Übergang von der im Mittelalter herrschenden nichtstofflichen Betrachtungsweise zu einer analytisch-naturwissenschaftlichen Vorstellung von der Natur und damit auch von der

Natur des Färbens statt. Man begann damit, die Vorgänge in der Färberei systematisch zu erfassen und unter möglichst genau reproduzierbaren Bedingungen Experimente durchzuführen, um Verfahren zu verfeinern und dem stofflichen Geheimnis der Farbe auf die Spur zu kommen. Michel Eugène Chevreul (1786-1889) gelang die Isolierung verschiedener Farbstoffe aus den Färbepflanzen, so z.B. des Luteolins aus dem Wau, des Hämatoxylins aus dem Blauholz und des Brasilins aus dem Rotholz.[87]

Gefragt waren die experimentell tätigen Färber und Chemiker auch, als es um 1810 im Zuge der von Napoleon verhängten Kontinentalsperre zu einer beträchtlichen Verknappung von Indigo kam. In den Jahren 1805-1814 gelangten jährlich noch etwa 5 Millionen Pfund Indigo aus den englischen Besitzungen in Indien auf den Weltmarkt. Die Engländer hatten den Indigo-Markt fest in der Hand. Als der Indigo als englische Ware nicht mehr auf das europäische Festland eingeführt werden durfte, setzte Napoleon Preise aus für die Auffindung leicht anbaubarer Ersatzpflanzen, für die Entwicklung eines Verfahrens zur Gewinnung des Indigofarbstoffes aus Waid und für die Ausarbeitung von Färbeverfahren zur Erzielung eines besonders echten Blaus.[88]

Auch der Waidanbau wurde in Europa wieder intensiviert. In Deutschland bemühten sich Experten wie Prof. Gren aus Halle und Prof. Trommsdorff aus Erfurt um eine Verbesserung der Färbemethoden mit Waid.[89] Der böhmische Färber Johan Heinrich führte mehrere Jahre Versuche zur Gewinnung von Indigofarbstoff aus Waid durch und wurde dafür vom österreichischen Kaiser Franz I. mit Geldgeschenken belohnt.[90]

Doch trotz dieser Bemühungen blieb Indigo dem Waid überlegen. Im Lauf des 19. Jahrhunderts stieg die Indigoproduktion in den indischen Pflanzungen Großbritanniens weiter an. 1879 gelang Adolf von Baeyer erstmals die Synthese von Indigo im Labor. Doch erwiesen sich die von ihm verwendeten Ausgangsstoffe als zu teuer, um das Naturprodukt vom Markt verdrängen zu können.

Das Aus für den über Jahrhunderte vorherrschenden Naturfarbstoff kam erst im Jahr 1897, als es der Badischen Anilin- und Sodafabrik gelang, synthetischen Indigo aus billigeren Ausgangsprodukten zu einem konkurrenzfähigen Preis von 16 Mark pro Kilo herzustellen, der bis 1904 noch auf 7 Mark pro Kilo fiel. 1913 war Naturindigo auf dem Weltmarkt bedeutungslos geworden.[91] Der Indigo, der König der Pflanzenfarbstoffe, war vom Thron gestürzt, ein neues Zeitalter der Färberei angebrochen.

Karl Otto Henseling / Anselm Salinger

»Eine Welt voll märchenhaften Reizes ...«
Teerfarben: Keimzelle der modernen Chemieindustrie

Der englische Chemiker William Henry Perkin (1838-1907), ein Assistent des Liebig-Schülers August Wilhelm von Hofmann (1818-1892), entdeckte 1856 bei Arbeiten mit Anilin, einem übelriechenden, giftigen Teerbestandteil, im Royal College of Chemistry in London einen kräftig leuchtenden Farbstoff. Eigentlich war Perkin auf der Suche nach einer Synthese für Chinin, das aus der Rinde des Chinonabaumes gewonnen wurde und als einziges wirksames Mittel gegen Malaria sehr begehrt war. In der Zeit des Ausbaues und der intensivierten Ausbeutung der englischen Kolonien war der Bedarf danach sehr groß. Soldaten, Kolonialbeamte und das Personal auf den Plantagen und bei den Handelsgesellschaften waren vielerorts Opfer der Malaria geworden.

Den violetten Farbstoff, der sich anstelle des Chinins bei Perkins Syntheseversuchen gebildet hatte, nannte er nach der Farbe der Malvenblüte »Mauvein«. Das Mauvein eignete sich zur prächtig purpurroten Färbung von Seide, und bereits Ende 1857 wurde der Farbstoff von der eiligst errichteten Firma Perkin & Sons an die Londoner Seidenfärber verkauft. Die junge Farbenfabrik hatte glänzenden Erfolg: Der modische neue Farbstoff wurde anfangs zu dem Preis des Platins verkauft. Perkin hatte durch Zufall den ersten wirtschaftlich bedeutenden Teerfarbstoff entdeckt.

Die Neuheit erregte beträchtliches Aufsehen. Heinrich Caro (1834-1910), Chemiker und Direktor der BASF, schrieb in seinen Erinnerungen: »(...) eine neue Welt war erschlossen, voll märchenhaften Reizes, für den Einen ein Goldland, für den Anderen ein aussichtsreiches Forschungsgebiet. Alles eilte dahin, (...) der Fabrikant, der Gelehrte, der Kaufmann, der Abenteurer.

Die Schönheit, die Echtheit, der durchschlagende Erfolg der ersten Anilinfarbe wirkten zündend.«[1]

Die neue Welt der Teerfarbenindustrie, die mit der Entdeckung des Mauvein in Erscheinung trat, war der Ausgangspunkt für die Entwicklung der modernen chemischen Industrie. Sie entstand im Zusammenhang der Industriellen und Agrarischen Revolution, in deren Verlauf der Stoffwechsel zwischen Mensch und Natur einem grundlegenden Wandel unterzogen wurde. Bis zu dieser Stufe war die wirtschaftliche Tätigkeit des Menschen noch weitgehend in die natürlichen, die Lebensbedingungen auf der Erde bestimmenden Energieströme und Stoffkreisläufe eingebunden. Es wurden überwiegend regenerative Rohstoffe und Energien genutzt, und Eingriffe des Menschen in die Biosphäre blieben trotz beträchtlicher regionaler Umweltveränderungen begrenzt.

Während die vorindustrielle Textilproduktion noch auf natürlichen Rohstoffen beruhte – pflanzliche und tierische Fasern und Farbstoffe sowie Hilfsstoffe wie Pflanzenaschen oder natürlich vorkommende Mineralstoffe –, leitete die maschinelle Textilerzeugung, das Kernstück der Industriellen Revolution, einen radikalen Wandel der stofflichen Basis menschlichen Wirtschaftens ein.

Zunächst führte der steigende Bedarf an Faser- und Farbstoffen zu einer gewaltigen Ausdehnung der Anbauflächen. Zu Beginn des 19. Jahrhunderts wurden die USA zum wichtigsten Baumwollanbaugebiet. Zur Sicherung des Arbeitskräftebedarfs erhielt der Sklavenhandel von Afrika nach Amerika neuen Aufschwung. Die kolonialen Monokulturen zogen Umweltzerstörungen durch Erosion, Bodenversalzung oder Nährstoffverarmung nach sich.

Auch der Anbau von Färbepflanzen nahm entsprechend zu und beanspruchte große Landflächen. Die Jahresproduktion an Indigo betrug 1896 allein in Indien, dem Hauptanbauland, fast 190 000 Doppelzentner im Wert von mehr als 3,5 Millionen Pfund Sterling. Die Anbaufläche umfaßte 1,6 Millionen Acres, das sind ca. 650 000 Hektar.[2]

Der Anbau von Krapp wurde im 18. Jahrhundert vor allem in Frankreich stark ausgedehnt. Einen besonderen Aufschwung nahm er dort, nachdem Louis Philippe (1773-1850) die Uniformhosen des Militärs mit Krapp zu färben befahl.[3]

Textilfabriken und Färbereien benötigten immer mehr Alkalien wie Pottasche und Soda, die zur Reinigung der Faserstoffe, zum Färben und zur Seifenherstellung benötigt wurden. Soda und Pottasche gewann man traditionell aus Pflanzenaschen. Die »Aschenbrenner«, die Holz zu Pottasche verbrannten, holzten große Waldgebiete ab.

Konnten die Anbaugebiete für Faser- und Farbstoffe in den Kolonialge-
bieten, oft unter rücksichtsloser Verdrängung einheimischer Nutzer, zunächst noch dem steigenden Verbrauch entsprechend ausgedehnt werden,
so waren für die Gewinnung von Alkalien und das Problem der Bleiche
prinzipiell neue Lösungen erforderlich. »Das Bedürfnis zur Herstellung
chemischer Präparate in großen Mengen entstand zuerst, als die Verarbeitung der Spinnstoffe aus häuslicher Nebenbeschäftigung zur Industrie
entwickelt wurde. Da bedurfte man zur Wollwäsche der Seifen, zum Bleichen der Baumwolle der Hypochlorite und der Schwefelsäure. Soda für die
Seifenbereitung, Chlor für Chlorkalk und Chlornatron und die sogenannte
englische Schwefelsäure, das sind die Grundpfeiler der chemischen Industrie geworden.«[4]

Das erste Verfahren zur industriellen Erzeugung von Soda entwickelte
1790 Nicolas Leblanc (1742-1806). Als Rohstoffe verwandte man dabei
Kochsalz, Kohle und Kalk, hinzu kam Schwefelsäure. Als Nebenprodukte
entstanden Salzsäuregas und Calciumsulfid.

Die Salzsäuregase verursachten, solange sie einfach durch den Schornstein in die Atmosphäre entlassen wurden, schwere Umweltschäden, die
zum Erlaß der »Alkali-Akte« von 1863 führten. Durch dieses Gesetz
wurden in England die zulässigen Emissionen an Salzsäuregas auf 5% der
anfallenden Menge begrenzt. Die absorbierte Salzsäure wurde zu Chlor
beziehungsweise Chlorkalk umgesetzt. Steinkohlenteer, die spezifische
Rohstoffgrundlage der Teerfarbenchemie, stand mit der Entwicklung der
Schwerindustrie zur Verfügung.

Die durch die Mechanisierung von Spinnerei und Weberei erzielten
Produktivitätsverbesserungen ließen sich erst mit Überwindung der be-
grenzten Antriebskräfte des 18. Jahrhunderts – Wind-, Wasser- und Mus-
kelkraft – voll ausnutzen. Kohle verdrängte Wind- und Wasserkraft als
Energiequellen, Eisen das Holz als Werkstoff, und durch die Nutzung
fossiler Energieträger und mineralischer Rohstoffe wurde die Abhängigkeit
menschlichen Wirtschaftens von den begrenzt verfügbaren regenerativen
Energiequellen und Rohstoffen aufgehoben. Auf der stofflichen Basis der
Nebenprodukte der Kohleverwertung – Teer, Ammoniakwasser und Gas –
gründeten sich neue Produktionszweige.

Heute zeigt sich, daß mit der Befreiung von ressourcenbedingten Beschränkungen zu Beginn der Industrialisierung auch die Entwicklung zu
ökologischen Krisen unserer Zeit eingeleitet wurde: Mit der Steinkohle
wurden die Reste der Vegetation vergangener erdgeschichtlicher Epochen
zutage gefördert und in selbst für globale Größenordnungen gewaltigen
Mengen wieder in die Stoffkreisläufe der Biosphäre eingetragen; darüber

hinaus gelangten und gelangen mit fossilen Energieträgern, Erzen und anderen mineralischen Rohstoffen Substanzen massenhaft in die wirtschaftlichen Stoffströme, die bis dahin in der Biosphäre nur in lokalen Ausnahmesituationen anzutreffen waren und zum Teil durch sehr umweltbelastende und toxische Eigenschaften gekennzeichnet sind.

Zu den besonders schädlichen und durch den üblen Gestank und die schmierig-klebrige Konsistenz besonders lästigen Ausscheidungen der aufblühenden Industrie gehörte der Steinkohlenteer. Die massenhafte Verwendung von Koks in der Eisenerzeugung und die Einführung der Gasbeleuchtung bescherten bedrohlich wachsende Mengen dieses Kokereinebenproduktes. Die strahlende Welt der Teerfarben basiert auf den finsteren Begleiterscheinungen ungezügelter Naturausbeutung.

Fuchsin

Das auslösende Moment der Entwicklung der organisch-chemischen Industrie – die zufällige Entdeckung des Mauveins durch William H. Perkin – wurde schon nach kurzer Zeit überholt, das Mauvein sehr bald von besseren und preiswerteren Farbstoffen verdrängt: »Bald ist ein neuer, noch glänzenderer Farbstoff gefunden – das Anilinrot.«[5] schreibt Heinrich Caro rückblickend 1892.

Dieser Farbstoff ist unter dem Namen »Fuchsin« bekannt geworden. Er wurde bereits 1856 von Natanson bei der Einwirkung von Ethylenchlorid auf Anilin bei 200°C als rotes Nebenprodukt entdeckt. Das gleiche Produkt erhielt 1858 A.W.v. Hofmann beim Erhitzen von Chlorkohlenstoff (CCl_4) mit Anilin. Beide erkannten allerdings noch nicht die Eignung der neuen Substanz als Textilfarbstoff.[6]

Die Gunst der Stunde zu nutzen wußten die Eigentümer einer französischen Unternehmung: In der Färberei der Brüder Renard in Lyon erhielt der Chemiker Emanuel Verguin (1806-1865) Fuchsin beim Erhitzen von Anilin mit Zinnchlorid. Heinrich Caro berichtet:

»Mit glücklichem Instinkt greift er zu wasserfreien Metallchloriden (...), erhitzt damit das (...) Handelsanilin, und leicht und rasch entsteht die erste, reiche Farbstoffschmelze. Aber er beutet seine Erfindung nicht selbst aus (...), sie geht in die Hände der Seidenfärber Renard frères in Lyon über, am 8. April 1859 nehmen sie das erste französische (...) Fuchsin-Patent.«[7]

Dazu findet sich 1859 folgende Mitteilung in Dinglers Polytechnischem Journal:

»Die Hrn. Gebrüder Renard und Franc, Fabrikanten chemischer Produkte in Lyon, haben durch Einwirkung gewisser wasserfreier Chlormetalle auf die mit stickstoffhaltigen Kohlenwasserstoffen (von der Destillation der Steinkohlen) dargestellten organischen Basen einen neuen Farbstoff erhalten, welchen sie Fuchsin nennen. Sie ließen sich die industrielle Anwendung dieses Farbstoffes patentieren und fabricieren denselben gegenwärtig in bedeutenden Quantitäten. Man wendet diese schöne Farbe jetzt hauptsächlich in der Seiden-, Wollen- und Baumwollenfärberei an, sie wird aber auch schon für den Kattundruck benutzt.

Dieser neue Farbstoff ist sehr ächt, hat eine sehr intensive und außerordentlich lebhafte Farbe und ersetzt vorteilhaft die Cochenille und den Safflor; er hat das Murexid verdrängt, durch welches man die Cochenille zu ersetzen hoffte. Mit dieser Farbe gefärbte Stoffe sind bereits in den Handel gekommen und erregten ebenso großes Erstaunen als Bewunderung.«[8]

Caro kommentiert diese Episode rückblickend: »Der Erfolg des Fuchsins ist momentan viel größer als der des Perkin'schen Violetts. Einen solchen Farbstoff hatte man nie zuvor gesehen. Wie matt erscheint dagegen das Rosa der Cochenille! Sein verführerischer Glanz drängt alle Bedenken gegen seine mangelnde Echtheit zurück (...). Die Mode will es. (...) Alles wendet sich jetzt den so leichten und dankbaren Schmelzprozessen zu. Die Ära der Massenerfindungen beginnt. Alles wird probiert. Alles gibt Rot. Alles wird patentiert. (...) Jeder träumt von Ehre und Schätzen. Das Goldfieber tritt auf (...).«[9]

Die einem Goldrausch ähnliche Suche nach neuen Anilinfarben oder verbesserten Verfahren zur Herstellung des Fuchsins ließ Chemiker und Erfinder bald auch auf Versuche mit exotischeren und auch gefährlicheren Reagenzien kommen. Die mit der Industrialisierung intensivierte Förderung von Erzen und Mineralien hatte auch solche Stoffe in größeren Mengen ans Tageslicht gebracht, die als lästige und gefährliche Nebenprodukte auftraten und bestenfalls als Rattengift zu gebrauchen waren. Ein solcher Stoff war das Arsen.

Im Januar 1860 meldete der englische Arzt Henry Medlock die Fuchsinherstellung durch Erhitzen von arsensaurem Anilin zum Patent an. Ein weiterer Engländer, Nicholson, sowie die beiden Franzosen Charles Girard und Georges de Laire folgten innerhalb kurzer Zeit (26.1.1860 bzw. 26.5.1860) mit derselben Erfinderidee. Der folgende Streit um das Medlock'sche Patent endete letztlich damit, daß es die Firma Simpson, Maule & Nicholson erwarb. Girard und Laire traten als Chemiker bei Renard frères & Franc in Lyon ein, und beide Unternehmen »verbünden sich zum Schutz und Trutz«[10].

Zur Herstellung von Fuchsin nach dem Arsensäureverfahren wurde ein in zunächst noch unbekannter Weise mit Nebenprodukten verunreinigtes Anilin, das »Anilinöl für Rot«, benötigt. Dieses Anilinöl mußte zusammen mit Arsensäurelösung in gußeisernen, emaillierten Kesseln über offenem Feuer sechs bis acht Stunden bei 170°-180°C gerührt werden. Die grüngolden schimmernde Schmelze wurde nach dem Öffnen der Kessel mit großen eisernen Löffeln ausgeschöpft und in Schubkarren ausgetragen, die mit Strohpapier ausgelegt waren. Anschließend löste man die erstarrte Schmelze in eisernen Kochern in Wasser und versetzte sie mit Kochsalz und Salzsäure. Dabei entstand salzsaures Fuchsin, das man auskristallisieren ließ. Um durch langsames Abkühlen möglichst große Kristalle zu erhalten, deckte man die Lösung mit Holzdielen ab, an denen sich die schönsten Kristalle absetzten. Die Kristalle wurden getrocknet und in Handarbeit sortiert.[11]

Einen unmittelbaren Eindruck von den Anfängen der technischen Farbstoffproduktion im kleinsten Maßstab vermittelt uns die retrospektive Schilderung aus dem Diarium von E. Lucius, einem der Mitbegründer der heutigen Hoechst AG, von 1874:

»FUCHSINFABRIKATION

Die erste Fabrikation, welche in Betrieb kam, war die des Fuchsins. In kleinen eisernen Kesselchen, welche in einem Paraffinbad standen, wurden (...) 38-50% Arsensäure (zusammen mit Anilin, d.V.) auf eine Temperatur von 180-200°C so lange erhitzt, bis herausgenommene erkaltete Schmelzproben brüchig wurden. Die Operation dauerte 6-8 Stunden. Im ersten Jahr wurden auf diese Weise ungefähr zehn bis vierzehn Pfund Fuchsin pro Tag erzeugt. Zuletzt im September 1872 wurden in 10 Kesseln mit einer Charge von je 200 Kilo Anilin 300 Kilo Arsensäure, 3 000-3 200 Kilo Rohschmelze (7-800 Kilo Anilindestillat) erzielt, welche 330-350 Kilo Fuchsin ClH (gemeint ist offenbar das Chlorid, d.V.) je Tag ergaben.

In Bezug auf den Ansatz ist, wie zu sehen, keine wesentliche Änderung vorgegangen. Zu Anfang wurde durchschnittlich mehr Arsensäure angewandt (...) als zuletzt. Bei 1 Teil An(ilin), zwei Teilen As_2O_5 resultieren Schmelzen, welche sehr phosphinreich sind, aber weniger Fuchsin enthalten. Nach Einführung der Leonhardtschen Kocherei gingen wir wieder für kurze Zeit auf das Verhältnis 1 zu 2 über, verließen dasselbe aber wieder bei Abgang Leonhardts und gingen wieder auf zwei Teile Anilin zu drei Teilen As_2O_5 über. Der Fuchsingehalt der Schmelze betrug 10 bis 11%. Das im Destillat wiedergewonnene Anilin wurde teils als Zusatz zu dem Fuchsinanilin benutzt, teils nach der Rektifikation als Anilin für Schwarz, teils als salz-saures Salz verkauft.

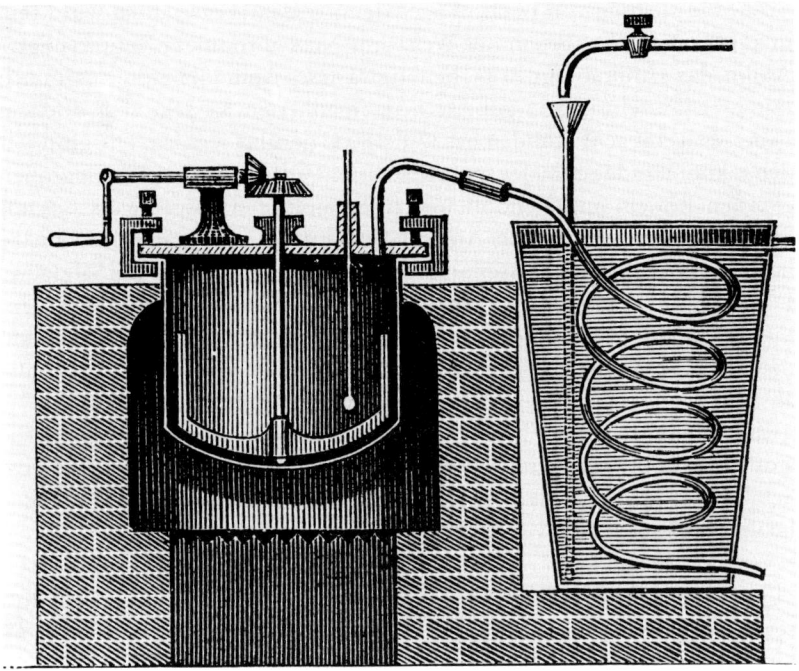

Rührwerk zur Fuchsinherstellung mit einer Zuführung für die Arsensäure, 1878.

AUSKOCHUNG

Die Auskochung der Schmelze fand von Anfang an in hölzernen Bottichen mit Handrührung, später mit vertikaler mechanischer Rührung, von
186(?) ab nach Leonhardt's System in liegenden schmiedeeisernen Zylin-
dern mit horizontaler mechanischer Rührung statt. Ein weiterer Fortschritt,
welchen Leonhardt einführte, war die Filtration der Laugen durch geschlossenen Filter unter Benutzung des Dampfdrucks. Das Auskochen der Ar-
senschmelze war ganz wie das salzige Verfahren in zwei Stadien geteilt.

1. wurde die Schmelze ausgekocht;
2. wurde die erste Kristallisation gut gekocht.

Da bei dieser Verarbeitung keine kalte Auslaugung der Schmelze statt-
fand, so wurde kein Anilin daraus wiedergewonnen, so daß nur 28 bis 30%
Fuchsin vom angewandten Anilin resultierten.«[12]

Die Verwendung der Arsensäure verdrängte sehr bald die älteren Verfahren
»der Leichtigkeit und Sicherheit wegen«[13]. Die Ausbeute an Rohfuchsin
stieg von etwa 2% auf 20% an.[14]

Mit dem raschen Anstieg der Produktionsmengen ging auch eine entsprechende Vergrößerung der Produktionsapparate einher. Die Teerfarbenfabrikation entwickelte sich von einem in Waschküchendimensionen arbeitenden Gewerbe zur Industrie. Die gußeisernen Schmelzkessel wurden beispielsweise über ein Fassungsvermögen von 50 Liter, »eine Größe, die man im Jahre 1861 für ungeheuer fand«, bis auf 4 500 Liter vergrößert.[15]

Sehr bald beschäftigte sich auch die chemische Wissenschaft genauer mit der Chemie der zunächst empirisch gefundenen Anilinfarben. Besondere Verdienste kamen hierbei August Wilhelm von Hofmann zu, der das Fuchsin schon vor Verguin synthetisiert hatte, nähere Untersuchungen jedoch erst nach Bekanntwerden der Verwendbarkeit dieser Substanz als Farbstoff angestellt hatte. Von Hofmann wies nach, daß Fuchsin nicht aus reinem Anilin gebildet wird, sondern aus einem Gemisch, das neben Anilin auch Toluidine enthält. Diese Substanzen waren in dem unreinen Handelsanilin enthalten, jedoch nicht in den für einen optimalen Reaktionsverlauf erforderlichen Mengen. Von Hofmanns Erkenntnisse ermöglichten eine weitaus bessere Fuchsinausbeute durch gezielten Einsatz der notwendigen Vorprodukte in den richtigen Mengenverhältnissen.

Der Übergang von der Empirie zur wissenschaftlich fundierten Produktion spiegelt sich auch in der Formulierung einer Verfahrensbeschreibung der großtechnischen Fuchsinsynthese wider:

»1 000 kg Rotöl (33,3 T. Anilin, 24 T. p-Toluidin und 42,7 T. o-Toluidin enthaltend und zwischen 190-198°C übergehend, entsprechend dem spezifischen Gewicht 1,008) werden mit 1 500-1 700 kg Arsensäure vom spezifischen Gewicht 1,85-2,3 mit 60-70% As_2O_5 und höchstens 1% As_2O_3-Gehalt, frei von Salpetersäure, in einem eisernen Schmelzkessel während 8-10 Stunden von 120° unter Rühren auf 180° und schließlich auf 190° erhitzt.«[16]

Anhand einer Verfahrensbeschreibung von 1885 läßt sich eine Stoffbilanz der klassischen Fuchsinproduktion ermitteln:[17] Zur Herstellung von 100 Kilo reinem Fuchsin wurden 500 Kilo Aniline (Anilin und Toluidine) und 1 000 Kilo Arsensäure (As_2O_5) eingesctzt; nach einer 36stündigen Schmelze erhielt man 886 Kilo Feststoff und 400 l Destillat, davon 220 Kilo Öl. Die weitere Aufarbeitung dieses Öls ergab 220 Kilo Destillatanilin, von dem 200 Kilo für den nächsten Ansatz zurückgeführt wurden. Die Anilinreste in der wässerigen Phase wurden zu Azofarbstoffen, wie z.B. Naphtholorange, weiterverarbeitet.

Durch Auslaugen des festen, gemahlenen Schmelzprodukts mit kaltem Wasser konnten ca. 258 Kilo Arsenik (As_2O_3) abgetrennt werden, die nach Regeneration (Oxidation mit Salpetersäure) 300 Kilo wiederverwendbare Arsensäure ergaben. Durch Auslaugen des Rückstandes mit heißem Wasser und mehrfache Kristallisation erhielt man 100 Kilo Kristallfuchsin (eine sehr reine Qualität), 20 Kilo unreines Fuchsin und weitere Gelb- und Braunfarbstoffe (Cerise, Marron, Zimtbraun, Grenadine u.a.) in nicht angegebener Menge. Es wurden also nur 24% der eingesetzten Aniline zu Fuchsin umgesetzt!

Die Aufarbeitung der Schmelze (Isolierung und Reinigung der Farbstoffe) erforderte 2 100 Kilo Kochsalz, 200 Kilo Soda, nicht ermittelbare Mengen an Kalkmilch, Natronlauge und Salzsäure sowie 41 m^3 Wasser. Daneben erhielt man 80 Kilo unverwendbarer, z.T. stark arsenhaltiger Harze. Die insgesamt bei einem solchen Produktionsansatz verbrauchte Menge an Arsensäure lag bei 700 Kilo. Dementsprechend enthielten die Abprodukte ca. 600 Kilo Arsenik. Zusätzlich müssen 300 Kilo Salpetersäureverluste bei der Herstellung von 1 000 Kilo Arsensäure berücksichtigt werden.

Aus heutiger Sicht ist es überraschend, daß ein Verfahren mit derart hohen Stoffverlusten (etwa ein Drittel der Aniline und 70% der Arsensäure), großem Zeitaufwand und enormer Arbeitsintensität in stark belastender Atmosphäre (Schmelzdauer, viele Reinigungsschritte, Kristallisationsdauer), hohem Energieeinsatz (Schmelze, Auskochen der Rückstände und Eindampfen von Lösungen) und der sehr erheblichen Umweltbelastung so lange und in so großem Ausmaß wirtschaftlich durchgeführt werden konnte. Die hohen Preise, die mit dem Fuchsin und den aus den Nebenprodukten gewonnenen Farbmarken zu erzielen waren, kompensierten jedoch die hohen Kosten und ermöglichten eine teilweise beachtliche Rendite.

Bei diesem Stand der Fuchsinproduktion sind bereits wichtige Merkmale einer entwickelten technischen Chemie zu erkennen: Produktion in großen Einheiten, weitgehende Nutzung von Neben- bzw. Abprodukten und großer Verbrauch an Hilfsstoffen (Wasser, Kochsalz, Salzsäure, Kalk, Natronlauge, Soda, Salpetersäure, Arsensäure).

Typisch ist auch das lange Festhalten der Fabrikanten an einer Verfahrensvariante und deren systematische Verbesserung in chemisch-technischer und ökonomischer Hinsicht. Dazu Josef Bersch 1878:

»In Folge der systematischen Aufarbeitung der unreinen Mutterlaugen von der Fabrikation des Fuchsins haben es manche Fabriken dahin gebracht, gewisse bestimmte Nuancen von Rotbraun, Braunroth bis in das dunkelste Braun übergehend darzustellen, und (es) werden diese Produkte, die eigentlich nichts sind als ein mehr oder weniger verunreinigtes Fuchsin, zu recht annehmbaren Preisen verwertet. Um dieselben auf dem Markte zu behaupten, ist es vor allem wichtig, dieselben stets von der gleichen Beschaffenheit zu liefern, um immer mit einem Präparate, welches unter einem einmal bekannten Namen in den Handel gesetzt wird, die gleiche Farbnu-

Fuchsinherstellung um 1870. Französischer Holzstich.

ance zu erzielen. Man kann diesen Zweck nur dadurch erreichen, daß man immer nach einem und demselben Verfahren bei der fabrikmäßigen Darstellung des Fuchsins arbeitet und die Mutterlaugen nach einem ebenfalls immer in gleicher Weise durchgeführten Abdampfungsprozeß behandelt. Es läßt sich hierbei eine größere Zahl verschieden nuancierter Farbstoffe erzielen, welche unter verschiedenen Namen in den Handel kommen.«[18]

Im Werkslaboratorium – ein Chemiker bei der Arbeit.

Am Beispiel der Fuchsinsynthese läßt sich eine wichtige und grundsätzliche Einsicht in das Wesen und die Eigenart chemischer Reaktionen – und damit auch chemischer Produktion – gewinnen. Man erkennt, daß neben dem gewünschten Hauptprodukt viele weitere Neben- bzw. Abprodukte in unterschiedlichen Quantitäten zwangsläufig mitentstehen.

Um eine Synthese wirtschaftlich verwerten zu können, besteht deshalb für den Produzenten der Zwang, für möglichst viele der Nebenprodukte Verwendungen oder wenigstens kostengünstige »Entsorgungsmöglichkeiten« zu finden.

Ein weiterer Grund für die erfolgreiche wirtschaftliche Verwertung der Fuchsinsynthese lag in der Möglichkeit, durch einfache chemische »Anbauten« an das Fuchsinmolekül z.B. blaue oder grüne Farbstoffe zu erzeugen. Die vielfältigen Variationsmöglichkeiten (etwa durch Methylierung oder Phenylierung) des einen Grundstoffes bildeten besonders in der Gründungsphase der Farbenfabriken die gewinnträchtige ökonomische Überlebensnische für erfindungsfreudige Unternehmen, zumal rasch wechselnde Modefarben einander in der Käufergunst ablösten.

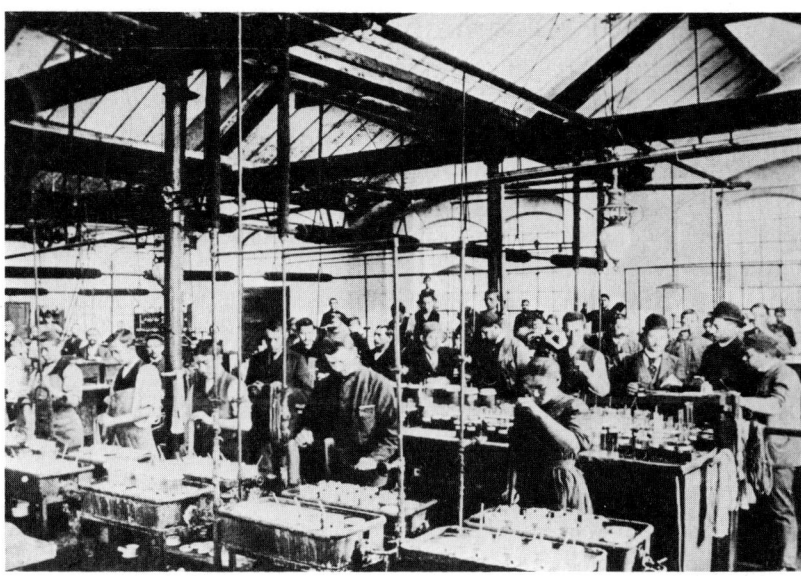

Versuchsfärberei um 1895. (Hoechst)

Das hier angesprochene Verfahren der vielfältigen chemischen Variation einer Stammsubstanz ist von der chemischen Industrie zum perfektionierten »Screening« ausgebaut worden. Heute wird beispielsweise bei der Suche nach neuen Arzneimitteln in den unternehmenseigenen Forschungslabors nach diesem System vorgegangen.

Nach der Entdeckung von Struktur und Bildungsweise des Fuchsins wurde in den folgenden Jahrzehnten eine Vielzahl neuer Farbstoffe und Farbstoffgruppen mit gleicher Grundstruktur, die Triphenylmethanfarbstoffe, entwickelt und auf den Markt gebracht. Bekannte Vertreter sind das Eosin, das Kristallviolett, das Malachitgrün, die Patentblau-Farbstoffe und die Phthaleine.

Um 1880 betrug die Jahresproduktion an Fuchsin etwa 750 Tonnen. Obwohl in der Folgezeit seine relative Bedeutung durch die Einführung zahlreicher neuer und besserer Farbstoffe stark abnahm, produzierte die IG-Farben 1930 noch 450 Tonnen. In den 1960er Jahren wurde Fuchsin in der BRD nur noch von Bayer in Uerdingen hergestellt.[19] Heute wird es in geringen Mengen noch für Spezialzwecke z.B. in der Mikroskopie eingesetzt.

Vorprodukte: Gewinnung und Verarbeitung von Steinkohlenteer

Mit der quantitativ und qualitativ sich entwickelnden Farbstoffindustrie wurden auch an die Gewinnung der Vorprodukte neue Ansprüche gestellt. So verdrängte im 18. und 19. Jahrhundert – von England ausgehend – aus Steinkohle gewonnener Koks allmählich die Holzkohle als Reduktionsmittel für Eisenerze. Das Prinzip der Kokserzeugung besteht darin, Steinkohle unter Luftabschluß in sogenannten Koksöfen für 15-20 Stunden bis auf etwa 800°C zu erhitzen. Dabei bleiben etwa 65% der Kohle als Koks übrig, der Rest entweicht in Form von Gasen und Dämpfen.[20]

Neben den Kokereien, die zur Gewinnung von Koks für die Metallverhüttung eingerichtet wurden, entstanden die Gaskokereien oder Gasanstalten, deren Hauptzweck die Leuchtgasgewinnung war.

Die in den Kokereien und Gasanstalten als Nebenprodukte anfallenden Flüssigkeiten, Gaswasser und Teer, wurden mit fortschreitender Industrialisierung zum Problem. Neben dem außerordentlich widerlichen Gestank, den sie verströmten, traten auch unübersehbare Folgen für die Vegetation

Verpackung und Etikettierung von Teerfarben: Frauenarbeit.

und das Leben vor allem in den kontaminierten Gewässern auf. Eine geregelte Entsorgung oder Weiterverwendung war daher dringend erforderlich.

Der Hauptbestandteil des Gaswassers, das Ammoniak, wurde zu einem profitablen Ausgangsstoff für die Düngemittelerzeugung und die chemische Industrie. Von dem lästigen Teer befreiten sich die Gaswerke zunächst dadurch, daß sie ihn unter ihren Retorten verbrannten. Mit dem Ausbau der Eisenbahnnetze wurden dann große Mengen für das Imprägnieren von Eisenbahnschwellen abgesetzt. Die intensive Erforschung der Teerbestandteile und die Suche nach Verwendungsmöglichkeiten führte in Deutschland zwischen 1860 und 1883 zur schrittweisen Entwicklung von Kokereien mit einer nahezu vollständigen Nebenproduktverarbeitung. Einen Eindruck von der Größenordnung, die die Steinkohlenteererzeugung im Verlauf des 19. und zu Beginn des 20. Jahrhunderts erreichte, gibt die folgende Übersicht:[21]

Steinkohlenteererzeugung in 1 000 Tonnen

	1883	1898	1902	1910
England	450	720	1033	1380
Deutschland	90	180		985
Frankreich	80	140		

Um Teer differenziert nutzen zu können, war es nötig, ihn in einzelne Bestandteile zu zerlegen. Die erforderliche Destillationstechnik befand sich dank der weit entwickelten Schnapsindustrie Mitte des 19. Jahrhunderts bereits auf einem hohen Entwicklungsstand. Die Schnapsbrennerei spielte bei der Industrialisierung Deutschlands eine so bedeutende Rolle, daß Friedrich Engels 1875 schrieb: »Kartoffelsprit ist für Preußen das, was Eisenwaren und Baumwollwaren für England sind, der Artikel, der es auf dem Weltmarkt repräsentiert.«[22] In der zweiten Jahrhunderthälfte war die Technik auch für die Teerdestillation anwendungsreif. Während jedoch in England mit seiner wesentlich älteren und entwickelteren Gasindustrie fast alle größeren Gaswerke Anlagen zur Teerdestillation besaßen (z.B. die Gas-Light and Coke Company in London), gab es in den sechziger Jahren des 19. Jahrhunderts in Deutschland erst wenige Destillationswerke, die den Teer häufig zudem noch aus England bezogen.[23]

Um 1880 hatte die Rütgerswerke AG mit Standorten bei Berlin, in Dresden, Oberschlesien, Wien, Mecklenburg und Westfalen die führende Position unter den Teerverarbeitern übernommen. Zu dieser Zeit wurden vor allem Eisenbahnschwellen imprägniert. Bis 1910 hatte Rütgers etwa 80 »Imprägnierungsanstalten« errichtet, auch im Ausland. Von 1860 bis 1910 wurden hier etwa 3,25 Millionen Tonnen Teeröl zum Tränken des Holzes verbraucht. Daneben stellten die Betriebe Benzol, Naphthalin und Anthracen her, die hauptsächlich von den Teerfarbenfabriken weiterverarbeitet wurden.[24] Heute ist die Rütgerswerke AG der größte Teerverwerter der Bundesrepublik.

Der aus den Gasanstalten angelieferte Teer wurde zunächst in Sammelzisternen gefüllt und längere Zeit gelagert, um das suspendierte Gaswasser abzutrennen. Anschließend pumpte man ihn in Destillationsblasen, schmiedeeiserne Gefäße von 6-30 Tonnen Inhalt, die wegen der Feuergefahr meist im Freien standen.

Durch Destillation wurde der Teer meistens in fünf Fraktionen nach Siedebereichen aufgetrennt. Die so erhaltenen Produkte, die immer noch eine Mischung vieler Einzelsubstanzen darstellten, ließen sich in der Anfangszeit nur in geringer Zahl zu Verkaufsprodukten weiterverarbeiten. Von einer der ältesten deutschen Teerdestillationsanstalten, Dr. Sell in Offenbach, sind einige bekannt:
- Fleckenwasser (Benzol),
- Mirbanöl (Nitrobenzol) als Parfüm für Seife,
- Kreosot (Phenole), u.a. als Vorprodukt für Pikrinsäure,
- Imprägniermittel für Holz (schwere Teeröle), insbesondere für Eisenbahnschwellen,
- Dachpappen, Flachdachabdeckungen und Asphalt für Straßenbeläge,
- Ruß für Wagenschmiere und Druckerei.[25]

Nitrobenzol (»Mirbanöl«) hatte 1834 erstmals Eilhard Mitscherlich (1794-1863) aus Benzol und Salpetersäure erhalten, bevor von C. Mansfield in England die Herstellung aus Steinkohlenteerbenzol technisch ausgearbeitet und in Frankreich 1848 die Fabrikation von »Mirbanessence« durch Collas und Pelouze aufgenommen wurde. Nitrobenzol diente zunächst vorwiegend zum Parfümieren von Seife etc. anstelle von natürlichem Bittermandelöl.[26]

Die Verwendung ist ein Beleg für den heute geradezu abenteuerlich anmutenden Leichtsinn, mit dem in der Frühzeit der chemischen Industrie neue Stoffe ohne Beachtung eventueller toxischer Eigenschaften hergestellt und vermarktet wurden.

Um 1910 ergab sich in etwa folgende Wertschöpfung bei der Verarbeitung der Steinkohle und ihrer Nebenprodukte:[27]

1 000 kg Steinkohle: 10,- Mark

700 kg	Koks:	10,5 M	30 kg	Teer:	0,7 M	1,1 kg	Ammonium- sulfat	2,75 M
6 kg	Imprägnieröle	0,25 M	5 kg	Benzol:	1,1 M	1 kg	Cyankalium	1,3 M
15 kg	Pech	0,6 M	2 kg	Naphtalin	0,16 M	0,75 kg	Indigo	6 M
			0,25 kg	Anthracen	0,07 M	0,2 kg	Alizarin	1,4 M
			0,25 kg	Karbol- säure	0,1 M	6,2 kg	Pikrinsäure	0,35 M

Die gefährlichen Eigenschaften der Teerbestandteile zeigten sich vor allem bei den Arbeitern, die mit diesen Stoffen umgehen mußten. Die Arbeit in den Kokereien war »mit mancherlei Gefahren verknüpft. Grelle Temperaturwechsel verursachen Rheumatismen, Bronchialkatarrhe etc., Kohlenstaub erzeugt Kohlenlunge, und bei der Arbeit an den Reinigungskästen leiden die Arbeiter durch Staub und bekommen oft Augenentzündungen. Bisweilen treten Kohlenoxydvergiftungen auf, beim Ablöschen des Koks entwickelt sich Schwefelwasserstoff, welcher den Arbeitern gefährlich wird und die Umgegend belästigt, und bei der Regeneration der Reinigungsmasse entwickeln sich giftige Gase.«[28]

Die Belastung der Kokereiarbeiter durch Hitze und gesundheitsgefährdende Arbeitsstoffe blieb bis auf den heutigen Tag überaus hoch. In verschiedenen epidemiologischen Studien wurde bei Kokereiarbeitern neben Tumoren der Haut vor allem eine erhöhte Lungenkrebshäufigkeit festgestellt.[29]

Gesundheits- und Umweltprobleme bei der Fuchsinherstellung

Der Transport von Rohstoffen und Produkten sowie das Füllen und Leeren der Reaktionsgefäße erfolgten von Hand. Es war körperliche Schwerarbeit, die durch Hitze und giftige Dämpfe weiter erschwert wurde. Vor allem die Kombination des giftigen und später auch als krebserregend erkannten Anilins mit der Arsensäure, die sonst vor allem zum Vernichten von Schädlingen Verwendung fand, dürfte die Arbeitsatmosphäre zu einem wahren Höllendunst gemacht haben. Josef Bersch stellte 1878 dazu fest, daß ein vollkommener Schutz nur dann möglich sei, wenn die Arbeiter »mit festschließenden Helmen versehen wären, in welche Luft von außen eingepumpt würde«[30].

Und in Dinglers Polytechnischem Journal hieß es 1887: »Als Schutzvorrichtung gegen den Arsenstaub wird den Arbeitern persönlich das Umbinden eines Tuches um Mund und Nase empfohlen. Es ist augenscheinlich, daß sich ein solcher Schutz als ungenügend erweist. Der Staub, dessen man sich erwehren will, ist zerfließlich, der Wasserdampf der Respiration verdichtet sich im Tuche, befeuchtet es nach und nach, macht den Staub anhaften und imprägniert die Binde mit Gift, welches alsdann auf Gesicht und Lippen wirkt. Es können auf diese Weise leicht Vergiftungsfälle vorkommen, im günstigsten Falle haftet der Staub auf der Haut fest und zerfrißt sie unter Bildung schmerzhafter Geschwüre.«[31]

Das Hantieren mit giftigen Arsenverbindungen und aromatischen Aminen (Anilin und Toluidine) konnte auch für die Umwelt nicht folgenlos bleiben, wie das Beispiel der Fuchsinfabrikation von J.J. Müller & Cie. zeigt, einem 1860 in Basel gegründeten Unternehmen. In der Fabrik verarbeitete man pro Tag 200 Kilo Arsensäure; die leicht rot gefärbten Abgänge wurden zweimal täglich, mittags von 12-13 Uhr und nachts von 22-23 Uhr, in einen benachbarten Teich entleert. Die beiden vom Baseler Sanitätskollegium beauftragten Gutachter – gewissermaßen eine Vorform der heutigen Gewerbeaufsicht – stellten im Mai 1863 fest:

»Es fließen sonach in den Teich täglich größere Quantitäten der Lösungen höchst giftiger Substanzen: Die Lösung von arsensaurem Natron und in größerer Menge die von arseniksaurem Natron. Mögen auch diese Gifte nach kurzer Zeit in die größere Wassermasse des Rheins geschwemmt werden, so bleibt doch immer ein ängstliches Gefühl vorhanden, wenn man an diejenigen denkt, welche das Teichwasser zu benutzen auch berechtigt sind (...).«[32]

Tatsächlich wurden bei mehreren Anwohnern Symptome einer Arsenvergiftung festgestellt und im Brunnenwasser unterhalb der Fabrik hohe Arsengehalte nachgewiesen. Auch Tote waren zu beklagen.[33]

Zur Vermeidung dieser Mißstände sollten die Abgänge durch eine besondere Rohrleitung dem Rhein zugeführt werden. Diese Investition war Müller zu kostspielig. Die Fuchsinabwässer wurden statt dessen in Leihfässern per Achse zum Unteren Rheinweg gefahren und dort in den Strom entleert. Als bald darauf der alteingesessene, kapitalstarke Farbstoffextraktfabrikant Geigy-Merian das finanziell überforderte Müllersche Unternehmen übernahm, waren die Probleme noch keineswegs gelöst. Besonders die morgendliche Leerung der Fässer mit den stark arsenikhaltigen Eindampfrückständen von der Rheinbrücke direkt in den Strom erregte weiterhin Anstoß. Im Sommer 1865 verlegte Geigy deshalb einen Teil der Fuchsinfabrikation in eine ländliche Gegend.[34]

Fuchsinschmelze um 1895. (Hoechst)

Fuchsinbetrieb 1938. (Hoechst)

Auch nach 1880 blieb das Problem der Arsenbelastung durch die Fuchsinfabrikation aktuell. König referiert aus einem Bericht über die Verunreinigung des Rheines 1883 durch die Fuchsinfabrik von P. Petersen zu Schweizerhalle »daß dieselbe täglich zwischen 700-900 kg oder jährlich 225 000 kg Arsensäure verarbeitet und dabei ein konzentriertes Abwasser von intensiv fuchsinroter Farbe und saurer Reaktion abläßt, welches 18,8 g Arsensäure und 29,45 g arsenige Säure pro 1 Liter enthält. In dem Abwasser aus dem Sammler fand er 7,52 g arsenige Säure pro Liter und in einem teigigen Rückstande nach dem Austrocknen 14,7% Arsenverbindungen als arsenige Säure berechnet.«[35] Über die Wirkung dieses Abwassers heißt es dann, »daß dasselbe kleine Fische sofort tötete.« Auch in hundertfacher Verdünnung starb ein kleiner Fisch nach vier Stunden.[36]

Die schädlichen Wirkungen ihrer »Abgänge« zwangen die Teerfarbenfabriken bald zur Erarbeitung von »Entsorgungstechniken«. In Auseinandersetzungen mit der Gewerbeaufsicht entwickelte sich im Spannungsfeld zwischen dem öffentlichen Interesse der Gefahrenabwehr und dem betrieblichen Interesse der Kostenminimierung ein technischer Stand, der höchst unbefriedigend war, aber für die nächsten hundert Jahre prägend bleiben sollte.

Da auch mit keinem der Verfahrensvorschläge zur Wiedergewinnung des Arsens eine ausreichende Entgiftung der unterschiedlichen Produktionsrückstände erreichbar war, wurde das Arsenverfahren zunächst von den Fabriken in der Nähe großer Städte aufgegeben.[37]

Zusätzlich zu den Umweltbelastungen durch Arsenverbindungen, die aus der eigentlichen Fuchsinherstellung resultierten, ergaben sich weitere Probleme bei der Herstellung der Arsensäure und bei der Verwendung des Fuchsins.

Arsensäure wurde durch Oxidation von Arsentrioxid (As_2O_3) mit sehr aggressiver, etwa 60%iger Salpetersäure bei 65-70°C erhalten. Neben den Verlusten an Salpetersäure (ca. 25% der eingesetzten Menge) drohte ständig das Durchgehen der exothermen Reaktion mit einem Übersteigen der Masse sowie dem Bruch der tönernen Gasentwickler.[38]

Zahlreiche Vergiftungen, die nach der Aufnahme von Fuchsin beobachtet wurden, konnten auf dessen Arsengehalt zurückgeführt werden.[39] So wurde Fuchsin z.B. auch zum Färben von Likören, Konfitüren, Fruchtsäften, Tafeleis oder Rotwein verwendet. Grandhomme berichtet vom Schicksal einer Färberfamilie, die nach dem Verzehr von Kartoffeln so schwer an einer Magen-Darm-Entzündung erkrankte, daß die drei Kinder starben. Der Kessel, in dem die Kartoffeln gekocht worden waren, war vorher zum Färben von Wollgarn mit Fuchsin benutzt worden. Wollgarn und Kartoffeln erwiesen sich als arsenhaltig. Tatsächlich kann man von zum Teil sehr hohen Arsengehalten in käuflichem Fuchsin ausgehen. So wurden z.B. in zwei Proben 2,07% arsenige Säure und 7,59% Arsensäure bzw. 1,01% und 4,47% gefunden.[40]

Heute gelten Arsentrioxid, arsenige Säure und Arsensäure sowie deren Salze nicht nur als akut toxische sondern auch als krebserregende Arbeitsstoffe![41]

Die Überwindung der Arsenverwendung

Die Diskussion um eine Alternative zum Arsensäureverfahren fand breites öffentliches Interesse, und auch die Unternehmerverbände rührten sich. Die Zielrichtung, in der nach einem alternativen Verfahren gesucht wurde, wird aus der Formulierung einer Preisaufgabe aus Preußen deutlich:

»Der Verein zur Förderung des Gewerbefleisses in Preussen hat pro 1869 folgende Preisfragen gestellt:

1. Goldene Denkmünze und 1 000 Taler für Auffindung eines Mittels, welches anstatt der Arsensäure zur Darstellung des Fuchsins angewendet werden kann. Das Surrogat soll weniger gefährlich sein als die Arsensäure. Die Anwendung desselben darf die Kosten für die Produktion nicht steigern. Die damit erzeugten Farben dürfen den mit Arsensäure bereiteten weder an Schönheit des Tones noch an Ergiebigkeit nachstehen;

2. (...)

3. Goldene Denkmünze und 2 000 Taler für ein Verfahren, die Arsenrückstände der Anilinfarbenfabrikation unschädlich und für die Industrie wieder nutzbar (zu) machen.«[42]

A. Brüning von den Farbwerken Meister, Lucius & Brüning (ML&B) teilte in den Berichten der Deutschen Chemischen Gesellschaft 1873 die Entwicklung einer konkurrenzfähigen Methode zur Herstellung von Fuchsin aus Nitrobenzol (-toluol) und Anilin (Toluidin) unter Vermeidung von Arsensäure mit.[43] Im Diarium von Lucius heißt es dazu:

»Die aus dem Verbrauch so großer Mengen Arsensäure resultierenden Schwierigkeiten erweckten schon von Anfang an den Wunsch, die Oxidation der Aniline ohne Arsensäure zu bewirken und ließen wir seiner Zeit durch Reinhardt das Quecksilberverfahren genau prüfen, jedoch ohne uns für die Einführung dieser Fabrikation bestimmen zu können. Auf der Pariser Ausstellung 1867 lernten wir zuerst das Coupier'sche Rot- und das Nitroverfahren kennen.

Im Mai 1869 machte ich (...) die ersten Versuche über diese Methode (...).
Bei allen diesen Versuchen stellte sich mehr oder minder reiche Farbstoffbildung heraus.

Nachdem noch für die Verarbeitung der Schmelze die Kaltauslaugung für
Gewinnung der unverbrauchten Aniline eingefügt war, glaubten wir zu
Fabrikationsversuchen übergehen zu können.

Hierbei waren besonders die Schwierigkeiten bezüglich des Materials, der
Temperaturermittlung und der Heizung zu überwinden, da bei zu hohem
Erhitzen sehr leicht die Reaktion so heftig wird, daß die ganze Masse
abbrennen kann.

Durch mechanische Einrichtungen, diverse Vorsichtsmaßregeln bezüglich äußerer Abkühlung der Schmelzkessel sind diese Schwierigkeiten überwunden worden, so daß das Verfahren glatt und regelmäßig und bei nach-
heriger vervollkommneter Wiedergewinnung der Aniline mit besserem
finanziellen Erfolg arbeiten wird als das seit dem Oktober 1872 verlassene
Arsenverfahren.«[44]

Deutlicher noch weist Greiff auf einige besondere Schwierigkeiten des
neuen Verfahrens hin. Neben der Notwendigkeit, sehr reine Vorprodukte
einzusetzen, trat »auch bei vorsichtiger Reaktionsführung teilweise Zersetzung der Kohlenwasserstoffe unter Bildung harziger und huminartiger
Substanz oder gar ein Freiwerden von sauren Dämpfen bei längerer Erwär-
mung«[45] auf.

Dadurch mitbedingt, ergaben sich große Probleme bei der Aufarbeitung
der Schmelze und bei der Optimierung der Ausbeute von Fuchsin. Bei der
Produktionsaufnahme 1872 in Hoechst waren noch längst nicht alle Probleme gelöst. Einem firmeninternen Bericht von 1902 über die historische
Fuchsinfabrikation läßt sich entnehmen, daß wegen der schlechten Ausbeute die Fabrikation in Hoechst erstmals 1876 mit Gewinn arbeitete.[46]

Gegen Ende der 70er Jahre des 19. Jahrhunderts produzierten in Deutschland erst drei allerdings größere Farbenfabriken Fuchsin nach dem Nitrobenzolverfahren: die Farbwerke Hoechst, die Badische Anilin- und Sodafabrik (BASF) und die Aktiengesellschaft für Anilinfabrikation (Agfa) in
Berlin.

Die Fuchsinherstellung nach dem Nitrobenzolverfahren ähnelte dem
Arsensäure-Prozeß weitgehend, nur daß nun Nitrobenzol als Oxidations-
mittel eingesetzt wurde. Weitere Verfahrensverbesserungen betrafen den
Ersatz von Nitrobenzol durch ein Gemisch von ortho- und para-Nitroto-
luol, die Optimierung und Vergrößerung der Reaktoren, die effektivere
Rückgewinnung von Anilin aus der fertigen Schmelze und vor allem die

Kristallisation des Fuchsins, die so verbessert werden konnte, daß man ein konkurrenzfähiges Produkt erhielt.[47]

Neben Vorurteilen, mißglückten Technikumsversuchen, sicherer Handhabung des bewährten Verfahrens u.a. standen der Durchsetzung des neuen, arsenfreien Prozesses aus betriebswirtschaftlicher Sicht die höheren Rohstoffkosten für Benzol bzw. Nitrobenzol entgegen.[48] Noch 1879 wandte die Mehrzahl der Farbenfabriken das Arsensäureverfahren an, und nur Unternehmen, die ihr Nitrobenzol selber herstellten, produzierten Fuchsin ohne Arsensäure.[49] Anders als es etwa Osteroth darstellt, war mit der Entwicklung des Nitrobenzolverfahrens die Verwendung von Arsen nur eingeschränkt, aber noch lange nicht beendet worden.[50] Verschiedene Versuche, Fuchsin durch eine nebenproduktarme Synthese herzustellen, haben zu keinem wirtschaftlich praktikablen Verfahren geführt.[51]

Die Entfaltung der deutschen Teerfarbenindustrie

Die ersten empirisch gefundenen Teerfarbstoffe, vor allem Perkins Mauvein und das 1859 von Verguin entdeckte Fuchsin, gehörten bei der Weltausstellung 1862 in London zu den großen Sensationen. Auch in Deutschland erregten die neuen Produkte öffentliches Interesse. Die wirtschaftlichen Perspektiven erweckten die Aufmerksamkeit der Farbenhändler, Fabrikanten und Chemiker. Von 1860 an kam es in Deutschland zur Gründung einer größeren Zahl von Teerfarbenfabriken. Die meisten dieser Fabriken unterschieden sich nicht wesentlich von den Betrieben der damals recht weit entwickelten Präparateindustrie.

1863 gründeten die Chemiker Eugen Lucius und Adolf Brüning mit den Kaufleuten Wilhelm Meister und August Müller in Hoechst bei Frankfurt eine »Rotfabrik«, die in den ersten Jahren täglich etwa zehn Pfund Fuchsin nach dem Arsensäureverfahren produzierte. Die Firma wurde unter dem Kürzel ML&B (Meister, Lucius & Brüning) und später unter dem Namen Farbwerke Hoechst bekannt. Im gleichen Jahr gründeten die Kaufmann Friedrich Bayer und der Färber Johann Friedrich Weskott in Barmen eine Fabrik zur Fabrikation von Anilinfarben, die Firma Friedr. Bayer & Co. Die Fuchsinproduktion stieg 1865 bereits auf 50-100 Pfund täglich, und ein Jahr später erwarb Bayer in Elberfeld ein Grundstück für eine neue Fuchsinfabrik.

Die deutsche Teerfarbenindustrie profitierte zunächst vor allem von der Nachahmung englischer oder französischer Verfahren und Produkte. Ein wirksamer Patentschutz bestand in den deutschen Staaten noch nicht, so

Meister, Lucius & Co. Die erste Fabrik der späteren Farbwerke Hoechst, 1863.

daß sich hiesige Unternehmen ihren Anteil an dem großen Farbstoffmarkt sichern konnten, zumal in Deutschland die Industrialisierung und damit die Expansion der Textilproduktion in der Mitte des vorigen Jahrhunderts gerade erst begonnen hatte. Solange die Größe der Betriebe den Umfang von Werkstätten, wie sie Gerber oder Färber betrieben, kaum überschritt und die Produktionsverfahren noch weitgehend empirisch zustande kamen, konnte jeder einigermaßen kapitalkräftige Unternehmer mit einigen gewerblich-chemischen Kenntnissen eine Farbenfabrik errichten. So drängten denn auch immer neue Produzenten auf den Markt, imitierten die Produkte der Konkurrenz, entwickelten neue Farbstoffvarianten oder ersannen rentablere Produktionsmethoden.

Bald kristallisierten sich ökonomisch überlegene Betriebe mit eigener Vorproduktherstellung, eigenem Vertriebssystem und Zugang zu den neuesten wissenschaftlichen Erkenntnissen heraus, die die Mehrzahl der übrigen Hersteller vom Markt verdrängten. Neben Faktoren, die auch in anderen Branchen zur wirtschaftlichen Konzentration führten, wie bessere Kapitalausstattung oder effektivere Betriebsorganisation, spielte bei der chemischen Industrie die Verfügung über technisch umsetzbare wissenschaftliche Erkenntnisse eine besonders wichtige Rolle.

Besonders erfolgreich nutzte die BASF die Chancen, die sich für den neuen Industriezweig boten. Die Firma hat ihre Wurzeln in der 1861 gegründeten »Chemischen Fabrik Dykerhoff, Clemm & Comp.«, 1863 umbenannt in »Sonntag, Engelhorn & Clemm«. Treibende Kraft in diesen Unternehmungen, die sich mit der Teerfarbenerzeugung beschäftigten, war

Friedrich Engelhorn (1821-1902), der seit 1848 an der Errichtung einer Gasanstalt beteiligt und daher mit dem Teer und dessen Aufbereitung und Weiterverarbeitung vertraut war. Mit den Brüdern Clemm waren zwei Chemiker aus der Schule Liebigs an Engelhorns Unternehmen beteiligt. Um sich gegenüber der zahlreicher werdenden Konkurrenz Wettbewerbsvorteile zu verschaffen, strebte Engelhorn die Produktion der für die Teerfarbenfabrikation erforderlichen anorganischen Grundchemikalien in eigener Regie an. Für die hierzu erforderliche Betriebsausweitung reichten die Mittel von Engelhorn und seinen Teilhabern nicht aus. Das Bankhaus Ladenburg, eines der größten Häuser im damaligen Deutschland, half jedoch, die finanzielle Lücke zu schließen. Zu den wichtigsten Teilhabern zählten die Stuttgarter Farbenhändler Rudolph Knosp und Gustav Siegle. Knosp hatte schon 1859 von William Perkin das Alleinverkaufsrecht für Mauvein »in Deutschland, Preußen, Österreich, der Schweiz, Frankreich, Belgien und Holland«[52] erworben. Außerdem fabrizierte er seit 1859 Anilinviolett und Fuchsin und war damit der erste deutsche Teerfarbenfabrikant. Die Beteiligung von Knosp und Siegle sicherte dem 1865 als Aktiengesellschaft gegründeten Unternehmen von vornherein einen weiten Absatzmarkt.

Entgegen ihrem Namen, *Badische* Anilin- und Sodafabrik, erfolgte die Ansiedlung nicht im badischen Mannheim, sondern aufgrund von Schwierigkeiten mit dem Mannheimer Stadtrat auf der gegenüberliegenden Rheinseite im pfälzischen Ludwigshafen. Dort stand ein Gelände zur Verfügung, das auch für weitere Betriebsausweitungen groß genug war. Die Pfalz wurde damals von Bayern regiert, dessen Administration der Chemie seit dem Wechsel Liebigs an die Münchener Universität aufgeschlossen gegenüberstand. Die Gründung der BASF auf pfälzischem Territorium fand daher wohlwollende behördliche Unterstützung.

Der Standort am Ludwigshafener Rheinufer war nahezu ideal. Der Rhein lieferte Brauch- und Kühlwasser, diente als Vorfluter und verband als zentrale Wasserstraße das Unternehmen mit Rohstofflieferanten und Absatzgebieten. Nach dem Bau der Rheinbrücke bei Ludwigshafen 1867 war die Firma auch an das Eisenbahnnetz angeschlossen. Die wichtigsten Zentren des damaligen Farbenhandels, Frankfurt a.M. und Stuttgart, waren so gleichermaßen gut erreichbar. Die Pfalz, die in der napoleonischen Zeit mit Frankreich vereinigt war, bot gute Möglichkeiten, den großen französischen Wirtschaftsraum zu erreichen.

Die wichtigsten Betriebsteile der BASF waren im organischen Bereich die Anlagen zur Herstellung von Anilin aus Benzol und die Farbenfabrikation, in der neben dem Fuchsin, das etwa die Hälfte der Farbstoffproduktion

Die Chemiestadt der Zukunft: Baustelle des neuen Bayer-Werkes Leverkusen, um 1900.

ausmachte, auch Azofarbstoffe erzeugt wurden. Die anorganischen Fabriken, die etwa zwei Drittel des Betriebsgeländes beanspruchten, umfaßten
eine Schwefelsäurefabrik, die nach dem Bleikammerverfahren arbeitete,
eine Leblanc-Sodafabrik einschließlich der Nebenbetriebe zur Herstellung
von Natronlauge und Chlor bzw. Chlorkalk und eine Salpetersäureanla-
ge.[53]

Obwohl die anorganischen Chemikalien mengenmäßig den größten Teil
der Produktion ausmachten, brachten die Farbstoffe und darunter vor allem
das Fuchsin die größten Gewinne. Die Jahresproduktion an Fuchsin stieg
von 1865 bis 1871 von 50 auf 100 t. In diesem Entwicklungsstadium
unterschied sich die BASF von ihren meisten Konkurrenten durch den
Standortvorteil, die preisgünstige Versorgung mit Grundstoffen aus eigener
Produktion, die gute finanzielle Ausstattung und gute Absatzmöglichkeiten. Den entscheidenden Schritt zum Chemiekonzern, den neben der BASF
nur wenige Farbenfabriken mitvollziehen konnten, bildete jedoch erst die
systematische Einbeziehung der chemischen Forschung in die Entwicklung
neuer Produkte. Hierbei kam dem Aufbau der Alizarinsynthese grundlegende Bedeutung zu.

Die Alizarinsynthese – Meilenstein in Wissenschaft und Industrie

Neben der Erforschung der eher durch zufällige Entdeckungen bekannt gewordenen Anilinfarbstoffe bestand die große Herausforderung der Chemie darin, die Struktur der Naturfarben zu erforschen und nach Wegen zu ihrer Synthese zu suchen. Angesichts der weiterhin beträchtlichen wirtschaftlichen Bedeutung von Krapp und Indigo war diese Herausforderung nicht nur wissenschaftlicher, sondern auch wirtschaftlicher Natur.

1828 war Friedrich Wöhler (1800-1882) die Synthese des Harnstoffs als erste Synthese eines organischen Naturstoffs gelungen. Es folgten eine Reihe weiterer Naturstoffsynthesen, und in den vierziger Jahren des vorigen Jahrhunderts äußerte sich Justus v. Liebig in seinen berühmten »Chemischen Briefen« optimistisch über die Möglichkeit, wirtschaftlich bedeutende organische Naturstoffe synthetisch herzustellen.

Die Anfang des 19. Jahrhunderts erzielten Fortschritte der Chemie, der von Lavoisier formulierte Elementbegriff, die Daltonsche Atomtheorie und die Stöchiometrie lieferten die theoretischen Methoden, mit denen aus den Ergebnissen exakter qualitativer und quantitativer Analysen die elementare Zusammensetzung organischer Substanzen ermittelt werden konnte. Man erkannte, daß Benzol nur aus den Elementen Kohlenstoff und Wasserstoff aufgebaut ist und daß ein Molekül Benzol aus sechs Atomen Wasserstoff und sechs Atomen Kohlenstoff besteht. Diese Erkenntnis wurde in Form der Summenformel, für Benzol C_6H_6, dargestellt. Die Summenformeln lieferten eine Möglichkeit, organische Stoffe systematisch zu erfassen. Strukturelle Beziehungen zwischen verschiedenen organischen Stoffen, beispielsweise zwischen Benzol und einem Farbstoff, konnten auf dieser Stufe jedoch immer noch nicht festgestellt werden. Damit waren auch gezielte Synthesen noch nicht möglich. Zu diesem Zeitpunkt waren erfolgreiche Syntheseversuche wie der des »Mauvein« durch Perkin noch Ergebnis reiner Empirie.

Um zu Aussagen über die Umwandelbarkeit einer organischen Verbindung in eine andere zu gelangen, mußten exaktere Kenntnisse über den chemischen Aufbau der betreffenden Stoffe gewonnen werden. Es reichte nicht aus, Art und Anzahl der Atome zu kennen, aus denen ein Molekül zusammengesetzt ist. Man mußte auch etwas über die Anordnung der Atome in den Molekülen organischer Substanzen wissen, um sie gezielt umwandeln zu können. Mit einer Vielzahl systematischer Versuche wurden Erkenntnisse über das chemische Verhalten organischer Stoffe gesammelt, deren physikalische Eigenschaften ebenfalls exakt gemessen und verglichen wurden. Auf dieser Grundlage entstand die Theorie des molekularen Aufbaus organischer Verbindungen, die klassische organische Strukturtheorie.

Alexander M. Butlerow (1828-1886) hat in einer Rede auf der Jahresversammlung der Gesellschaft deutscher Naturforscher und Ärzte 1861 als erster die Prinzipien der Strukturtheorie umfassend dargestellt.

Seine *Grundannahmen* lauten in sprachlich aktualisierter Formulierung:

1. Die chemischen Eigenschaften eines Stoffes werden durch die Art, die Menge und die Anordnung der Atome in den Molekülen dieses Stoffes bestimmt. Die Anordnung der Atome, die chemische Struktur, ist in allen Molekülen eines reinen Stoffes gleich.
2. Die Grundfrage der Strukturtheorie lautet: Welche Atome sind mit welchen anderen Atomen chemisch verbunden?
3. Die Atome der verschiedenen Elemente bilden eine ihrer Wertigkeit entsprechende Zahl chemischer Bindungen aus. Kohlenstoff ist vierwertig, Stickstoff dreiwertig, Sauerstoff zweiwertig und Wasserstoff einwertig.
4. Zwischen zwei Atomen können auch zwei oder drei Bindungen (Doppel- und Dreifachbindungen) ausgebildet werden.
5. Kohlenstoffatome gehen auch miteinander Bindungen ein; dabei können auch Ringe und Mehrfachbindungen ausgebildet werden.
6. Die Gesamtstruktur eines Moleküls wird bei einer Reaktion in der Regel nur wenig verändert.

August Kekulé (1829-1896) veröffentlichte 1865 in Paris die Hypothese, daß die sechs Kohlenstoffatome im Benzolmolekül ringförmig miteinander verbunden sind und daß sich im Benzolring Einfach- und Doppelbindungen abwechseln. Die Formulierung der Benzolformel sollte sich für die Farbstoffindustrie als besonders fruchtbar erweisen, da Benzol und strukturell verwandte Verbindungen (Aromaten) die wichtigsten Ausgangsstoffe für Farbstoffsynthesen wurden.

Bei der Untersuchung von Farbstoffen, Wirkstoffen aus Heilpflanzen und anderen organischen Naturstoffen hatte man schon vor der Formulierung der Strukturtheorie festgestellt, daß in verschiedenen Fällen Umwandlungs- oder Abbauprodukte dieser Stoffe Ähnlichkeiten mit Stoffen aufwiesen, die man aus dem Steinkohlenteer isolieren konnte. In einigen Fällen erwiesen sich die Stoffe sogar als identisch. Wichtigstes Beispiel ist das Anilin, das strukturell eng mit dem Benzol verwandt ist. Anilin wurde erstmals 1826 bei der Zersetzung von Indigo, dem wirtschaftlich wichtigsten Farbstoff der damaligen Zeit, von Otto Unverdorben (1806-1873) entdeckt, der den neuen Stoff »Krystallin« nannte. Runge erhielt das Anilin 1834 bei der Destillation von Steinkohlenteer. Er nannte den Stoff nach dem griechischen Wort für Veilchenblau »Kyanol«, da er beobachtet hatte, daß Anilin mit Chlorkalk eine veilchenblaue Färbung ergab. 1842 erhielt Nicolai N. Zinin (1812-1880) bei der Reduktion von Nitrobenzol Anilin, das er »Benzydam« nannte. Ein Jahr später konnte von Hofmann zeigen, daß alle drei Produkte identisch sind.

Als dem Alizarin verwandter Bestandteil des Steinkohlenteers wurde später das Anthracen ermittelt.

Durch Aufklärung der Molekül-Struktur sowohl wichtiger Teerbestandteile als auch der wichtigsten Naturfarbstoffe konnten die chemischen Beziehungen zwischen diesen Substanzen immer genauer erkannt werden. Es lag daher nahe zu versuchen, aus entsprechenden Teerbestandteilen Naturfarbstoffe synthetisch herzustellen. Den größten Gewinn versprach dabei die Synthese der beiden Naturfarbstoffe, die von herausragender wirtschaftlicher Bedeutung waren: Alizarin und Indigo. Aber auch die Aufklärung der Struktur der empirisch gefundenen Teerfarbstoffe eröffnete völlig neue Möglichkeiten zur Synthese dieser und weiterer Farbstoffe. Von besonderem Interesse war ebenso die Kenntnis der Struktur neuer, von der Konkurrenz auf den Markt gebrachter Farbstoffe.

Die Chemie hatte mit ihren neuen Möglichkeiten einen Stand erreicht, der sie zu einem wichtigen Faktor der technischen und wirtschaftlichen Entwicklung machte. Die sich abzeichnenden wirtschaftlichen Möglichkeiten ließen das Interesse weitsichtiger Unternehmer und auf Förderung der Industrie bedachter Staatsmänner stark steigen. An den Universitäten begann die Systematisierung des praktischen Unterrichts.

In Deutschland widmete Justus von Liebig (1803-1873) nach seiner Berufung zum Professor der Chemie an die Universität Gießen 1824 seine besondere Aufmerksamkeit dem Aufbau eines praktischen Laboratoriumsunterrichts für die Studenten, der »für die deutsche chemische Industrie den schwerwiegendsten Einfluß gehabt hat. (...) Im Verlauf der fünfzig Jahre des halben Jahrhunderts nach Liebigs Gießener Gründung haben zuerst die deutschen Universitäten und dann auch die Gewerbeakademien (Techn. Hochschulen) Unterrichts-Laboratorien eingerichtet. Über 90 v.H. der jungen Doktoren und Diplom-Ingenieure gehen in die Praxis, und sie sind es, die unsere chemische Technik mit wissenschaftlichem Geist erfüllt und damit ihr schnelles Aufblühen bewirkt haben. Ganz besonders vorteilhaft hat sich dieser Nachwuchs in solchen Disziplinen bewährt, bei denen es auf spezifische Feinarbeit ankommt: bei der Fabrikation der Teerfarben und pharmazeutischen Produkte.«[54]

Die eindrucksvollen Erfolge der wissenschaftlichen Chemie bei der Strukturaufklärung und der Entwicklung neuer Farbstoffsynthesen dürfen allerdings nicht darüber hinwegtäuschen, daß sowohl in der Produktionspraxis als auch in der Anwendungstechnik handwerklich-empirische Vorgehensweisen dominierten und bis in unsere Zeit bedeutsam blieben.

An den organisch-chemischen Instituten der deutschen Universitäten und Technischen Hochschulen wurde die Erforschung der Farbstoffchemie in Kooperation mit den Forschungslaboratorien der großen Teerfarbenfabriken systematisch vorangetrieben. Unter den hervorragenden Chemikern dieser Zeit sind vor allem von Hofmann und von Baeyer zu nennen. August Wilhelm von Hofmann, der sich große Verdienste um den Aufbau der wissenschaftlichen Chemie in England erworben hatte und dort u.a. durch die Entdeckung seines Assistenten Perkin mit der Farbstoffchemie in Berührung gekommen war, kehrte 1865 nach Deutschland zurück. Er übernahm in Berlin die chemische Professur, die durch den Tod Eilhard Mitscherlichs frei geworden war, nachdem ihm die preußische Regierung den Bau eines neuen Instituts zugesichert hatte. Von Hofmann leistete wesentliche Beiträge zur Entwicklung neuer Farbstoffsynthesen, besonders zur Chemie der Anilinfarben (Triphenylmethanfarbstoffe) wie des Fuchsins. Dabei unterhielt er über seinen Schüler Carl Alexander v. Martius (1838-1920) Beziehungen zur Aktiengesellschaft für Anilinfarben (Agfa). 1867 gründete er zusammen mit anderen Hochschulchemikern und Vertretern der chemischen Industrie wie Ernst Schering (1824-1889) die »Deutsche Chemische Gesellschaft«. Aus der Schule von Hofmanns gingen so bedeutende Farbstoffchemiker wie Peter Grieß (1829-1888), Entdecker der Azofarbstoffe, hervor.

Adolf v. Baeyer (1835-1917) kam als Schüler Kekulés 1860 nach Berlin, wo er sich habilitierte und später den Lehrstuhl für organische Chemie am Gewerbeinstitut der späteren Technischen Hochschule erhielt. Von dort aus wetteiferte er mit dem Kreis um von Hofmann und begründete seine eigene Schule, aus der ebenfalls wichtige Pioniere der Farbstoffchemie hervorgingen. Unter ihnen sind vor allem Carl Graebe (1841-1927) und Carl Liebermann (1842-1914) zu nennen.

1868 entdeckten Graebe und Liebermann, daß die Grundstruktur des Alizarins, des Hauptbestandteils des natürlichen Krappfarbstoffes, der des Teerbestandteils Anthracen gleicht. Schon im Januar 1869 konnten sie berichten, daß ihnen die Synthese von Alizarin aus Anthracen gelungen war.

Diese Synthese hatte den großen Nachteil, daß sie aufgrund der Verwendung des zumindest damals für industrielle Verhältnisse sehr exotischen Broms für eine gewerbliche Nutzung viel zu teuer war. Graebe und Liebermann erkannten zudem, daß ihnen für die eigene Verwirklichung der Alizarinsynthese die ökonomische Grundlage fehlte. Die wirtschaftliche Tragweite ihrer Entdeckung war ihnen jedoch hinlänglich bewußt:

»Von welcher Wichtigkeit unsere Entdeckung für die Krappindustrie sein wird, wenn es gelingt, dieselbe technisch verwendbar zu machen, brauchen wir nicht ausführlich hervorzuheben. Der enorme Verbrauch von Krapp in der Kattundruckerei, die großen Strecken fruchtbaren Bodens, die zu dessen Anbau nötig sind, sprechen hinreichend klar für die Bedeutung, welche ein neuer Industriezweig erlangen würde, der auf der künstlichen Darstellung des Alizarins aus einem Bestandteil der Steinkohle beruht.«[55]

Nachdem sich Graebe und Liebermann ihre Entdeckung durch Patente in England, Frankreich, Amerika und Preußen hatten sichern lassen, traten sie zunächst erfolglos mit A. Brüning von den Farbwerken Hoechst in Verbindung. Graebe hatte nach Beendigung seines Studiums als Chemiker bei den Farbwerken Hoechst gearbeitet, war aber nach einem langwierigen Augenleiden, das er sich durch eine Jod-Vergiftung bei Arbeiten über die Gewinnung von Jod-Violett zugezogen hatte, bald wieder ausgeschieden und zur wissenschaftlichen Arbeit nach Berlin gegangen. Die Übernahme der Alizarin-Synthese durch Hoechst scheiterte daran, daß Brüning nicht auf Liebermanns Forderung nach Umsatzbeteiligung eingehen wollte und nur eine Beteiligung am Reingewinn anbot.[56]

Durch Vermittlung des Chemikers Heinrich Caro traten Graebe und Liebermann dann mit der BASF in Verbindung. Caro war nach erfolgreicher Arbeit in einer englischen Farbenfabrik in Manchester nach Deutschland zurückgekehrt. Er trat 1868 in die Geschäftsleitung der BASF ein, um dort die Aufgaben eines »Forschungsleiters« zu übernehmen.

Graebe und Caro arbeiteten mit Hochdruck an der Entwicklung eines wirtschaftlichen Verfahrens für die Alizarinsynthese. Am 25.6.1869 meldeten sie ihr Verfahren in England zum Patent an. England war damals mit seiner hochentwickelten Textilindustrie der wichtigste Farbstoffverbraucher, der etwa ein Drittel der gesamten Krapperernte verarbeitete. Nur einen Tag später meldete William H. Perkin, der mit dem Mauvein den ersten Teerfarbstoff industriell erzeugt hatte, ein ganz ähnliches Verfahren für die Alizarinsynthese zum Patent an. Diese Tatsache und der Umstand, daß auch Ferdinand Riese bei den Farbwerken Hoechst im April 1869 ein Verfahren zur Herstellung von Alizarin gefunden hatte, zeigt, wie sehr die Alizarinsynthese damals »in der Luft lag«.

Alizarinherstellung in der Fabrik von William H. Perkins 1870. Holzschnitt von 1879.

In Preußen wurde der Patentantrag von Caro, Graebe und Liebermann abgewiesen. Dadurch konnten in Deutschland von Beginn an mehrere Konkurrenten die Alizarin-Synthese aufnehmen. In England einigten sich die Vertreter der BASF mit Perkin über eine Respektierung der gegenseitigen Patente und eine Aufteilung des Marktes.

Da infolge des fehlenden Patentschutzes gleichzeitig mehrere Konkurrenten in Deutschland die Alizarinproduktion aufnahmen, kam es zu einem schnellen Anstieg der Produktion bei gleichzeitig stark sinkenden Preisen. Die Produktionsmenge stieg von 15 Tonnen 1871 auf 750 Tonnen 1877, berechnet auf den reinen Farbstoff.[57] In der gleichen Zeit fiel der Preis für ein Kilogramm 10%iger Paste von 13-14 Mark auf 3,50 Mark.[58] Aufgrund des jähen Preisverfalls erfolgten schließlich Preisabsprachen, die sogenannten Konventionen. 1881 wurde die erste Alizarin-Konvention von einer englischen und sieben deutschen Firmen abgeschlossen; 1900 folgte die zweite mit Meister, Lucius & Brüning (ML&B, Hoechst), BASF, Bayer und British Alizarin Co. als Mitgliedern.

Mit dem immer preisgünstiger auf den Markt drängenden synthetischen Alizarin konnte der natürliche Krapp nicht lange konkurrieren. Der Krappanbau kam innerhalb kurzer Zeit nahezu vollständig zum Erliegen.

Die Grundstoffe der Alizarinsynthese, das Anthracen beziehungsweise das daraus gewonnene Zwischenprodukt Anthrachinon, wurden zum Ausgangsmaterial einer neuen Klasse synthetischer Farbstoffe, der Klasse der Anthrachinonfarbstoffe. Herausragender Vertreter dieser Farbstoffklasse ist das Indanthrenblau, das wegen seiner überragenden Wasch- und Lichtechtheit besondere Bedeutung erlangte. Seit 1923 wird die Bezeichnung »Indanthren« als Handelsname für Farbstoffe beliebiger Struktur verwendet, die bestimmten hohen Qualitätsanforderungen genügen.

Azofarbstoffe

1858 entdeckte Peter Griess (1829-1888) in von Hofmanns Londoner Laboratorium »eine neue Klasse von organischen Verbindungen, in denen der Wasserstoff durch Stickstoff ersetzt ist«[59]. Damit begann die Entwicklung der Azofarbstoffe (von franz. azote = Stickstoff). Auch diese Entdeckung war zunächst empirisch zustandegekommen. Der erste 1863 in den Handel gebrachte Azofarbstoff, das Anilingelb, war wegen seiner Säureempfindlichkeit noch von keinem besonderen Wert. Größere Bedeutung erlangte das 1875 von Heinrich Caro synthetisierte und zuerst von der BASF produzierte Chrysoidin, ein basischer Azofarbstoff, der auf Baumwolle ein »billiges, unechtes Orange, das durch Nachkupfern und Nachchromieren etwas echter wird«[60], ergab.

Bayer brachte mit dem von Griess entdeckten Brilliantorange G 1878 seinen ersten Azofarbstoff auf den Markt. Im gleichen Jahr nahm ML&B die Produktion der von Heinrich Baum entdeckten roten Ponceau-Farbstoffe auf. Diese Farbstoffe gehören zur Gruppe der sauren Azofarbstoffe, die völlig neue Färbeverfahren für Wolle ermöglichten. Sie gestatteten die überaus einfache direkte Färbung in saurem Bad, die zuvor nur bei wenigen Farbstoffen möglich war. Die vorteilhaften Färbeeigenschaften der sauren Azofarbstoffe überwogen die schlechten Echtheitseigenschaften (geringe Wasch- und Lichtechtheit) vor allem im prosperierenden Bereich der Fabrikation billiger Massenware, so daß ihre Produktion zu einem lohnenden

Geschäft wurde. Wirtschaftliche Bedeutung erlangten vor allem die roten Farbstoffe wie Echtrot A und B von der BASF, Ponceau 2R von ML&B oder Crocein-Scharlach von Bayer. Die Entwicklung der direkt färbenden (substantiven) Baumwollazofarbstoffe ermöglichte auch für Baumwollgewebe die Einführung der billigen Direktfärbeverfahren. Zum bekanntesten substantiven Baumwollazofarbstoff wurde das von der Agfa herausgebrachte Kongorot.

Die Grundstruktur der Azofarbstoffe bestand in der Verknüpfung zweier aromatischer (benzolähnlicher) Komponenten durch zwei Stickstoffatome. Durch gezielte Variation der beiden Komponenten, die aus unterschiedlichen Teerbestandteilen durch chemische Veränderungen in großer Zahl verfügbar gemacht werden konnten, ließ sich ein sehr breites Spektrum von Azofarbstoffen mit unterschiedlichsten Farbtönen und Echtheitseigenschaften für die Anwendung auf verschiedensten Textilien erzeugen. Die Zahl der von den Teerfarbenunternehmen auf den Markt gebrachten Farben und Farbnuancen ging bereits Ende des vorigen Jahrhunderts in die Tausende. Mit neuen Farbnuancen versuchte man, die Mode zu beeinflussen und dadurch neue Absatzmöglichkeiten zu erschließen. Entsprechend gewannen neben den Forschungs- und Entwicklungsabteilungen und der Produktion die Verkaufsabteilungen wachsende Bedeutung als charakteristische Elemente der chemischen Industrie. Mit den Azofarbstoffen ließ sich nicht nur die Palette der Textilfarben wesentlich erweitern, sondern auch in andere Gebiete vordringen. Ein Beispiel ist die Verwendung von Azofarbstoffen als Butterfarben. Dazu heißt es in einem Nachschlagewerk zu Anfang unseres Jahrhunderts: »Zum Färben von Butter, Margarine und anderen Fetten bedient man sich natürlicher Farbstoffe wie Orlean, Cucurma etc. oder Kunstprodukte (...). Am meisten werden Dimethylaminoazobenzol (›Buttergelb‹) angewendet, ferner Anilinazo-ß-naphthol, Benzolazoresorcin, Anilinazo-ß-naphthylamin, Aminoazobenzol und Aminoazotoluol.«[61]

Nach Entdeckung der krebserregenden Eigenschaften des »Buttergelb« fand die Anwendung als Lebensmittelfarbstoff ein Ende. Zahl und Menge der von der chemischen Industrie in Verkehr gebrachten Lebensmittelzusatzstoffe nahmen nichtsdestotrotz rasch zu.

Auch am Anfang der modernen Chemotherapie stand ein Azofarbstoff, das Trypanrot. 1907 berichtete Paul Ehrlich (1854-1914) über Tierversuche mit diesem Farbstoff, die bei Mäusen eine pharmazeutische Wirkung bei Trypanosomen (im Blut schmarotzende Geißeltierchen) zeigten.[62] Auf den Weg zur Chemotherapie kam Ehrlich durch seine Arbeiten über histologische Färbeverfahren. Auf ihn ist die Verwendung von Methylenblau zum Anfärben von mikroskopischen Präparaten zurückzuführen.

Farbenindustrie und Wissenschaft

Der hohe Entwicklungsstand insbesondere der organischen Chemie und der Unterrichtslaboratorien an den deutschen Hochschulen war eine wichtige Voraussetzung für den internationalen Vorsprung der deutschen Teerfarbenindustrie. Mit dem Ausbau der chemischen Forschungsinstitute an Universitäten und Technischen Hochschulen in Deutschland wuchs auch die Zahl der dort ausgebildeten Chemiker Ende des vorigen Jahrhunderts stark an. Ihre Mehrzahl fand in der Teerfarbenindustrie Anstellung. Zwischen Hochschul- und Industriechemikern entwickelte sich eine enge Kooperation, in deren Rahmen sich die Hochschulchemiker stärker auf die Grundlagenforschung und die Industriechemiker auf die angewandte Forschung spezialisierten.

Dieser Kooperation wurde bereits durch die Gründung der »Deutschen Chemischen Gesellschaft« (DChG) 1867 in Berlin, an der der Kreis um von Hofmann maßgeblich beteiligt war, eine institutionalisierte Basis geschaffen. Von Hofmann hatte in seiner Zeit in England – er war 1861 Präsident der »Chemical Society of London« – die Bedeutung der wissenschaftlichen Gesellschaften als Mittler zwischen wissenschaftlicher und technischer Chemie kennengelernt. Dem Vorhaben der Gründung der DChG schloß er sich an, »um auf diese Weise die Allianz zwischen Wissenschaft und Industrie aufs neue zu besiegeln«[63].

Auch der Verein deutscher Chemiker (VDCh), der 1896 auf Antrag des Bayer-Chefchemikers Carl Duisberg (1861-1934) aus der »Deutschen Gesellschaft für angewandte Chemie« hervorgegangen war, sah eine seiner Hauptaufgaben darin, die Belange der wissenschaftlichen und technischen Chemie miteinander in Einklang zu bringen.[64]

Das Interesse der chemischen Industrie an der Entwicklung der chemischen Wissenschaften an den Hochschulen lag auf zwei Ebenen. Sie wollte einerseits einen ausreichenden Nachwuchs wissenschaftlich geschulter Chemiker für ihre eigenen Laboratorien gewährleistet wissen und andererseits vom jeweils neuesten Stand der Hochschulforschung möglichst schnell profitieren. Über die Verbände nahm die chemische Industrie Einfluß auf die Gestaltung der universitären Ausbildungsgänge, um ihre Anforderungen an die Studienabgänger möglichst weitgehend zu verwirklichen. Hierbei spielte neben DChG und VDCh auch noch der »Verein zur Wahrung der Interessen der chemischen Industrie« (VWI) eine einflußreiche Rolle.

Mit der wachsenden Zahl von Chemiestudenten seit den 70er Jahren des 19. Jahrhunderts nahm die Belastung der Hochschullehrer durch Aufgaben in der Lehre stark zu. Entsprechend weniger konnten sie sich der Forschung widmen. Hochschulchemiker und Industrie fürchteten, daß umfangreiche Forschungsvorhaben nicht mit hinreichender Intensität verfolgt werden könnten und der nicht zuletzt der Wissenschaft zu verdankende Vorsprung auf dem Weltmarkt gefährdet sei. In der Zeit des wachsenden Nationalismus zu Beginn des 20. Jahrhunderts wurde die Schließung dieser »Forschungs-lücke« zu einer nationalen Aufgabe erklärt, für die fast jedes Mittel ange-bracht erschien.[65] Seit 1905 betrieb das von führenden Hochschulchemi-kern gegründete »Comité Chemische Reichsanstalt« die Errichtung einer chemischen Großforschungseinrichtung nach dem Muster der »Physika-lisch technischen Reichsanstalt«. Verwirklicht wurden diese Bestrebungen 1912 mit der Gründung des »Kaiser-Wilhelm-Instituts für Chemie«. Die Industrie erhoffte sich von diesem Institut die Lösung größerer For-schungsaufgaben, die für die ganze Branche bedeutsam waren, das Lei-stungsvermögen einzelner Firmen oder Hochschulinstitute jedoch über-stiegen.

Von den Teerfarbenfabriken zu Chemiekonzernen

Trotz hervorragender Gewinne konnten auch die größten als Privatunter-nehmen geführten Teerfarbenfabriken die für aufwendige Forschungs- und Entwicklungsprogramme und expandierende Produktionsanlagen erfor-derlichen Finanzmittel nicht aus eigener Kraft aufbringen. Zur Beschaffung des nötigen Kapitals standen mit den seit Mitte des vorigen Jahrhunderts in Deutschland entstandenen Großbanken die notwendigen Geldgeber und mit der Form der Aktiengesellschaft der entsprechende rechtliche Rahmen zur rechten Zeit zur Verfügung. Die Aktiengesellschaften setzten sich in dieser Zeit auch in anderen Bereichen der Produktion durch. Das Aktien-gesetz von 1870, mit dem die staatliche Konzessionspflicht aufgehoben wurde, erleichterte ihre Gründung. Die später bedeutenden Teerfarbenfa-briken entstanden entweder direkt als Aktiengesellschaften oder wurden später in solche umgewandelt.

Mit dem endgültigen Verschwinden der Zollschranken zwischen den deutschen Staaten nach der Reichsgründung 1871 und durch den weiteren Ausbau des Eisenbahnnetzes wurden größere Märkte zugänglich. Der Kapitalzustrom durch die französischen Kriegskontributionen nach dem deutsch-französischen Krieg 1870/71 ermöglichte zusätzliche Investitionen.

Die für ein rasches Wachstum der Teerfarbenindustrie erforderlichen Arbeitskräfte standen infolge der schnellen Entwicklung der Textilindustrie und der Agrarischen Revolution in ausreichender Zahl zur Verfügung. Das vorindustrielle Verlagssystem, in dem die meist ländlichen Textilarbeiter in Heimarbeit spannen und webten, wurde durch die mit Spinn- und Webmaschinen ausgestatteten Textilfabriken verdrängt. Die brotlos gewordenen Arbeitskräfte eines Gewerbezweiges, der 1850 noch mehr als 40% aller gewerblich tätigen Menschen in Deutschland beschäftigte, trugen neben den aus der Landwirtschaft kommenden Arbeitsuchenden wesentlich zur Ausbildung des Potentials an billigen Arbeitskräften bei, das für die Entwicklung neuer Industriezweige wie der chemischen Industrie erforderlich war.

Mit der wachsenden industriellen Textilproduktion wuchsen auch die Absatzmöglichkeiten für Textilfarbstoffe. Der steigende Bedarf wurde in Deutschland bis zur Entwicklung der synthetischen Farbstoffe noch fast ausschließlich durch Importe gedeckt. Über Krapp, tropische Farbhölzer und vor allem Indigo konnte man hier nur indirekt verfügen, daher bestand – anders als in England, wo der Kolonialhandel mit Indigo große Gewinne brachte – auch ein politisch motiviertes Interesse an der Entwicklung synthetischer Farbstoffe. Mit den sich gegen Ende des 19. Jahrhunderts verschärfenden Konflikten zwischen Deutschland und England wurde jeder Schritt, der aus der Abhängigkeit von britisch beherrschten Lieferungen führte, als nationale Großtat gefeiert und entsprechend gefördert. In diesem Klima wuchsen der Teerfarbenindustrie frühzeitig Aufgaben »vaterländischer Pflichterfüllung« zu. Nach der Gründung des Deutschen Reiches 1871 entstand eine Reihe von Wirtschaftsverbänden, die es der deutschen Wirtschaft ermöglichen sollten, »sich ihren Einfluß auf das umfassende Reformwerk zu sichern«[66]. Von besonderer Bedeutung für die Teerfarbenindustrie war die Entwicklung der Patentgesetzgebung. Die großen Gewinne, die bei der Produktion und Vermarktung eines »Volltreffers« systematischer chemischer Forschungsarbeit winkten, waren gefährdet, solange neue Produkte und neue Verfahren nicht wirkungsvoll gegen Nachahmung geschützt werden konnten. Der Preisverfall des Alizarin, der nur durch Kartellabsprachen halbwegs aufgehalten werden konnte, galt den führenden Teerfarbenfabriken als abschreckendes Beispiel. Die 1877 verabschiedete Patentgesetzgebung bildete die rechtliche Absicherung der neuen, verwissenschaftlichten Produktionsweise. Das deutsche Patentgesetz schützte im Gegensatz zu den französischen Bestimmungen nicht den Stoff, sondern das Verfahren. Diese Regelung gestattete es Großbetrieben mit entsprechender Forschungskapazität, für lukrative Produkte der Konkurrenz neue Syntheseverfahren bis zur Marktreife zu entwickeln. Eigene Entwicklungen konnten durch Patentierung mehrerer Synthesewege geschützt werden. Diese Form des Patentrechts war eindeutig auf die Interessen der Großindustrie zugeschnitten. Kleine Firmen oder einzelne Erfinder verfügten nicht über die Forschungskapazitäten, die zur Aufklärung und patentrechtlichen Absicherung aller möglichen Synthesewege zu einem neuen Produkt erforderlich sind.

Ein weiterer die Großindustrie begünstigender Aspekt des neuen Patentrechts bestand in der Einführung des »Vorprüfverfahrens« anstelle eines einfachen Anmeldeverfahrens. Offizielle Begründung hierfür war das Bestreben, Patentstreitigkeiten zu vermeiden, die bei ungeprüfter Annahme jeder Patentanmeldung zu befürchten gewesen wären. Die für die Vorprüfung chemischer Patente erforderlichen Versuche, die vom Patentamt selbst nicht ausgeführt werden konnten, wurden den »sachverständigen Interessenten«[67] übertragen. Und das waren vor allem die Werkslabors der Großunternehmen.

Die meisten der den Teerfarbenfabriken erteilten Patente wurden zunächst für Verfahren zur Herstellung neuer Azofarbstoffe vergeben. Unter den schärfer werdenden Wettbewerbsbedingungen gelang es seit den achtziger Jahren des 19. Jahrhunderts nur noch wenigen Großunternehmen, an der stürmischen Entwicklung der Teerfarbenindustrie teilzuhaben, die bald zur Entwicklung der chemischen Industrie schlechthin wurde. Darunter sind neben den bereits aufgeführten »großen Drei« (BASF, Bayer und ML&B bzw. Hoechst) vor allem zu nennen (in Klammern das Gründungsjahr):
- die Gesellschaft für Anilinfabrikationen, Rummelsburg bei Berlin (1867), ab 1872 Aktiengesellschaft für Anilin-Fabrikation (Agfa), Treptow, die später zur BASF kam,
- die Farbenfabrik W. Kalle u. Co., Biebrich/Rhein (1863), die in den Farbwerken Hoechst aufging und
- die Chemischen Fabriken vorm. Weiler-ter-Meer, Uerdingen (1861), die von Bayer übernommen wurden.

Die neue Qualität wirtschaftlicher Entwicklung, die sich mit der systematischen Anwendung von Forschung und Produktion in den großen Teerfarbenfabriken herausgebildet hatte, wird im Vergleich mit anderen Bereichen der chemischen Industrie deutlich:

Entwicklung der Anzahl der Betriebe, der Beschäftigten und der Durchschnittsdividenden in der chemischen Industrie[68]

Jahr	Teerfarbenindustrie			Chem. Großindustrie			Präparateindustrie		
	Hauptbetriebe	Beschäftigte	Dividenden (%)	Haupt-betriebe	Beschäf-tigte	Divi-denden (%)	Haupt-betriebe	Beschäf-tigte	Divi-denden (%)
1875	28	2179	-	247	7913	-	-	-	-
1882	27	4091	20,53	258	14812	9,8	861	4563	11,88
	(davon 4	mit 3015)							
1895	25	7266	23,59	456	26950	10,91	1350	6322	10,82
	(davon 5	mit 6353)							

Während der Anstieg der Beschäftigtenzahlen in der chemischen Großindustrie und der Präparateindustrie noch mit einer Steigerung der Zahl der Betriebe verbunden war, ging die Zahl der Betriebe in der Teerfarbenindustrie trotz noch stärker steigender Beschäftigtenzahlen zurück, wobei letztlich nur eine Handvoll Unternehmen wirklich von Bedeutung war.

Der Vergleich der Durchschnittsdividenden, die in der Teerfarbenindustrie gut doppelt so hoch lagen wie in der chemischen Großindustrie oder der Präparateindustrie, zeigt, welche wirtschaftliche Macht sich in den wenigen großen Teerfarbenfabriken konzentrierte. Unter ihnen lag wiederum die BASF an der Spitze. Von den 7 266 Beschäftigten der Teerfarbenindustrie des Jahres 1895 arbeiteten dort 4 602, was jedoch noch nicht mit einer alleinigen Vormachtstellung gleichbedeutend war.[69] Die Chance, diese zu erringen, schien sich mit der Entwicklung der Indigosynthese zu bieten.

Indigo

Schon die Einführung des synthetischen Alizarins hatte gewaltige Umwälzungen im internationalen Farbengeschäft verursacht; die Synthese des wichtigsten Naturfarbstoffes, des Indigo, versprach dessen Revolutionierung.

wichtigsten Naturfarbstoffes, des Indigo, versprach dessen Revolutionierung.

»War das Krapprot die Farbe der Hosen des französischen Militärs, so war das Indigoblau die Farbe der Matrosenuniform und so manchen Waffenrocks. Es war aber auch die Farbe der Arbeitskleidung in Europa und im Fernen Osten: Blau durch Indigo war der Kittel des Fuhrmanns und des chinesischen Bauern. Die jährliche Weltproduktion dieses Naturfarbstoffs betrug in den achtziger Jahren nicht weniger als 5 Millionen Kilogramm, bezogen auf 100prozentigen Farbstoff. Da der Verkaufspreis bei etwa 20 Mark je Kilogramm Indigo lag, handelte es sich um ein Objekt von etwa 100 Millionen Mark im Jahr.«[70]

Die Erforschung der Struktur des Indigo erwies sich zunächst als außerordentlich schwierig. Obwohl seit den zwanziger Jahren des 19. Jahrhunderts Zusammensetzung und bestimmte Strukturelemente bekannt waren, gelang erst 1883 Adolf von Baeyer die vollständige Strukturbestimmung. Von dort bis zur großtechnischen Indigosynthese war es jedoch noch ein weiter Weg. Die auftretenden Schwierigkeiten waren so groß, daß sich nur die beiden führenden Farbenfabriken Deutschlands, BASF und ML&B (Hoechst), an die aufwendige Entwicklung eines Verfahrens zur synthetischen Erzeugung des »Königs der Farbstoffe« wagten.

Bereits 1880, als erkennbar wurde, daß sich Baeyers Arbeiten über Struktur und Synthese des Indigo einem erfolgreichen Ergebnis näherten, kam es zu einer geschäftlichen Vereinbarung zwischen Baeyer und der BASF, der auch die Farbwerke Hoechst beitraten. Die Arbeit an der industriellen Indigosynthese dauerte mehr als 20 Jahre. In dieser Zeit wurden über 30 Verfahren patentiert und allein bei der BASF rund 18 Millionen Mark in die Entwicklung investiert. Diese Summe lag in der gleichen Größenordnung wie der gesamte damals in Deutschland mit synthetischem Alizarin erzielte Jahresumsatz.

Um die Jahrhundertwende wurden zunächst in der BASF und dann bei Hoechst verschiedene den Produktionsstrukturen der beiden Unternehmen angepaßte Produktionsverfahren für Indigo in Betrieb genommen. Die BASF entwickelte ihr Verfahren auf der Grundlage einer von Karl Heumann (1851-1894) entdeckten Synthese. Bei der BASF führte der Weg zum technischen Indigo »von dem reichlich vorhandenen Naphthalin über die mit dem Schwefelsäure-Kontaktverfahren gekoppelte katalytische Phthalsäureherstellung zur Anthranilsäure und damit zum Indigo. Bei der Indigoschmelze ging man vom Ätzkali, das Heumann verwendet hatte, zum leichter zugänglichen Ätznatron über; es stammte aus der eigenen Chlornatrium-Elektrolyse. Im Februar des Jahres 1897 kam die Indigofabrikation in Gang.«[71]

Bei den Farbwerken Hoechst arbeitete man an verschiedenen technischen Indigosynthesen. Schließlich erwies sich das von Johannes Pfleger (1867-1957) entdeckte Verfahren als das für die Produktionsstruktur günstigste. Pfleger hatte als Chemiker bei der Deutschen Gold- und Silberscheideanstalt (Degussa) in Frankfurt am Main entdeckt, daß Phenylglycin in der Schmelze mit Natriumamid zu Indoxyl reagiert, das mit Luftsauerstoff zu Indigo weiterreagiert. Natriumamid fiel bei der Degussa als Nebenprodukt der Gewinnung von Natriumcyanid an, das zur Extraktion von Edelmetallen benötigt wird. Phenylglycin entsteht bei der Reaktion von Anilin mit Chloressigsäure. Anilin war als Standardchemikalie der Farbstoffindustrie verfügbar. Chloressigsäure konnte, nachdem Chlor durch die Entwicklung der Chloralkali-Elektrolyse bei der Chemischen Fabrik Griesheim-Elektron einfach verfügbar war, preisgünstig hergestellt werden. Mit den Griesheimern stand ML&B in engen nachbarlichen und geschäftlichen Beziehungen. Später ging die Chemische Fabrik Griesheim-Elektron im Hoechst-Konzern auf.

1900 importierte Deutschland noch für 20 Millionen Mark Naturindigo. 1905 erreichte der Export von synthetischem Indigo durch ML&B und BASF einen Wert von 25 Millionen Mark. Die Produktion von Naturindigo kam binnen kurzer Zeit zum Erliegen.

Als die BASF 1897 synthetisches Indigo zur Marktreife entwickelt hatte, machte sie zunächst alle Anstrengungen, den nationalen Markt zu erobern, um auf dieser Basis das englische Monopol auf Naturindigo durch ein eigenes Monopol auf Syntheseindigo zu bekämpfen. Sofort nach Produktionsaufnahme bemühte sich die BASF intensiv um Staatsaufträge. Zu dieser Zeit waren die Uniformen noch nicht auf das Feldgrau umgestellt, sondern sowohl beim Heer als auch bei der Marine mit Indigo gefärbt. Auch die Uniformen der Post und der Bahn leuchteten indigoblau.

Die Vorsprachen beim Armeeverwaltungsdepartement des preußischen Kriegsministeriums waren indes zunächst wenig erfolgreich. Man beschied die Firma dahingehend, daß erst umfangreiche Trageversuche die Qualität des synthetischen Produktes beweisen müßten. Darauf suchten die BASF-Direktoren Brunck und Hüttenmüller Unterstützung beim Staatssekretär des Inneren von Posadowsky-Wehner, der der chemischen Industrie schon früher gute Dienste geleistet hatte. Von Posadowsky-Wehner war der BASF auch behilflich, beim Auswärtigen Amt vorstellig zu werden. Man drängte auf Eingaben bei der englischen Regierung gegen Benachteiligungen des synthetischen Indigo auf dem dortigen Markt, die beispielsweise in Vorschriften zur ausschließlichen Verwendung von Naturindigo zum Färben der englischen Marineuniformen bestanden. Diese Vorstöße hatten zwar keinen direkten Erfolg, dienten jedoch dazu, den Druck auf das eigene Kriegsministerium zu erhöhen, indem eine Vorschrift zur ausschließlichen Verwendung synthetischen Indigos für deutsche Uniformen als »Antwort« auf die englischen Vorschriften gefordert wurde.[72]

Am 16.1.1902 konnte Brunck an von Posadowsky-Wehner schreiben: »Mit großer Befriedigung konstatiere ich, daß nunmehr, dank der entgegenkommenden Mithilfe Eurer Excellenz dem deutschen Indigo die ihm gebührende Stellung im Vaterland eingeräumt wird, und es drängt mich, Eurer Excellenz für die zur Erreichung dieses Zieles gewährte weitgehende Unterstützung meinen ergebensten Dank auszusprechen.«[73]

Trotz dieses Erfolges und obwohl der synthetische Indigo den Naturindigo bald vom Weltmarkt verdrängen konnte, gelang es der BASF nicht, ein eigenes Weltmonopol auf Syntheseindigo anstelle des englischen auf Naturindigo zu errichten; denn inzwischen waren auch die Farbwerke Hoechst mit einem eigenen Syntheseverfahren aufgetreten. Nach heftigem Konkurrenzkampf wurde der Markt 1904 durch Abschluß einer Konvention zwischen BASF und Hoechst aufgeteilt.

Teerfarbenproduktion und Entwicklung der Grundstoffchemie

Ein großer Teil der Investitionen für die Entwicklung der Indigosynthesen wurde für die Entwicklung von Verfahren der Grundstoffchemie verwendet, da die Wirtschaftlichkeit der sich abzeichnenden Synthesen von der kostengünstigen Verfügbarkeit der Grundchemikalien wie Natronlauge, Chlor, konzentrierte Schwefelsäure oder Phthalsäure in guter Qualität abhing.

Mit dem Schwefelsäure-Kontaktverfahren entwickelte die BASF ein modernes Verfahren zur Herstellung der wichtigsten anorganischen Grundchemikalie, das wesentliche neue Elemente in die chemische Großtechnik einführte. Der kritische Schritt bei der Schwefelsäureherstellung ist die Oxidation von Schwefeldioxid zu Schwefeltrioxid. Schwefeldioxid kann entweder durch Verbrennen von Schwefel oder beim »Rösten« schwefelhaltiger Erze erhalten werden. Das ältere »Bleikammerverfahren«, bei dem Stickoxide die Oxidation zum Schwefeltrioxid bewirkten, lieferte nur verdünnte Schwefelsäure und nicht die für die Indigosynthese benötigte konzentrierte Säure. Bei dem von Rudolf Knietsch (1854-1906) entwickelten Kontaktverfahren findet die Bildung des Schwefeltrioxids bei genau regulierter Temperatur an einem Katalysator statt. Das Verfahren ist der erste großtechnische Prozeß, bei dem große Gasmengen kontinuierlich an einem Katalysator zur Reaktion gebracht werden.

Der mit der Entwicklung des Kontaktverfahrens erzielte technologische Vorsprung war der Grundstein für die spätere Führungsposition der BASF bei der Entwicklung weiterer großtechnischer Verfahren wie der Ammoniaksynthese, der Methanolsynthese und der Herstellung synthetischen Benzins. Die Ammoniaksynthese war der wichtige erste Schritt zur Herstellung von Stickstoffverbindungen wie Salpetersäure, Stickstoffdüngemitteln oder Sprengstoffen.

Nach der Schwefelsäureerzeugung nimmt die Elektrolyse von Natriumchlorid zu Natronlauge und Chlor die zweite Stelle unter den anorganischen Grundstoffverfahren ein. Wegen des Bedarfs an Chloressigsäure fand auch dieses Verfahren im Rahmen der Indigosynthese Eingang in die großen Teerfarbenunternehmen.

Auf dem Weg zum Trust

Die Erfahrungen bei der Entwicklung der Indigosynthese hatten deutlich gemacht, daß es keinem der großen Chemieunternehmen möglich war, allein die Führung bei der Durchsetzung eines entscheidenden neuen Produktes und damit eine weltweite Monopolstellung zu übernehmen. Dazu kam, daß um die Jahrhundertwende viele wichtige Farbstoffpatente abliefen und die Gefahr der Übernahme jeweiliger Konkurrenzprodukte mit der Folge rapiden Preisverfalls drohte. In dieser Situation begann der Zusammenschluß der großen Chemieunternehmen. In einer Darstellung aus dem Jahr 1925 heißt es dazu:

»Als dann im neuen Jahrhundert der Wettbewerb der deutschen Firmen im In- und Ausland immer schärfer und dementsprechend der Nutzeffekt der geleisteten Arbeit geringer wurde, hat der Direktor der Farbenfabriken Bayer & Co., Geheimrat Prof. Dr. C. Duisberg, unter Einsatz der ganzen ihm eigenen Energie die Zusammenfassung vorerst einmal dreier großer Werke zustande gebracht. Schon im Jahr 1904 schwebte ihm die Vereinheitlichung der gesamten Farbenindustrie als Ideal vor. Aber gerade wie bei dem deutschen Zollverein die Zusammenschweißung der Einzelstaaten nur

schrittweise vor sich ging, so kam es auch in der chemischen Industrie erst
einmal nur zu einer Interessengemeinschaft des von Duisberg geleiteten
Werkes mit der Bad. Anilin- und Sodafabrik und der AG für Anilinfabrikation. Nur bei den Generaldirektoren dieser beiden Werke, Geheimrat Dr.
H. Brunck und Geheimrat Dr. Oppenheim, traf Duisberg anfänglich auf
das richtige Verständnis. Die drei genannten Werke blieben dabei durchaus
selbständig bestehen; aber es wurde, abgesehen natürlich von dem Aufhören des Konkurrenzkampfes, vereinbart, daß die Forschungs- und Meßme-
thoden ausgetauscht und vereinheitlicht, und schließlich, daß der Reingewinn der drei Fabriken in einen Topf geworfen und nach einem bestimmten
Schlüssel verteilt werden sollte.

Die notwendige Folge war, daß die anderen großen Farben- und Zwi-
schenproduktfabriken eine ähnliche Vereinbarung trafen, um nicht einzeln
durch die Übermacht der ›IG‹ erdrückt zu werden. Das waren die Farbwerke Hoechst vorm. Meister, Lucius & Brüning in Hoechst a.M. (ML&B),
Cassella & Co. in Frankfurt und die Chem. Fabrik Griesheim Elektron, die
die Farbenfabrik von Oehler in Offenbach aufgenommen hatte; später
wurde noch Kalle & Co. in Biebrich an die Farbwerke Hoechst angegliedert.

Wenn auch die beiden großen Konzerne sich in manchen Dingen, so z.B.
über den Preis des künstlichen Indigo, den beide herstellten, einigten, so
wurde doch durch den ansonsten recht scharfen Wettbewerb viele Energie
vergeudet.«[74]

Die in der zitierten Darstellung bedauerte Energievergeudung wurde
durch die Bildung eines einzigen Riesenkonzerns, der IG-Farben, vermieden:

»Am 21. November 1925 übertragen die einzelnen Firmen BASF, Hoechst (einschl. Kalle und Cassella), Agfa, Weiler-ter-Meer, Bayer und Griesheim Elektron ihr Vermögen gegen Gewährung von Aktien der BASF, die
dann ihren Namen in IG Farbenindustrie Aktiengesellschaft umwandelt
und ihren Sitz nach Frankfurt verlegt. (...) Der neugegründete Konzern
umfaßte die gesamte Teerfarbenindustrie und alle mit ihr zusammenhän-
genden Betriebe wie z.B. Schwerchemikalien, Stickstoff, Arzneimittel, Pho-
toerzeugnisse, Kunstseide. (...) Mit dem Zusammenschluß 1925 war die
Expansion des Unternehmens keineswegs abgeschlossen: Schon 1926 fu-
sionierte die IG mit der ›Köln-Rottweil A.G.‹ (Kunstseide und anorganische Chemikalien); hierdurch erhielt sie Beziehungen zu den englischen
und amerikanischen Partnern der Köln-Rottweil, den ›Nobel Industries‹
und dem ›Dupont‹-Trust.«[75]

Durch weitere Fusionen gelangte auch die deutsche Sprengstoff- und Pulverindustrie sowie die Fabrikation von Lacken, Kunstseide und Zelluloid fast völlig unter die Herrschaft der IG-Farben. Zur Sicherung der Rohstoffquellen, vor allem für die Produktion von synthetischem Benzin, wurden verschiedene Kohle- und Bergbauunternehmen angegliedert.

Teerfarbenindustrie und Entfesselung der Chemie

Mit der systematischen Bearbeitung der Triphenylmethanfarbstoffe, der Azofarbstoffe und anderer Farbstoffklassen begann die Art chemischer Industrieforschung, die auch heute noch weitgehend praktiziert wird: Bestimmte Grundstrukturen im Molekülbau, die mit einer gewünschten Stoffeigenschaft wie Farbigkeit, pharmazeutischer Wirkung, Geschmack, Geruch etc. in Beziehung stehen, werden durch »Anhängen« verschiedenster »Reste« in vielfältiger Weise variiert. Die entsprechenden Substanzreihen werden auf ihre Eigenschaften und ihre Verwendbarkeit hin überprüft. Auch die Naturstoffsynthese wurde zu einer breit anwendbaren Methode chemischer Forschung und Entwicklung ausgebaut.

Durch die Forschungsanstrengungen der Industrie und durch die mit den Erfolgen der industriellen organischen Chemie aufblühende Hochschulforschung wuchs zwischen 1865 und 1880 die Zahl der bekannten organisch-chemischen Verbindungen von ca. 3 000 auf ca. 15 000 und stieg bis 1910 auf ca. 150 000 an. Heute sind etwa sechs Millionen organische Verbindungen bekannt.[76]

Die neue qualitative Stufe, die mit der wissenschaftlich fundierten Produktion erreicht worden war, griff sehr schnell über den Bereich der Farbstoffe hinaus auf die übrigen Gebiete der chemischen Produktion über. In einer 1905 erschienenen Geschichte der Farbstoffe heißt es dazu:

»Die chemische Industrie Deutschlands, die zu Beginn der Teerfarben-Industrie noch ziemlich unbedeutend war, hat sich seit dieser Zeit zu einem der wichtigsten Zweige der deutschen Volkswirtschaft entwickelt. Nach den im Jahre 1897 von den Regierungen veranlaßten produktionsstatistischen Erhebungen für eine Reihe der wichtigsten Industriezweige nimmt die chemische Industrie mit 958 Millionen Produktionswert die dritte Stelle ein und wird nur durch die Montan- und Eisenindustrie sowie durch die Textilindustrie übertroffen. Ohne die Teerfarbenindustrie wäre ein so rapider Aufschwung unmöglich gewesen. Die Entdeckung vieler Arzneimittel, synthetischer Parfümerien, die sowohl für Deutschland als auch vor allem für das Ausland in immer wachsender Menge hergestellt werden, ist lediglich bei Versuchen, Farben zu entdecken, gemacht worden. Ohne die Farbenindustrie würden sie heute sicher nicht existieren. Denn erst seit Herstellung der künstlichen Farben wurde der Teer derjenige Rohstoff, mit dem sich die Wissenschaft am meisten beschäftigte. Der große Aufschwung der neueren Spreng- und Schießpulver-Industrie steht mit den bei der Fabrikation der Teerfarben gemachten Erfahrungen in engstem Zusammenhang. Auch auf dem Gebiete der anorganischen chemischen Großindustrie sind die Farbenfabriken oft führend vorangegangen. So haben sich einige der größten Teerfabriken seit Anfang ihres Bestehens zur Aufgabe gemacht, sämtliche Hilfsmaterialien, mittels deren die Weiterverarbeitung und Umwandlung der Rohstoffe zu Farbstoffen geschieht, im eigenen Betriebe herzustellen. So werden Schwefelsäure, Salzsäure, Salpetersäure, Soda, Chlor und Chromsäure in größter technischer Reinheit und größtmöglicher Konzentration hergestellt, wie sie vorher nicht geliefert wurden. Es sei hier nur an die Schwefelsäurefabrikation ohne Bleikammerbetrieb mittels Kontaktsubstanz (Katalyse) und an die fabrikmäßige Darstellung von Chlor erinnert.«[77]

Zu den hier aufgeführten Bereichen der Grundstoffchemie, unter denen die Schwefelsäure- und Chlorherstellung die wichtigsten sind, kam zur Zeit des Ersten Weltkrieges mit dem Haber-Bosch-Verfahren zur Ammoniaksynthese die Entwicklung der Hochdrucktechnik noch hinzu.

Ohne Schieß- und Sprengstoffe aus der Weiterverarbeitung des Syntheseammoniaks wäre die Munitionsversorgung im Ersten Weltkrieg in Deutschland bereits nach wenigen Monaten zusammengebrochen. Mit der schnellen Umstellung ihrer Farbenproduktion auf die Herstellung von Sprengstoffen und chemischen Kampfstoffen bewies die Teerfarbenindustrie, wie flexibel und breit anwendbar die von ihr entwickelte Technologie inzwischen war.

Die Weiterentwicklung der Hochdrucktechnik in den zwanziger und dreißiger Jahren führte zu Methanol und Formaldehyd und zu synthetischen Treibstoffen. In diese Zeit fällt auch die Entwicklung der Massenproduktion von synthetischem Kautschuk, halbsynthetischen und synthetischen Faserstoffen und ersten Kunststoffen. Mit der Bereitstellung von synthetischem Treibstoff, Gummi und anderen »Ersatzstoffen« für Rohstoffe, zu denen Deutschland keinen gesicherten Zugang hatte, sowie mit der Herstellung von Spreng- und Kampfstoffen schuf der IG-Farben-Konzern entscheidende materielle Voraussetzungen für das Aufrüstungsprogramm des »Dritten Reiches«.

Die Hinterlassenschaft der IG-Farben: VEB Chemische Werke Buna (DDR, 1989). Im Gegen-satz zu den IG-Farben-Töchtern in der Bundesrepublik überdauerten in der DDR die alten Grundsätze – Rohstoff-Autarkie und Kohlechemie.

Nach dem Zweiten Weltkrieg brachte der Wechsel der Rohstoffbasis der organisch-chemischen Industrie von der Kohle zu Erdöl und Erdgas einen gewaltigen Aufschwung mit sich, der sich besonders in der rasanten Entwicklung der Kunststoff- und Kunstfaserproduktion bemerkbar machte. Bei den anorganischen Grundstoffen nahm vor allem die Chlorproduktion zu. In Verbindung mit petrochemischen Grundstoffen enwickelte sich der Bereich der chlororganischen Chemie zu einem ebenso vielfältigen wie ökologisch und toxikologisch problematischen Produktionssektor der Chemie. Im Bereich chemischer Spezialerzeugnisse, der inzwischen alle Produktions- und Lebensbereiche durchdrungen hat, expandierte vor allem die Pharmaproduktion.

Um die Jahrhundertwende ist die Chemie, ähnlich wie die Elektrizitätslehre, zur wissenschaftlichen Grundlage eines neuartigen Technikbereichs geworden: »Im 20. Jahrhundert ließen sich beide Techniksparten nicht mehr mit bestimmten Produkten identifizieren. Sie waren zu ›Technologien‹ geworden: zu universal anwendbaren Verfahren und Komponentensystemen.«[78]

Zusammen mit erweiterten globalen Zugriffsmöglichkeiten auf Rohstoffe aller Art hat sich die chemische Technik zu einem neuen Faktor im
Stoffwechsel zwischen Mensch und Natur entwickelt, der entscheidenden
Einfluß auf die Weiterentwicklung der Lebensbedingungen auf der Erde
gewonnen hat. Mit der wissenschaftlichen Erforschung, technischen Erzeugung und Vermarktung immer neuer chemischer Einzelsubstanzen wurden
immer neue wirtschaftliche Erfolge erzielt. Komplexe Stoffgemische, wie
sie für die stoffliche Beschaffenheit der Erdoberfläche und insbesondere der
Biosphäre charakteristisch sind, wurden dabei in erster Linie als Rohstoffe,
als Gemische verschiedener, eventuell neu zu entdeckender und zu nutzen-
der Einzelstoffe angesehen. Die Erforschung der stofflichen Gegebenheiten
auf der Erde in ihrer ganzheitlichen Beschaffenheit, die sich nicht einfach
aus der Summe der Eigenschaften der Komponenten ergibt, fand dagegen
weit weniger Beachtung. Das späte Erwachen der Naturwissenschaften
angesichts der existentiellen Umweltgefahren hat eine seiner Ursachen in
dieser Atomisierung des Betrachtungsgegenstandes »Natur« in unabhängig
voneinander gesehene Einzelphänomene und Substanzen.

Die chemische Großindustrie entstand in der Zeit des europäischen
Imperialismus des ausgehenden 19. Jahrhunderts. Das prägte sie nachhaltig.
Ganz im Geist dieser Zeit feierten die Chemiker ihre Erfolge in maßloser
Selbstüberschätzung als »Sieg über die Natur« oder als Weg zur »Unabhängigkeit von der Natur«. Eine gesamtgesellschaftliche Verantwortung für das
Ausmaß der Naturbeanspruchung durch Ausbeutung von Naturschätzen
oder Einbringung naturfremder Stoffe in die Umwelt wurde dabei nicht
diskutiert. Im Gegenteil, die Beschleunigung der Ausbeutung aller verfügbaren Ressourcen, gemessen in Zuwachszahlen bei der Kohlen- oder Erz-
förderung, des Holzeinschlages etc., gilt bis in unsere Zeit als ein Maß für
den Fortschritt schlechthin.

Die chemische Industrie betrachtete von Anfang an Versuche, sie für
Umweltbelastungen, beispielsweise Flußverunreinigungen, zur Rechen-
schaft zu ziehen, als unzulässige Einmischung in die unternehmerische
Freiheit. Der Gedanke an eine gesamtgesellschaftliche Verantwortung für
die Art und das Ausmaß der Naturbeanspruchung setzt sich in der Öffentlichkeit erst langsam durch. Die chemische Industrie mußte inzwischen
zwar schrittweise die Belastung der Umwelt einschränken, ihre fortdauern-
de Verfügungsgewalt über die chemische Seite des Stoffwechsels mit der
Natur ist insgesamt bisher aber wenig ins Blickfeld geraten. Angesichts
weiterhin ausufernder Produktmengen und einer rasant zunehmenden Pro-
duktvielfalt erscheint diese Diskussion jedoch unabdingbarer denn je.

»Alle diese Farben von wunderbarer Schönheit entstehen durch noch wunderbarere chemische Umwandlung aus dem einen und dem nämlichen Ausgangsmaterial, aus dem ekelhaften Teer.«

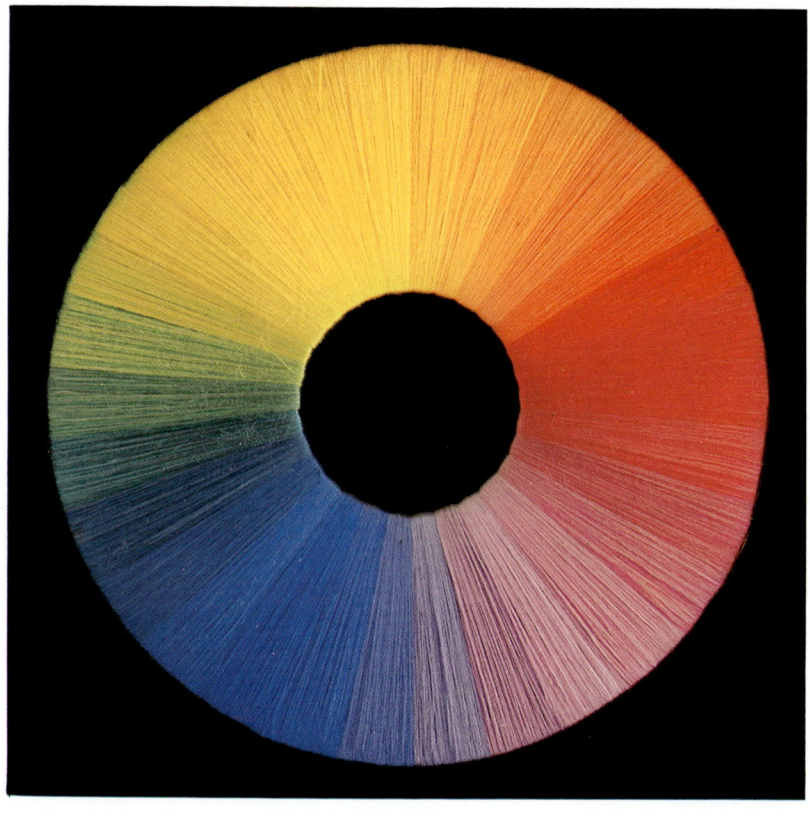

Die Färbepflanzen: o.l.: Wau (Reseda luteola), o.r.: Indigo (Indigofera tinctoria), u.l.: Färber-Waid (Isatis tinctoria), u.r.: Krapp (Rubia tinctorum) und Färber-Saflor (Carthamus tinctorius). Vorangehende Seite: Aus Teerfarben hergestellter Farbenkreis der Farbwerke vorm. Meister, Lucius & Brüning. Das einleitende Zitat stammt aus einer Rede August Wilhelm Hofmanns zur Eröffnung der Internationalen Technischen Ausstellung in London, 1862.

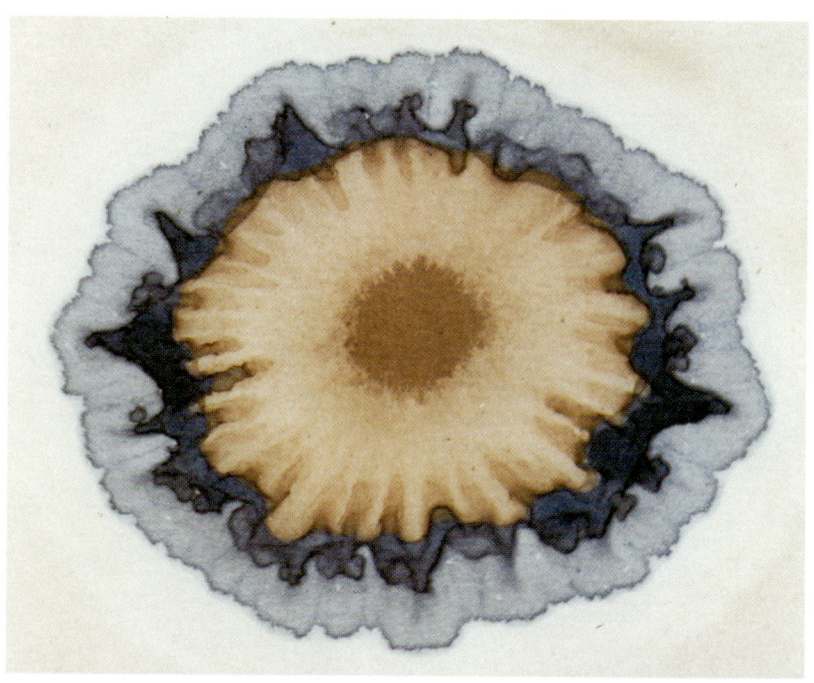

Oben: Erste Proben noch zufällig entdeckter Teerfarben: Papierchromatogramm von Friedlieb
Ferdinand Runge, 1850. Unten: Ausschnitt eines Musterkoffers mit Indigoproben.

Die französische Kaiserin Eugenie, Gattin Napoleons III., brachte das Hoechster Aldehydgrün groß in Mode. Diese pastenförmige Farbe bescherte den Farbwerken vorm. Meister, Lucius & Brüning den Durchbruch.

Originalverpackung der Farbwerke vorm. Meister, Lucius & Brüning für Indigo.

Etikett der Farbwerke vorm. Meister, Lucius & Brüning für die Verpackung der Teerfarben.

Etikett der I.G. Farbenindustrie Aktiengesellschaft für die Verpackung von Indigo.

Oben u. folgende Seite oben rechts: Etiketten der Farbwerke vorm Meister, Lucius & Brüning für die Verpackungen der Teerfarben. Das Etikett auf der folgenden Seite bietet dem Betrachter einen Überblick über das Werksgelände.

Unten: Originalgefärbte Baumwollproben wurden in die Schautafel »Organische Farbstoffe« eingeklebt.

Deutsche Farbenkordel für Wolle. Mit dieser in ihrer Lichtechtheit erprobten Farbskala sollten verbindliche Qualitätsnormen gesetzt werden.

Die traditionelle Türkischrotfärberei (oben) und ein modernes Färbereilaboratorium (unten), in dem die neuentwickelten Teerfarbstoffe auf ihre Eignung geprüft werden.

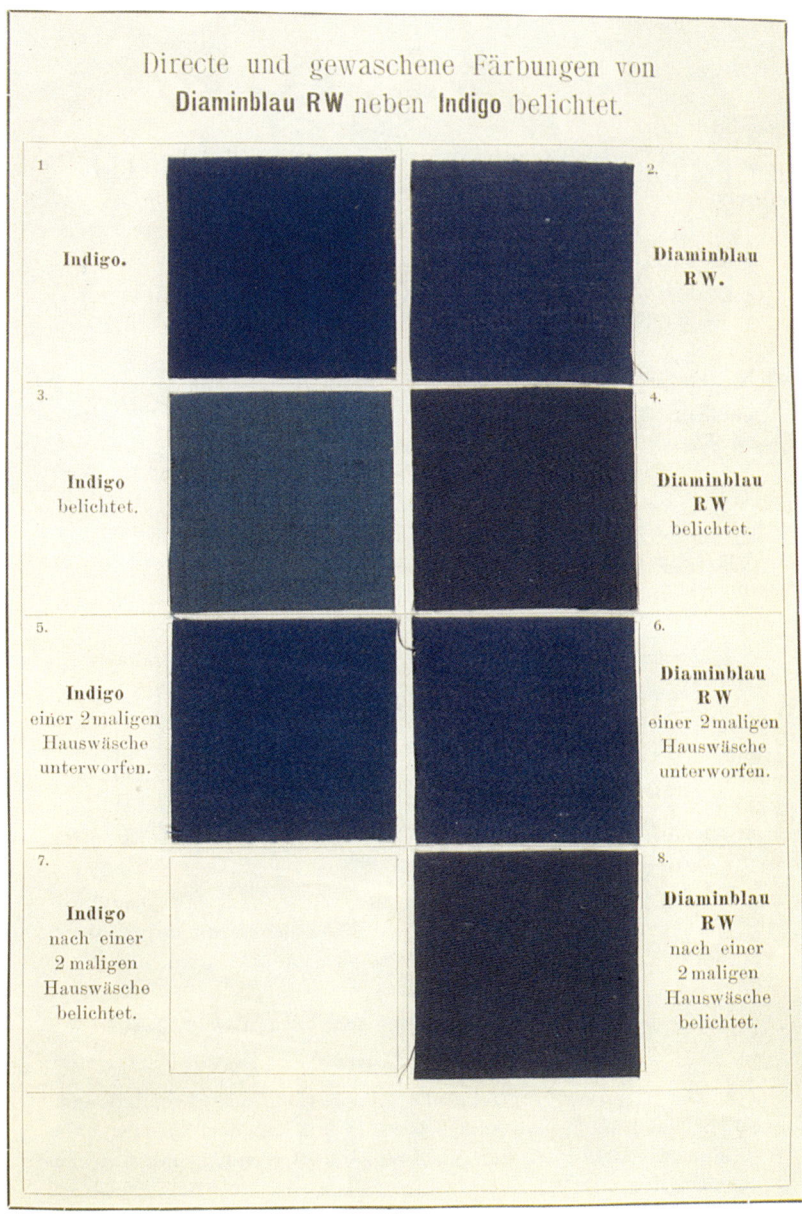

Directe und gewaschene Färbungen von
Diaminblau RW neben **Indigo** belichtet.

Mit diesen Farbproben sollte bewiesen werden, daß die neuen Diaminfarben noch bessere Eigenschaften besitzen als das synthetische Indigo.

Indanthrenfarbig
= echtfarbig

| Unbelichtet | **8** Wochen belichtet |
| Ungewaschen | **10** mal gewaschen |

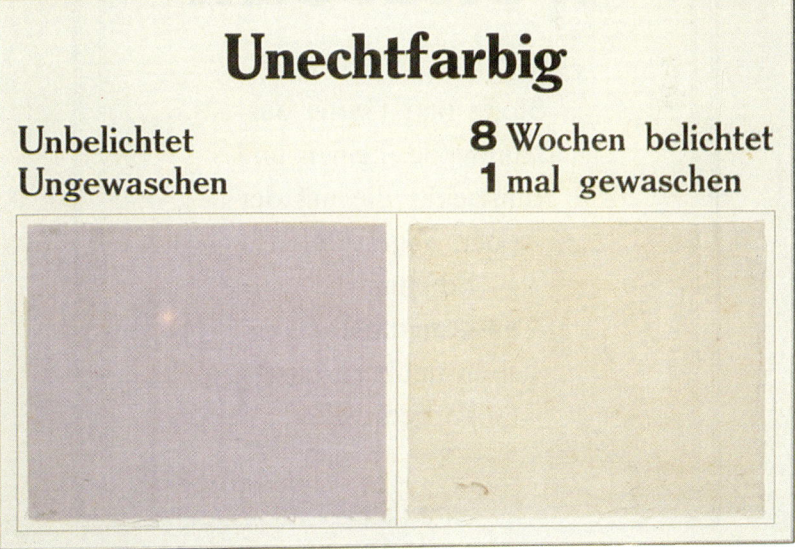

Unechtfarbig

| Unbelichtet | **8** Wochen belichtet |
| Ungewaschen | **1** mal gewaschen |

Echtfarbiges Indanthren nach Belichtung und Waschen im Vergleich zu »unechter« Farbe.

Indanthren

waschecht
lichtecht
wetterecht

Stoffe und Garne aus
Baumwolle, Leinen und
Kunstseide, die mit der
oben abgebildeten
Schutzmarke
ausgezeichnet sind,
haben unübertroffene
Farbechtheit

Indanthren

Reklamemarken der Wilhelm Brauns GmbH Quedlinburg, um 1910.

Vorangehende Doppelseite: Für die besonders lichtechten Indanthren-Farben wurde erstmals eine Werbekampagne entwickelt, die auf den einzelnen Verbraucher zielte. Die mit Indanthren-Farben behandelten Produkte erhielten sogar ein eigenes Warenzeichen.

Tim Arnold

»Ein leichter Geruch nach Fäulnis und Säure ...«

Wasserverschmutzung durch Färberei und frühe Farbenindustrie am Beispiel der Wupper

Der schmale Fluß ergießt bald rasch, bald stockend seine purpurnen Wogen zwischen rauchigen Fabrikgebäuden und garnbedeckten Bleichen hindurch; aber seine hochrote Farbe rührt nicht von einer blutigen Schlacht her, (...) sondern einzig und allein von den vielen Türkischrot-Färbereien.«[1] So beschrieb der Barmer Fabrikantensohn Friedrich Engels im Jahre 1839 die Wupper. Die Schwesterstädte Elberfeld und Barmen wuchsen zu dieser Zeit zum bedeutendsten deutschen Industriezentrum heran, dessen Einwohnerzahl sich in drei Jahrzehnten auf rund 70 000 verdoppelt hatte.[2] Aus dem herzoglichen Bleicherprivileg von 1527 und den damit verbundenen Handelsstrukturen war ein florierendes Textilgewerbe hervorgegangen, in das nun industrielle Produktionsformen mit Macht Einzug hielten.

Die Färberei als ein eher junger Gewerbzweig ist im Wuppertal erstmals für das Jahr 1702 belegt.[3] Nachdem die Weberei einen großen Aufschwung genommen hatte und der Bedarf an gefärbten Garnen stark angestiegen war, zählte man im Jahre 1767 bereits 200 Färber und Färbergesellen.[4] Sie verarbeiteten hauptsächlich Farbhölzer, die in aufbereiteter Form aus den Produktionsländern importiert und in den Färbereien extrahiert wurden.[5] Größte Bedeutung für das Wuppertal und seine Textilindustrie erlangte eine Färbetechnik, die vermutlich um 1785 aus Frankreich oder der Türkei herüberkam: die Türkischrotfärberei. Sie basierte auf einem komplizierten

Verfahren, das die Meister jahrzehntelang als Betriebsgeheimnis hüteten. In mehr als 20 Arbeitsschritten gelangte der rote Farbstoff der Krappwurzel auf das Baumwollgarn, das geölt, gebeizt, gekocht und immer wieder gespült werden mußte. Außerdem wurden ihm zahlreiche Substanzen wie Öl, Kuhfäkalien, Alaun, Soda, Natron, Pottasche, Ochsenblut und Seife zugesetzt.[6] Wegen der vielen Spülvorgänge war der Reichtum der schnellfließenden Wupper an klarem und kalkarmem Wasser eine wichtige Voraussetzung für die Qualität der Garne, die an Farbechtheit und -intensität alles andere übertrafen. Im Gegensatz zu den herkömmlichen Couleurfärbereien, die als handwerkliche Kleinbetriebe im Lohnverfahren für das heimische Textilgewerbe arbeiteten,[7] handelte es sich bei den Türkischrotfärbern um selbständige Unternehmer, die dank der Wuppertaler Handelsbeziehungen schon bald in alle Welt exportierten. Der Aufschwung dieses Gewerbezweiges wurde begleitet von einem Konzentrationsprozeß: Während 1834 in Elberfeld und Barmen insgesamt 534 Menschen in 44 Türkischrotfärbereien arbeiteten, waren es im Jahre 1861 schon 1 143 Beschäftigte in 24 Betrieben.[8] Das Produktionsvolumen betrug 1846 fünf Millionen Pfund Garn im Wert von 125 Millionen Mark.[9] Die Türkischrotfärberei war zum Symbol für das prosperierende, industrialisierte Wuppertal geworden.

Dennoch bot das »deutsche Manchester« bei näherem Hinsehen ein trostloses Bild. Neben grauen Arbeitersiedlungen entstand an den Wupperufern eine schier endlose Reihe von Fabriketablissements, die fast alle den »Proletarier der deutschen Flüsse« (Wilhelm Rees) auf ihre Weise nutzten – sei es zur Kraftgewinnung oder, wie die Färber und Bleicher, direkt für den Arbeitsprozeß. Der einstmals fischreiche Gebirgsfluß verwandelte sich binnen hundert Jahren in das von Friedrich Engels beschriebene Industriegewässer, dessen unnatürliche Farbe dem Reisenden schon von fern ins Auge fiel.

An Beschreibungen dieses Zustandes hat es damals und später nie gemangelt, denn die Bewohner des arbeitsreichen Tales sahen und rochen täglich, wie es um ihre Wupper bestellt war. So galt sie dem Dichter Eberhard Frowein als ein »seichtes, in allen Farben schillerndes Wasser, das träge dahinfloß«, Wilhelm Schäfer nannte sie »schlammig vom Unrat der Färbereien und Fabriken«. Hans Brandenburg schließlich schrieb: »Pechschwarz wälzte sich die Wupper vorüber, die Färbereien entsandten qualmende Laugen in das stinkige Wasser. (...) Die Wupper geht mit einförmiger Schnelligkeit, trüb und schmutzig, mit den wechselnden und unbestimmten Farben, die ihr der Ausfluß zahlreicher Färbereien gibt, zwischen den Häusern und Fabriken her und hat einen leichten Geruch nach Fäulnis und Säure.«[10] Dies empfand man zunächst jedoch nicht als Gefahr, vielleicht

Färberei um 1900.

noch nicht einmal als eine ernstzunehmende Belästigung. Die Reinheit der Wupper war vielmehr ein Opfer, das man im Rausch der Maschinen gern dem neuen Gewerbefleiß darbrachte. Die schmutzige Farbe galt als Ruhmeszeichen des Wohlstands, als »das Ehrenkleid, das die Menschen ihr und sich gegeben haben. Es bedeutet: Hier wird gearbeitet! Hier wohnt ein werktätig Volk! Hut ab!« (Rudolf Herzog)[11]. Stolz und dankbar gedachte man der Wupper als einer treuen Dienerin. »Sie treibt hier Hunderte von industriellen Rädern, liefert gar zahlreichen Bleichen, Färbereien und anderen Anstalten, wie auch zu häuslichen Verrichtungen, das benötigte Wasser. Stoffe mannigfacher Art muß sie dabei in solchen Massen in sich aufnehmen, daß sie zuletzt oft kaum noch als Wasser zu erkennen ist. Man darf behaupten, daß jeder Tropfen von ihr vielfach benutzt wird.«[12]

Doch gerade die Färbereien waren dafür verantwortlich, daß die Wupper nach und nach ihren wichtigsten Vorzug verlor, nämlich Industrie und Handwerk mit gutem Brauchwasser zu versorgen. Vor allem die Bleicher sahen sich durch die massenhaften Abwässer in ihrer Existenz bedroht. Seit Jahrhunderten schöpften sie das kalkarme Wupperwasser, um damit die auf den Uferwiesen ausgebreiteten Garne zu befeuchten. Nun war das Wasser durch die bei der Färberei notwendigen ständigen Spülungen außer mit verschiedenen Salzen hauptsächlich mit Farbstoffen angereichert, die die bleichende in eine färbende Wirkung verkehrten. Andererseits arbeitete auch das Bleichergewerbe nicht mehr so rückstandslos wie einst, da die traditionelle Rasenbleiche spätestens seit 1816 durch das neue Verfahren der chemischen Schnellbleiche verdrängt worden war.[13] Die Anwendung künstlicher Bleichmittel ersparte viel Raum, Zeit und Kosten – nur nicht Wasser. 1823 kam es zum offenen Konflikt. Die Bleicher wollten den Bau eines neuen Färberwaschhauses am oberen Ende des Mühlengrabens, eines industriell besonders stark beanspruchten Nebenarmes der Wupper, durch eine offizielle Beschwerde an den Barmer Stadtrat verhindern, »denn Wasser mit Farbstoffen dient nicht zur Bleicherei«[14]. Nachdem sich die Färber mit dem Hinweis auf die Vitrioleinleitungen der Schnellbleichen revanchiert hatten, wurde Jahre später für solche Fälle ein Polizeireglement erlassen, das den Kontrahenten zur Ableitung ihrer Abwässer verschiedene Tageszeiten zuwies. Das Problem war damit nur verlagert, nicht gelöst, denn seit der Jahrhundertmitte trugen innerhalb Elberfelds und Barmens zunehmend neue Gewerbezweige und die explosionsartig wachsende Bevölkerung zur Wupperverschmutzung bei. Um den großen Schmutzwellen auszuweichen, fingen viele Färber das im Laufe des Tages benötigte Wasser schon frühmorgens in Reservoiren auf.[15] Und schließlich trübten sie sich auch gegenseitig das Wasser; 1856 protestierte ein Hückeswagener Färber gegen den 400 Meter oberhalb betriebenen Neubau der Wollfärberei und Wäscherei Schnabels, weil ihm durch die dort »ausgegossenen Brühen und Farbstoffe, welche in die Wupper fließen und das Wasser derselben verunreinigen, ein bedeutender Nachteil«[16] entstehe.

Die Naturbleicher mußten sich indessen an die noch leidlich saubere obere Wupper zurückziehen. Dort, im heutigen Remscheid-Lennep, wollte die Elberfelder Großweberei Schlieper & Baum im Jahre 1859 sechs Dampfkessel errichten, um der Enge des Wuppertales zu entgehen – und um den Färbereibetrieb aufzunehmen. Letzteres erboste die Anlieger weit mehr als das halbe Dutzend schnaufender Druckbehälter, mit denen man hier schon seit 1821 vertraut war.[17] Ein von 19 Bürgern unterzeichneter Beschwerdebrief an die Königliche Regierung zu Düsseldorf schildert den Niedergang der Rasenbleiche: »Bekanntlich verdankt Barmen seinen ersten Wohlstand den Bleichereien, die in alten Zeiten durch die großen Privilegien der Garnung[18] von den früheren Landesfürsten kräftig geschützt wurden. Während damals längs der ganzen Wupper Garnbleichen waren, haben sich (...) diese Bleichereien fast alle aus dem städtischen Bezirk entfernen müssen, weil das Wupperwasser, von unzähligen Farbstoffen zersetzt, nicht mehr die nötige Reinheit besitzt, die namentlich zu Garn- und Zwirnbleichen erfordert wird. So liegen jetzt die Garnbleichen alle nur oberhalb der Stadt, in der Oehde, wo das Wasser noch rein und ungetrübt ist (...).«[19] Schon die bisher durch Schlieper & Baum betriebene Naturschnellbleiche richte das Wupperwasser dermaßen zu, »daß es bei Hochwasser nicht einmal zum Haushalt, viel weniger zum Bleichen brauchbar, sondern gänzlich verderblich befunden worden ist«. Auch sorgte man sich um die beabsichtigte Anschaffung von 50 Kühen, deren Dung traditionell zur Garnbehandlung verwendet wurde. Und in einem Brief an den Bürgermeister von Lüttringhausen erinnerten die Gebrüder Eyelskamp an das schon fast vergessene, älteste Wuppergewerbe: »Durch diese Anlage würde unsere Fischerei (...) vollständig ruiniert werden, da bekanntlich da wo Färbereien an der Wupper bestehen durch die fortwährende Verunreinigung des Wassers, die sie verursachen, und die vielen schädlichen Stoffe, die sie demselben zuführen, sich in einer sehr ausgedehnten Strecke keine Fische mehr halten können.« Während die Bleicher auf die Fürsprache der von ihnen belieferten Wuppertaler Textilindustrie zählen konnten, war die Fischerei schon längst zum stillen Untergang verurteilt. Schon 1828 hatte die Fischereipacht in Elberfeld keinen Interessenten mehr gefunden[20], und um 1880 war der Fischbestand unterhalb der Stadt vollständig vernichtet.[21]

Den preußischen Behörden war mit der Verkündung der allgemeinen Gewerbefreiheit die Aufgabe zugefallen, das Wirtschaftsleben nach allgemeingültigen Regeln zu ordnen, ohne die freie Konkurrenz zu behindern. Immer neue Produktionsweisen verlangten neue Vorschriften, Maßnahmen und Urteile. So existierte seit 1843 ein »Gesetz über die Reinhaltung der Privatflüsse«, das Anlagen verbot, die einen »Mangel an reinem Wasser« herbeiführten. Darauf beriefen sich nun die Betroffenen im Fall Schlieper & Baum, als sie sich an die Düsseldorfer Regierung wandten und damit ein jahrelanges Verfahren in Gang setzten, das für die damalige Zeit und Problemkonstellation als typisch bezeichnet werden kann. Indem die Gegner der neuen Färberei ihre Haltung wahrheitsgemäß mit der befürchteten Wupperverschmutzung begründeten, mußte ihr Protest an den rechtlichen Gegebenheiten scheitern. Nach der gültigen Preußischen Gewerbeordnung von 1845 bedurften Färbereien keiner staatlichen Konzession; die Schlieperschen Dampfkessel aber, um die es formell ging, waren ordnungsgemäß beantragt worden und hatten keinen Widerspruch hervorgerufen. Die Auslegung des entsprechenden §3 über die Reinhaltung von Flüssen überließ die Regierung einem eventuell zu beantragenden Reglement der örtlichen Polizeibehörde, die sich aber in diesem ihr schon früher übertragenen

Aufgabenbereich vorsichtig zurückhielt. Zu verschieden waren die Interessen, denen sie gegenüberstand, außerdem waren Privatrechte an der Wupper im Sinne des erwähnten Gesetzes nicht hinreichend definiert. Das unvermeidliche Rekursverfahren bei dem Berliner Ministerium für Handel und Gewerbe endete mit dem gleichen Resultat. Immerhin entsprach das Ministerium einem Zusatzantrag und verpflichtete Schlieper & Baum zur Errichtung von Klärbecken, nahm diese Maßnahme aber nach Einspruch der Firma wieder zurück, weil diese schon zwei für ausreichend erachtete Becken besaß (vermutlich für die Schnellbleiche). Mittlerweile sah der angrenzende Regierungsbezirk Arnsberg seine Gewerbeinteressen bedroht und den genannten §3 nicht genügend berücksichtigt. Auf den Einwand der dortigen Königlichen Regierung hin ordnete das Berliner Ministerium an, daß der Abfluß des Schlieperschen Schmutzwassers nachts erfolgen müsse. Die Färberei hatte inzwischen ihren Betrieb aufgenommen, und die Wupper zeigte sich in dem betreffenden Abschnitt laut einem Arnsberger Gutachten »undurchsichtig und verschlammt«.

Im allgemeinen war die Situation der zuständigen Behörden in Fragen der Wupperverschmutzung lange Zeit problematisch, da es an juristischer Handhabe und technischen Möglichkeiten mangelte. Absetzbecken blieben bis ins 20. Jahrhundert beinahe die einzige Möglichkeit einer behelfsmäßigen Abwasserreinigung, die wegen der räumlichen Enge des Wuppertales nicht überall gegeben war; hinzu kam die Neutralisierung saurer Abwässer durch Kalk. Der nach und nach erweiterte Vorschriftenkatalog sah darüber hinaus auch Einleitungs- oder gar Betriebsverbote vor, wenn einzelnen bereits produzierenden Fabriken die Schädigung von Anliegern nachgewiesen werden konnte. Eindeutige Beweise waren jedoch bei der Fülle der Wuppertaler Fabriken nur schwer zu erbringen, und Produktionsverbote hatten riskante wirtschaftliche Konsequenzen. Der Fabrikinspektor Eduard Beyer sah das Dilemma: »Wollte man beispielsweise allen den Fabriken, welche in Barmen-Elberfeld die Wupper durch Zuleitung ihrer Effluvien derart verunreinigen, daß dieselbe einem Tintenstrom gleicht, die Zuleitung ihrer Effluvien untersagen, was nach Lage der Gesetze gerechtfertigt wäre, so würde nicht nur die Existenz zahlreicher Familien vernichtet, sondern es würde der gesamten Industrie dieser beiden Städte voraussichtlich eine Wunde geschlagen, welche sie schwerlich zu verwinden im Stande wäre. Die Folge solch unpraktisch regressiver Gesetzgebung ist, daß die Behörden bei Beschwerden sich durch halbe Maßregeln zu helfen suchen, Polizeiverbote erlassen u. dgl., wodurch dann höchstens eine gewisse, meist vorübergehende Wirkung erzielt, in den seltensten Fällen aber eine wirkliche Beseitigung der Übelstände erreicht wird.«[22] Die Regierung entschloß sich

Vor dem Azofarben-Laboratorium in Elberfeld 1878. (Bayer)

daraufhin, die Auflagen für Betriebsgründungen und -erweiterungen zu verschärfen. So durfte die Elberfelder Stückfärberei Schlösser & Sohn im Jahre 1892 nur unter der Bedingung ihre Produktion ausdehnen, keine Exkremente und Faulstoffe, festen Abfälle, Teeröle und keinen Reinigungsschlamm einzuleiten sowie keine »Stoffe, welche bei dem weiteren Gebrauche des Wupperwassers gesundheitsschädlich wirken oder das Grundwasser verderben können.«[23] Der Produktionsvorgang selbst war durch die Konzession nur indirekt betroffen.

Anfangs stellten die Türkischrotfärbereien die benötigten Hilfsstoffe noch im eigenen Betrieb her. Durch den rasanten Produktionsanstieg wurde es wirtschaftlicher, chemische Zwischenprodukte bei Zulieferern einzukaufen. Als die vermutlich ältesten Betriebe dieser Art nahmen die Vitriolsiedereien Siebel und Wesenfeld 1812 bzw. 1824 die Produktion auf. Neben Schnellbleichen, deren Prinzip auf Friedrich Siebel zurückgehen soll, belieferten sie hauptsächlich Türkischrot- und Blaufärbereien und beschäftigten 1827 insgesamt 18 Personen. 1830 existierten in Elberfeld und Barmen bereits sechs chemische Fabriken mit zusammen 33 Arbeitern.[24] Zwar blieben die Färbereien der Schauplatz des eigentlichen Färbeprozesses, seine Vorstufen verlagerten sich jedoch zunehmend auf andere Produktionsstätten. Diese Arbeitsteilung war eine der Voraussetzungen für die spätere Industrialisierung der Farbstoffherstellung. Auch für die Zulieferbetriebe war neben dem günstigen Absatzmarkt das Vorhandensein von Wasser ein wichtiger Standortfaktor. Sie trugen zusätzlich zur Wasserverschmutzung bei, ohne daß sich dies immer in der Farbe des Flusses niederschlagen mußte. Die damit verbundene Problematik läßt sich am Beispiel der Firma C.L. Wesenfeld verdeutlichen, die Gegenstand jahrzehntelanger Auseinandersetzungen wurde.

Das Fabrikgelände dieses stark expandierenden Betriebes befand sich an einem Wupperzufluß oberhalb Barmens, dem die säurehaltigen Abwässer zugeführt wurden. Die Situation spitzte sich derart zu, daß die Anlieger protestierten. 1845 schrieben 17 von ihnen an den Barmener Bürgermeister Wilkhaus: »Weiter ist der von Heckinghausen durch das Clevertal fließende Wassergraben, welcher früher zur Bewässerung der Bleichen, Gärten und zum Ausspülen der Wäsche usw. benutzt wurde, dadurch, daß die Herren Wesenfeld & Co. das aus ihrer Fabrikanlage fortkommende, mit den giftigen Säuren und sonstigen Substanzen geschwängerte Wasser zu gedachtem Graben laufen lassen, dergestalt verdorben, daß das darin vorhandene Wasser gar nicht mehr benutzt werden kann; ja nicht einmal bei möglichen Feuersbrünsten darf man das Wasser dieses Grabens gebrauchen, da solches nicht allein die Brandspritzen und sonstigen Gerätschaften, sondern auch die Kleidungsstücke und das Mobiliar der Brandbeschädigten sowohl wie der Löschenden verderben würde, ja man zu erblinden befürchten muß, wenn etwas von diesem Wasser in die Augen kommen sollte.«[25]

Die Auseinandersetzung wurde nicht nur aus ehrlicher Besorgnis, sondern auch als Ablenkungsmanöver geführt. Unter den Opponenten befand sich Johann Friedrich Krebs, der unterhalb Wesenfelds eine Knopffabrik betrieb, in der er Metallplatten mit Säure beizen und die Brühe anschließend in den Graben ablaufen ließ. Ihm konnte es recht sein, wenn das öffentliche Augenmerk auf die chemische Fabrik gelenkt wurde. Indessen gedieh auch sein Gewerbe auf dem Boden der Wuppertaler Textilindustrie und reihte sich in das wachsende Spektrum der Wasserverschmutzer ein.

1846 spitzte sich die Lage zu, als in der Wupper eine »fremdartige braune Flüssigkeit« entdeckt wurde, die auf der Wäsche Flecken hinterließ. Der Bürgermeister persönlich verfolgte die Spur bis zu Wesenfeld zurück und stellte fest, daß das Wasser in dem dortigen Graben gelb und das Gras »verbrannt« sei. Der Direktor der Hagener Gewerbeschule identifizierte die fragliche Substanz als Manganoxid, das von der Chlorentwicklung mit Braunstein herrühre. Neue Empörung kam auf: »Wir können uns unmöglich mit dem Gedanken befreunden, daß unsere schönen Bleichen, denen Barmen seinen ursprünglichen Flor zu verdanken hat und die wegen ihrer außerordentlichen Leistung in Hinsicht der schönsten Weiße so weltberühmt geworden sind, ohne Weiteres ein Opfer des Etablissements der Herren Wesenfeld & Cie werden sollen.« Zur selben Zeit, als in Elberfeld schon die Brunnen verdarben und auch an der oberen Wupper Fabriken entstanden, diente das Wupperwasser noch der Nahrungszubereitung. In einem Brief klagten Betroffene: »Wie viele Anwohner müssen nicht das Wupper-Wasser, namentlich zu Hülsenfrüchten, gedörrten Fischen pp. benutzen, wozu nur weiches Wasser anwendbar ist, und wie viele Augenkranke werden nicht auf das Wasser der Wupper angewiesen.«

Nachdem die Opponenten auf den Rechtsweg verwiesen worden waren, setzten sich die Klagen gegen Wesenfeld in gewohnter Weise fort. Auf die Forderung nach Konzessionsentzug erwiderte die Düsseldorfer Regierung 1847, Wesenfeld benötige gar keine Konzession, da seine Fabrik schon vor dem Erlaß der Gewerbeordnung von 1845 existiert habe. Die Firma setzte ihre Produktion nicht nur unverändert fort, sie erweiterte sie sogar. Trotz zahlreicher »Collectivproteste« genehmigte Düsseldorf 1854 die Salpetersäureherstellung mit drei weiteren Dampfkesseln, die Kristallisation von Soda und eine Bleikammer zur Schwefelsäureerzeugung.

Gegen diese Entscheidung legten die Beschwerdeführer Widerspruch beim preußischen Ministerium für Handel und Gewerbe ein. Dort erklärte Wesenfeld, daß die bestehenden Einrichtungen eine Wupperverunreinigung verhinderten. Die Schuld an der gegenwärtigen Misere sei bei den Färbereien zu suchen, die sich an dem betreffenden Wupperabschnitt erst in den letzten Jahren eingefunden hätten. Das Handelsministerium gab dem Fabrikanten, »unter Vorbehalt einer besonderen polizeilichen Regelung« der Benutzung des Wupperwassers, recht und erlaubte die Erweiterung. Gleichwohl war der Konflikt nicht beigelegt. 1869 erteilten die Behörden einige Auflagen. Die schädlichsten Abwässer mußten eingedampft werden, das Bassin zur Aufnahme von Manganrückständen wurde zum Wasser hin verschlossen und der Schlüssel auf das Rathaus gebracht. Doch die Proteste rissen nicht ab; 1873 beschwerten sich die Anlieger erstmals über eine Bodenverseuchung durch eingesickerte Wesenfeldprodukte.

In der Türkischrotfärberei ergaben sich zu dieser Zeit bedeutende Veränderungen. Ein Krappextrakt, das von einem Hagener Fabrikanten erfundene Garanzin, senkte das Rohstoffvolumen. Gegen Ende der siebziger Jahre konnte man die teuren und zeitraubenden Beiz- und Ölvorgänge verbessern, indem man Soda und Pottasche durch Wasserglas (Alkalisilikate) ersetzte. Dies erhöhte sogar das Garngewicht und damit den Preis um 20%.[26] 1877 kam das Türkischrotöl auf den Markt, das die Färber nur noch auf das Garn auftragen mußten. Zusammen mit den neuen Zentrifugen, Wasch- und Alauniermaschinen konnte der einst sechs Wochen dauernde Vorgang auf zwei Tage abgekürzt werden. Das Traditionsbewußtsein der Färber und die wirtschaftliche Stagnation in ihrem Gewerbe erschwerten allerdings die Durchsetzung der neuen Methoden.

Seit William Perkin 1856 sein Mauvein entdeckt hatte, sprach die ganze Welt von anderen Farben – denen aus Teer. In den Textilstädten Elberfeld und Barmen wurde man zwangsläufig hellhörig. Wenn nicht mehr die Bütten der Färber, sondern die Versuchsküchen der chemischen Betriebe die Welt der Farben sein sollten, so mußte man sich gerade hier der Herausforderung stellen. Industrielles Schöpfertum und Zerstörungswerk erhielten eine neue Dimension.

Im Wuppertal begann die Ära der Teerfarben in der Barmer Fabrik Carl Jäger, die noch 1858 die Herstellung des Lyoner Fuchsins aufnahm. Ihr Tun wurde von den Mitbürgern mißtrauisch verfolgt, und Konflikte waren vorprogrammiert. Zur Fuchsinherstellung verwendete man Arsenik, das im Abwasser die Wupper hinunterging. Erstmals kam Angst um die Gesundheit auf, und die Firma sah sich gezwungen, die giftigen Rückstände einzudicken und in Fässern abtransportieren zu lassen, »so daß jetzt kein Tropfen mehr aus der Fabrik ausfließt«.[27] Laut beeideter Erklärung der Spedition Hasselkus landeten auf diese Weise zwischen Juli 1861 und Mai 1863 230 Fässer mit rund 19 000 Pfund Arsenschlamm zwischen Rotterdam und Liverpool in der Nordsee. Dennoch wurde die Firma 1863 angezeigt; über 50 Gegner der Fabrik und der Polizeipräsident äußerten Bedenken, ob die mangelnde Überwachung des wuppernahen Grundstücks nicht doch zu illegalen Einleitungen mißbraucht werde. Außerdem war die Fuchsinherstellung gar nicht konzessioniert; die Genehmigung mußte nun nachträglich beantragt werden. Zwar ließ sich das Arsen durch Zinnchlorid und Quecksilberoxid ersetzen, doch galt dies als unwirtschaftlich. Die Firmeninhaber malten ein düsteres Bild: »Einem Industriezweig, welcher zu den schönsten neuen Errungenschaften der technischen Chemie gehört, indem er bisher unbeachtete wertlose Produkte der Gasfabrikation zu einem hohen Werte emporhebt, einer Fabrikation, welche schon jetzt, besonders in unserem industriereichen Tale eine große Bedeutung gewonnen hat (...) und einer großen Anzahl von Familien die Mittel zur Existenz liefert, einer solchen Fabrikation wird durch die obige Maßregel (ein Arsenverbot, d.V.) das Todesurteil gesprochen.« Die Düsseldorfer Regierung zeigte Nachsicht und nahm wie bei anderen Firmen die Giftbeseitigung in Fässern sowie die Führung eines »Giftbuches« über Warenein- und -ausgang als Bedingungen in die Konzession auf. Das Fässerverfahren wurde auch für die arsenfreien Rückstände der neu aufgenommenen Anilinblau und -violettherstellung vorgeschrieben. 1865 kam Jodviolett hinzu, bei dessen Herstellung u.a. Phosphorsäure, Soda, Manganoxid und Natron in die Wupper gelangt sein müssen. Überschüssiges Jod wurde dagegen aus Kostengründen erstmals in einem besonderen Verfahren zurückgewonnen. Die Gegner der Fabrik blieben indessen hartnäckig und begleiteten jede Expansion mit Protest.

Empörung erregte auch der Plan der Wuppertaler Anilinfarbenfabrikanten, Arsenikrückstände in Zukunft kostensparend in den Rhein zu schütten. 1872 kam es wieder zur Anzeige: »Die Rückstände sind nach unserer Überzeugung nicht in Fässern entfernt, sondern nachweislich in die Wupper geworfen. Die Laugen sind nicht eingedampft, sondern in die Wupper geleitet, wie die dunkelblaue Färbung der Ufermauern in den Abflußrinnen heute noch zeigt.« Eine Inspektion blieb jedoch erfolglos, da die Rinnen inzwischen gesäubert worden waren. Im selben Jahr machte die Düsseldorfer Regierung eine neue Erweiterung vom Bau eines Klärbassins abhängig. Am 28.11.1873 erschien in der Barmer Zeitung der Brief eines aufgebrachten Lesers, der den Behörden die Begünstigung Jägers unterstellte, weil »nach wie vor die Wupper die schmutzigen Ausflüsse aufnimmt«. Er erhielt zur Antwort, dies habe nach der Konzession von 1864 seine Richtigkeit, während die geplante Erweiterung noch nicht erfolgt und die nur damit verknüpften schärferen Auflagen noch nicht in Kraft seien. 1874 wurden die dem Jägerschen Grundstück an der Wasserstraße benachbarten Brunnen geschlossen, weil in ihnen Schwefelsäure-, Chlor-, Salpetersäure- und Ammoniakverbindungen gefunden worden waren, ohne daß sich allerdings der dringend vermutete Zusammenhang mit der Farbenfabrik nachweisen ließ. Die Stadtverordnetenversammlung sah sich angesichts der befürchteten Schadenersatzforderungen außerstande, eine Entziehung der erteilten Konzessionen zu verlangen.

Das Teerfarbengeschäft mit seinen scheinbar unerschöpflichen Möglichkeiten war auch für andere verlockend. 1863 entstand der Betrieb Bredt & Co. und 1865 Dahl & Co., beide Barmen. Auch die später weltberühmte Firma Bayer begann hier unter bescheidenen Umständen. Die Gründer waren – wie üblich – keine Chemiker, sondern Geschäftsleute. Friedrich Bayer betätigte sich als Händler für Färbereihilfsprodukte und Farbhölzer, die er von Rudolf Geigy aus Basel bezog, und Friedrich Weskott betrieb in Barmen eine Baumwollstrangfärberei. Nachdem sie ein halbes Jahr auf ihren Küchenherden herumexperimentiert hatten, eröffneten sie am 1. August 1863 eine kleine Anilinfarbenfabrik in Barmen-Rittershausen. Dort produzierten sie zunächst Fuchsin, Anilinblau, -schwarz und -violett, die in Pulverform oder flüssig in den Versand gelangten.[28] Auch hier sorgte das Arsenik mit steigender Produktion für Probleme. Stellten sie 1863 täglich 20-25 Pfund Fuchsin her, so waren es 1865 schon 50-100 und 1867 200-250 Pfund, bei einer Belegschaft von 50 Mann. Als Arbeiter und Anwohner der Heckinghauser Straße erkrankten, blieb der Firma nichts anderes übrig, als allwöchentlich auf dem Kontor Entschädigungszahlungen zu leisten, an denen sich wohl auch einige Simulanten bereicherten. Als sich dann auch noch Arsenik in den benachbarten Trinkwasserbrunnen wiederfand, das vermutlich aus durchgerosteten Behältern in der Fabrik ausgetreten war, reagierte die Firmenleitung schnell. 1866 verlegte sie den Fuchsinbetrieb in den Westen Elberfelds, in das entstehende Zentrum der Wuppertaler Chemieindustrie. Hier wollte man die toxischen Stoffe gleich mit Hilfe der Wupper »verdünnen«; doch die Konzession verlangte auch in diesem Fall das Fässer- und Giftbuchprinzip. 1870 wurde in Haan mit der Arsenrückgewinnung begonnen und 1877 ganz auf das Gift verzichtet.[29]

Noch 1863 hatte sich die Firma in Barmen an der Berliner Straße einen gesonderten Betrieb für die übrigen Anilinfarben eingerichtet; hier war es das giftige Anilin, das Krankheiten und Kopfzerbrechen verursachte. »Die anilinhaltigen Mutterlaugen (...) liefen anfangs in die Wupper; später wurden sie neutralisiert und behufs Wiedergewinnung des Blauöls mit Wasserdampf behandelt.«[30] Unablässig wuchs die Produktion und dehnte sich auf immer neue Farbstoffe aus. Als Bayer 1871 in Barmen eine Jodfarbenfabrik in Betrieb nehmen wollte, stellte der zuständige Fabrikinspektor mißtrauisch mehrere Kanäle zur Wupper hin fest, die nur zur Ableitung von Destillationswasser und nicht für arsenikhaltige Stoffe dienen sollten, wie Weskott mehrmals beteuern mußte. Für »die mit Salzsäure versetzten flüssigen Rückstände, welche sich bei dem Waschen und Klären der Farben ergeben«, wurde vor dem Abfluß in die Wupper eine »Entsäuerung« mit Kalk vorgeschrieben.[31] Und doch konnte eine zunehmende Verschmutzung der Wupper nicht geleugnet werden, die bei Betriebsstörungen über weite Strecken bunte Farben annahm.[32] Der Barmer Färber J.M. Wüster sah 1872 durch Bayer sein Geschäft bedroht: »Genannte Herren lassen nämlich ihre Abgänge aus der Fabrik, und da ich etwas unterhalb der Fabrik liege, so kann ich keine schönen Farben mehr in meiner Färberei herstellen, was früher der Fall war. (...) In die allergrößte Verlegenheit bin ich dadurch gekommen und meine ganze Existenz steht dabei auf dem Spiel, wenn nicht baldigst die Sache geändert wird.«[33] Andere Nachbarn fühlten sich ebenfalls geschädigt und erzwangen polizeiliche und chemische Untersuchungen der Bayerschen Abwässer. Darin wurden Übermengen an »schwefelsaurem Kalk, Chlorkalium, Chlornatrium und mehreren blauen Farbstoffen« gefunden, so daß Oberbürgermeister Bredt zu einem klaren Urteil gelangte. »Es scheint hiernach die Abstumpfung des abfließenden Wassers aus der Bayerschen Anilin-Farben-Fabrik vielfach ganz unterlassen oder wenigstens nicht in genügender Weise bewirkt worden zu sein.« In diesem Fall genügte eine Strafandrohung von 50 Talern, um Abhilfe zu schaffen.

Bescheidener Beginn: das Stammhaus von »Friedr. Bayer et comp.« in Wuppertal-Barmen, 1863.

Inzwischen gab es in Elberfeld und Barmen ein halbes Dutzend Anilin-farbenproduzenten mit zum Teil mehreren Fabriken. Und ein neuer Boom stand schon bevor, nachdem Graebe und Liebermann 1869 den roten Krappfarbstoff synthetisiert hatten. Elberfeld und Barmen, die Städte der Krappfärberei, wurden nun auch Städte des Alizarins. Mit der Versiche-rung, daß die Fabrikation »durchaus gefahrlos« und eine »auch sonst von keinen Unannehmlichkeiten begleitete« sei, begannen die Gebrüder Ges-sert 1871 an der Elberfelder Vogelsaue mit der Großproduktion. Im ersten Jahr konnten sie zwar schon 15 000 Kilogramm Alizarinpaste absetzen,[34] doch gab es noch Hindernisse. Zum einen ließen sich die traditionsbewuß-ten Krappfärber nur sehr schwer von der Qualität des künstlichen Rot überzeugen, zum anderen mußte man Anthracen aus England importieren, weil die deutsche Teerdestillation zu leistungsschwach war. Als Gessert 1874 – nunmehr als Chemische-Industrie-Actiengesellschaft – mit Hilfe einer eigenen Anthracensublimation noch schöneres und reineres Alizarin erzielte, war die Jahresproduktion auf 400 000 Kilogramm gestiegen, der Preis um die Hälfte gefallen und auf dem Alizarinmarkt eine schwindeler-regende Hausse ausgebrochen. Der Kampf um Marktanteile wurde nicht nur in Hoechst und Ludwigshafen (BASF) ausgetragen; auch immer mehr Wuppertaler Geschäftsleute sahen im Alizarin eine Goldgrube. Bayer be-gann 1872 mit einer Tagesproduktion von 600 Pfund, die sich in fünf Jahren verzwanzigfachte.[35]

1873 drängten sich allein im Elberfelder Westen an der Wupper sechs Alizarinfabriken, von denen nur zwei dem Preisdruck standhielten. Die gewaltigen Alizarinmengen sorgten auch für eine spürbare Zunahme des Abwasseraufkommens; hauptsächlich Salzsäure sowie verschiedene Alkalisalze gelangten dabei in größerem Umfang in die Wupper. Deshalb erteilten die Behörden strenge Auflagen. Die direkte Ableitung von Fabrikationsrückständen in die Wupper wurde untersagt und der Bau von wasserdichten Bassins verlangt, in denen die Abwässer »völlig geklärt, gereinigt und abgestumpft« werden sollten.[36] Um Heimlichkeiten auszuschließen, mußten manche Betriebe zusätzlich ein Kontrollbecken mit offenen Ableitungsrinnen sowie eine Sonderdeponie für den bei der »Abstumpfung« anfallenden Kalkschlamm anlegen.

Dies genügte jedoch nicht, um illegale Praktiken zu verhindern, wie das Beispiel der Firma Carl Neuhaus bewies, die auf der Grenze zwischen Elberfeld und Sonnborn eines der größten deutschen Alizarinwerke betrieb. Die Unternehmensführung ließ ihre Arbeitertrupps nicht nur am hellichten Tage Unrat in die Wupper schaufeln; sie beseitigte dort auch ihre flüssigen Abfälle, wie sich im Februar 1888 nach längeren Ermittlungen herausstellte. Im Polizeibericht heißt es: »Gestern kam der Heizer Michael Reckewitz (...) und erzählte: Die Firma Neuhaus und Comp. habe Rohre, welche früher oberhalb der Wupper gelegen, jetzt ganz tief in die Wupper legen lassen, so daß dieselben nicht von außen zu sehen sind, durch welche die flüssigen unreinen Stoffe und Wasser in die Wupper gelassen werden und die die Wupper mit chemischen Stoffen verunreinigen. Der Reckewitz ist daselbst Heizer gewesen und mußte in der letzten Zeit des Abends um 7 1/2 Uhr, damit es niemand sehen könne, früher am Tage, diese flüssigen und unreinen Stoffe durch Dampf in diese betreffenden Rohre ablassen und auf diese Weise in die Wupper schaffen.«[37]

Solche Nachweise gelangen nur selten; noch seltener gestanden die Verursacher ihre illegalen Praktiken ein. Eine Ausnahme ist aus der Moskauer Filiale der Elberfelder Bayerwerke bekannt. Dort beklagten sich 1890 die Nachbarn über die Verunreinigung ihrer Wiesen. Die Polizeibehörde erlaubte zwar für 1 000 Rubel die Abwasserbeseitigung in den angrenzenden Fluß, Farbstoffe oder schädliche Substanzen waren hiervon aber ausgeschlossen. Auch mußte auf die Einleitung in einen benachbarten Teich verzichtet und statt dessen für den Bau von Senkgruben gesorgt werden. »Der Fabrik blieb unter diesen Umständen nichts weiter übrig, als diese Abwässer dennoch durch geheime Kanäle in den Teich abzuleiten, zu dessen Reinigung das Hochwasser im Frühjahr immer mit Sehnsucht erwartet wurde. Mit der Zeit vermehrten sich aber die Abwässer so, daß nicht nur der Teich immer mehr vergrößert, sondern auch geheime Abflüsse direkt in den Fluß gemacht werden mußten, die des Nachts geöffnet wur-

Die Alizarin-Fabrik in Elberfeld, 1878.

den.« Um einer Polizeiinspektion, der eine anonyme Anzeige vorausgegangen war, zuvorzukommen, wurden die Abflüsse dann eilig zugeschüttet. »Auf Grund freundschaftlicher Beziehungen zur Behörde« wich man zunächst auf Rieselfelder aus, auf denen die Abwässer fein verteilt wurden, bis im Jahre 1903 der Kanalisationsanschluß erfolgte. »Damit hörten endlich die Schikanen auf, die die Fabrik durch die Nachbarschaft sowie denunzierende Arbeiter zu erleiden hatte.«[38]

Diese offenherzige Schilderung wäre uns nicht bekannt, wenn Firmenangehörige sie nicht in der Festschrift zum 50jährigen Betriebsjubiläum niedergelegt hätten. Es gilt als Verdienst der Industriepioniere, mit allen Mitteln das Fortkommen ihrer Firma gesichert zu haben. Was wir heute zu Recht verurteilen, erschien aus dem Blickwinkel des zeitgenössischen Fortschrittsoptimismus als opportun. Die Moskauer Verhältnisse lassen Rückschlüsse auf Elberfeld zu, wo seit 1878 auch Azofarben hergestellt wurden. Ihre zahlreichen Varianten setzten dem Erfindungsreichtum der Chemiker scheinbar keine Grenzen mehr; gleichzeitig nahm die Abwassermenge gewaltige Dimensionen an. »Die Ablaufbrühe ergoß sich mehr oder weniger rasch über den gepflasterten oder mit Hausteinen bedeckten Boden, wobei sie die Wahl hatte, entweder direkt in den Boden zu versickern oder durch eine Rinne allmählich in die Wupper zu gelangen.«[39] Und selbst in dem berühmten, 1891 nach Carl Duisbergs Plänen fertiggestellten Laboratorium gelangte das Abwasser über ein ausgefeiltes Kanalsystem von den

Arbeitsplätzen direkt in die Wupper.[40] Andererseits unterzog sich das Werk – wenn auch hauptsächlich aus ökonomischen Gründen – eigenen Fabrikrevisionen und erstellte Mängellisten. So hieß es 1886 über einen Schuppen in der Alizarinfabrik: »Bassins zum Auffangen des aus den Prozessen Fortlaufenden fehlen gänzlich.« Und an anderer Stelle: »Zum einstweiligen Auffangen der weglaufenden Brühen wird in dem Gang zwischen der Alizarin- und Fuchsinfabrik ein (an) dem ganzen Gebäude entlanglaufender, viereckiger Holzbottich anzulegen sein.«[41]

Die Farbenindustrie entwickelte sich stürmisch; die Zahl der im letzten Viertel des 19. Jahrhunderts in den Wuppertaler Betrieben neu eingeführten Verfahren und Anlagen ist kaum überschaubar, ebenso wie die Vielfalt der hergestellten Farbsubstanzen und Schadstoffe. Die behördliche Genehmigungspraxis konnte dem nur mühsam nachfolgen, so daß Verbote, Erlaubnisse und Beschränkungen teilweise recht uneinheitlich ausfielen. Zuweilen galt schon die Farblosigkeit einer Brühe als Zeichen ihrer Unbedenklichkeit. War jedoch die Konzession erst einmal erteilt, gab es auch bei Schädigungen kaum mehr eine juristische Handhabe, um der Produktion Einhalt zu gebieten. Die übrigen Gewerbe sowie der ab 1884 begonnene Bau der städtischen Kanalisation trugen dazu bei, daß sich Ursachen und Folgen der damaligen Wupperverschmutzung im einzelnen kaum noch rekonstruieren lassen. Für systematische Wasseruntersuchungen fehlten die methodischen Grundlagen. Auf dem Gebiet der Hygiene hatte Pettenkofer dagegen erstmals eine wissenschaftliche Lehre entwickelt, die sich auch auf das öffentliche Bewußtsein auswirkte. Etwa seit 1880 waren es nicht mehr nur wirtschaftliche, sondern immer öfter auch sanitäre Aspekte, die die Menschen dazu bewogen, gegen Konzessionsgesuche chemischer Betriebe vorzugehen. Nach dem Arbeitsschutz bewegte vor allem die Luftreinhaltung die Gemüter. Vom Standpunkt der Gesundheitspflege folgte der Gewässerschutz dagegen lange Zeit an dritter Stelle. Dies änderte sich erst, als immer mehr Brunnen verdarben und Seuchen wie die Cholera auf Trinkwasserverunreinigung zurückgeführt wurden.

Die Hoffnungen richteten sich daher auf die städtische Kläranlage, die im Jahre 1906 unterhalb der beiden Wupperstädte in Betrieb genommen wurde. Doch erstens war die Anlage der Wuppertaler Mischung aus gewerblicher und privater Schmutzbrühe kaum gewachsen, und zweitens wehrten sich die chemischen Betriebe vehement gegen den Anschluß an die Kanalisation. Sie scheuten den damit verbundenen kostspieligen Umbau ihrer Werke und äußerten zudem die Befürchtung, die Säuren könnten die Kanäle zerfressen. Zwar kam die »Königliche Versuchs- und Prüfungsanstalt für Wasserversorgung und Abwasserbeseitigung« in Berlin zu einem anderen

Ergebnis, doch erschien ihr Vorschlag, stark saure Abwässer mittels Kalk zu Gips zu binden, wegen der großen Mengen sehr unrealistisch. Also blieben ausgerechnet die chemischen Betriebe beim Anschluß an die Kanalisation ausgespart.

Die Arbeiten am Sielnetz brachten im Jahre 1903 noch ein anderes Problem ans Tageslicht: In der Umgebung des Bayerwerkes war der Boden laut einem Bericht der »Cölnischen Volkszeitung« vom 11. September 1903 vollständig mit Farbstoffen durchsetzt und das Grundwasser hellrot. Daß die oberhalb Bayer befindliche Bergschloß-Brauerei seit Mai nur noch gefärbtes Wasser pumpte, wurde jedoch eher der Chemiefabrik Wülfing am gegenüberliegenden Wupperufer angelastet. Die städtischen Behörden sahen jedenfalls keinen Grund zum Einschreiten und erklärten die Angelegenheit zur Privatsache der mutmaßlichen Verursacher.

Unter der organisatorischen Mitwirkung Carl Duisbergs eroberten sich die Farbenfabriken unterdessen einen Spitzenplatz in der deutschen Industrie. Die Patente häuften sich, Farbstoff um Farbstoff erweiterte die Produktpalette, und die ersten pharmazeutischen Erzeugnisse wurden Welterfolge. Das Problem der Übersäuerung und Versalzung der Wupper wurde jedoch nicht gelöst, sondern durch den allmählichen Wegzug der Farbstoffbetriebe nach Leverkusen zu Beginn dieses Jahrhunderts quantitativ gemildert. Aus dieser Zeit stammt die erste und lange Zeit einzige wissenschaftliche Untersuchung der Abwässer aus der Elberfelder chemischen Industrie, deren Ergebnisse 1923 im Rahmen einer Dissertation veröffentlicht wurden.[42] Danach gelangten im Beobachtungsmonat November 1921 insgesamt 167 300 Kilogramm Schwefelsäure und 221 079 Kilogramm Salze in die Wupper. 96% der freien Schwefelsäure entfielen auf die Farbstoffbetriebe. In Leverkusen sorgten die Farbenfabriken dann durch die Einsetzung einer werkseigenen Abwasserkommission seit dem Jahr 1901 selbst für regelmäßige Analysen. Beschaffenheit und Menge der Abwässer wurden auf diese Weise systematisch erfaßt.

Das war der erste Schritt im Sinne der Londoner Times, die geschrieben hatte: »Die Wupper ist der mißbrauchteste und scheußlichste Fluß der Welt. (...) Wenn die chemischen Werke statt sich der großen Zahl von Chemikern zu rühmen, die sie anstellen, und statt der Millionen, die sie in die Werke gesteckt haben, die Wissenschaft einiger Chemiker und einen Teil der Millionen dazu benutzen wollten, ihre Abfälle auf andere Weise zu beseitigen, um dem Mißstande ein Ende zu machen, dann würden sie größere Achtung verdienen, als man ihnen unter diesen Umständen zuteil werden lassen kann.«[43] Doch am Rhein stand man erst am Anfang, als die Wupper schon am Ende war.

Arne Andersen

»Roth, blau und grün angestrichene, Schrecken erregende Gestalten«

Farbstoffindustrie und arbeitsbedingte Erkrankungen

Am 5.Juli 1877 hielt der Vorsitzende der sozialistischen Tischlergewerkschaft in Ludwigshafen, Ferdinand Weidemann, in einer Versammlung einen Vortrag zum Thema »Thut die besitzende Classe Etwas für Besserstellung der Arbeiter?« Den größten Teil seiner Rede widmete er den Arbeitsbedingungen beim bedeutendsten Arbeitgeber am Ort, der Badischen Anilin- und Sodafabrik (BASF). Ein eifrig mitschreibender Polizeispitzel notierte: »Redner verweist auf die Anilin- und Sodafabrik zu Hemshof, nennt sie Knochenfabrik und sagt, über tausend Arbeiter sind in dieser Fabrik beschäftigt; seht euch diese Schrecken erregenden Gestalten an, sie sind roth, blau und grün angestrichen; wäre möglich, diese armen Geschöpfe auch noch schwarz anzustreichen, man würde sich nicht scheuen, steckt man sie doch in Räume, die von den Herren Directoren nicht betreten werden, fürchtens, die Gesundheit nehme Schaden.«[1] Diese Darstellung war nicht übertrieben, noch 1912 schrieb der Arbeiterdichter Ernst Preczang in einem Roman über das Wartezimmer eines Arztes, dessen Patienten fast ausschließlich Chemiearbeiter waren: »Weiße Gazeverbände, Kopf- und Armbinden leuchteten in den düsteren Reihen auf, und man sah blaue, blutrote und bunte Hände, die von der Arbeit mit Anilinfarben zeugten und aller Seife, aller Soda trotzten.«[2]

Wegen aufrührerischer Reden erhielt Weidemann 14 Tage Gefängnis, nicht etwa weil die Anschuldigungen nicht stimmten. Der Werksleitung schienen die beschriebenen Arbeitsbedingungen ganz natürlich zu sein, denn einige Zeit später schrieb sie an den Fabrikinspektor: »Daß Arbeiter, welche Farbe fabriciren, bei dieser Arbeit die entsprechenden Farben an Kleidern und unbedeckten Körpertheilen zeigen, ist wohl ebenso natürlich, als daß ein Müller weiß und ein Schornsteinfeger schwarz wird.«[3] Auch der Werksarzt Dr. Ney bestätigte die Ansicht, daß die gesundheitlichen Beeinträchtigungen bei der Chemiearbeit in der BASF selten seien, und wenn, dann kämen sie nur in geringem Umfang vor.

Zu beweisen war das natürlich nicht, denn Erkrankungen und Unfallzahlen in den Farbenfabriken sprachen eine zu deutliche Sprache. Der Fabrikinspektor des Regierungsbezirks Düsseldorf, Medicinalrat Dr. Eduard Beyer, faßte für seinen Bezirk zusammen: »Nicht ganz mit Unrecht sind die chemischen Fabriken bezüglich der Salubrität sowohl hinsichtlich der in denselben beschäftigten Arbeiter, wie der Anwohner etwas in Verruf.«[4] Bis hinauf zur preußischen Regierung waren die harten Arbeitsbedingungen in der chemischen Industrie bekannt. In einem Bericht in den Akten des Ministeriums für Handel und Gewerbe hieß es: »Ihre Arbeit ist eine beschwerliche und ungesunde, die ununterbrochene Hantierung in warmem und kaltem Wasser, der fortwährende Aufenthalt in einer dampferfüllten und mit den Ausdünstungen der zur Färberei verwandten Stoffe geschwängerten Luft von nachteiligem Einfluß auf die Gesundheit.«[5]

Die besondere Gefährdung in der Chemie- und Farbstoffindustrie ergab sich aus dem Produktionsprozeß selbst. Die neuen Teerfarbenfabriken standen nicht in der handwerklichen Tradition wie der Maschinenbau oder die Elektroindustrie, und die in einer zweiten Phase nach ihrer Gründung (ab ca. 1885) einsetzende Verwissenschaftlichung der Produktion führte dazu, daß sich die Arbeiterschaft in den chemischen Fabriken stärker differenzierte und viele der Beschäftigten zu bloßen Handlangern der Apparaturen wurden. Facharbeiter, die ihr Wissen aus einer Handwerkstradition erlangt hatten, gab es hier kaum. Noch 1928 waren bei der BASF 95,6% der in den Produktionsbetrieben, Laboratorien, Lagerhäusern und Magazinen Beschäftigten unqualifizierte Hilfsarbeiter.[6]

Hinzu kam ein immenser Arbeitskräftewechsel, den selbst Chemiker auf die gefährlichen Arbeitsbedingungen etwa bei der Bestimmung des richtigen Zeitpunktes der Kesselentleerung zurückführten: »Von diesem Abpassen hängt sowohl die Ausbeute als auch die mehr oder weniger leichte Verarbeitbarkeit der Schmelze ab. Erhitzt man zu lange, so wird die Schmelze zu dick, bleibt im Kessel stecken und läuft nicht mehr heraus. Sie muß dann im Kessel erkalten gelassen und herausgebrochen werden. Diese harte Arbeit endet meist damit, daß derjenige, der sie ausführt, sich eine Arsenvergiftung zuzieht (...). Man wird unter solchen Umständen unter einem die

Fabrikation beeinträchtigenden Arbeiterwechsel zu leiden haben, da ein Arbeiter zum zweiten Mal zu einer derartigen Arbeit nicht zu bewegen ist.«[7]

Das Ersetzen des giftigen Arsens durch das nicht minder giftige Nitrobenzol änderte am raschen Arbeitsplatzwechsel wenig. Selbst nach 1908, als die Fluktuationsrate bereits zurückgegangen war, gaben bei der BASF jährlich über ein Drittel der Beschäftigten ihren Arbeitsplatz auf.[8] Bei Bayer in Leverkusen verließen von 100 eingestellten ungelernten Arbeitern im Jahr 1913 52,5% das Werk innerhalb eines Jahres. Knapp 60% aller Beschäftigten waren dort weniger als zwei Jahre in Arbeit.[9] Auch noch in den zwanziger Jahren war die Fluktuation in den chemischen Großbetrieben gewaltig. In den ersten vier Jahren des Bestehens der IG-Farben seit 1926 wurde die Gesamtzahl der Belegschaft einmal umgewälzt.[10] Von dieser Fluktuation betroffen waren in erster Linie die jüngeren Arbeiter. Der Anteil der älteren war in der Chemieindustrie sehr hoch; sie hatten keine Möglichkeit mehr, einen weniger gefährlichen Arbeitsplatz zu finden, so daß die Industriellen behaupten konnten, insgesamt sei die Fluktuation rückläufig.[11]

Sowohl Unternehmen wie Gewerkschaften waren an einer Reduzierung der Fluktuation interessiert – wenn auch aus gegensätzlichen Erwägungen. Für den Unternehmer stellte die notwendige Einarbeitungszeit immer wieder einen Leistungsverlust dar, zudem verlangte der hohe Wert der Produktionsanlagen einen gewissen Erfahrungsschatz der Arbeiter, damit nicht regelmäßig durch unsachgemäßen Umgang Produktionsverluste entstanden. Die Gewerkschaft brauchte ebenso einen Stamm erfahrener Arbeiter, die mit dem Betrieb vertraut waren, um eine Verbesserung der Arbeitsbedingungen, der Lohnhöhe oder der Arbeitszeit durchzusetzen.

Die Chemieunternehmer konnten sich ihre Arbeitskräfte trotz hoher Fluktuation immer noch aussuchen: »Während die Metall- oder Maschinenbauindustrie jeden Arbeiter, der um Arbeit bittet, annimmt und ihn wieder entläßt, wenn er die nötige Anpassungs- und Leistungsfähigkeit nicht besitzt, zieht die chemische Industrie zunächst Erkundigungen über ihre Arbeiter ein und erprobt ihre Fähigkeiten nach der Einstellung.«[12] Politisch aktive Arbeiter hatten so von vornherein keine Chance. Auch Arbeiter, die sich bei Bayer über die gesundheitswidrigen Zustände beschwerten, wurden sofort entlassen, »auch wenn sie schon neunzehn Jahre in der Fabrik arbeiten und ihre Gesundheit dabei eingebüßt haben«.[13]

So war es kein Wunder, daß die Löhne der Chemieindustrie vor 1918 zu den niedrigsten in Deutschland gehörten.[14] Auf einer Reise in die USA lobte Carl Duisberg die kümmerliche Bezahlung der deutschen Chemiearbeiter, sie sei Gewähr dafür, daß »die chemische Industrie Deutschlands von der amerikanischen nicht überflügelt werden könne«[15].

Die Kehrseite – die Lebenslage der Chemiearbeiter – sah entsprechend aus. Die folgende Schilderung stammt nicht etwa von einem sozialdemokratischen Agitator, sondern von einem staatlichen Beamten, dem badischen Fabrikinspektor Friedrich Wörishoffer.

Z. »kehrte 1877 zurück, verheirathete sich, trat in einer großen chemischen Fabrik in Arbeit und ist seit fünf Jahren von Beginn der damals errichteten Fabrik an in seiner jetzigen Stelle. Es sind acht Kinder im Alter von 1/2 bis zwölf Jahren vorhanden. Die Frau ist kränklich, wodurch der Haushalt Noth leidet. Die Familie besitzt kein Eigenthum irgend welcher Art.

Die Ernährung ist dürftig. Es wird nur Sonntags ein Pfund Fleisch gegessen, außerdem hier und da kleine Mengen Wurst oder Käse, im übrigen Brod und Kartoffeln. Der Mann muß diese Ernährung durch etwas Käse zu den Zwischenmahlzeiten aufbessern (...). Die Milch ist im Verhältnis zu der Zahl der kleineren Kinder in viel zu geringer Menge vorhanden (...). Es stehen im ganzen (im Jahr, d.V.) zur Verfügung 1 050 Mark. Die Gesamtausgaben berechnen sich auf 1 140 Mark. Daß sämmtliche Positionen in kaum begreiflicher Weise aufs Knappste bemessen sind, kann hieraus auch ohne Anführung derselben im Einzelnen entnommen werden. Die Kinder bekommen auch den größten Theil der Kleider geschenkt (...). Ob die Unzulänglichkeit der Einnahmen (...) durch zeitweise noch größere Einschränkung ausgeglichen wird, oder ob in etwa diesem Betrage Schulden gemacht werden, war nicht zu ermitteln, da die laufenden Schulden ohnedem vorhanden sind.«[16]

Neben geringem Lohn hatten die Chemiearbeiter im Vergleich zu anderen Industriezweigen wesentlich längere Arbeitszeiten. Nach Wörishoffer lag die durchschnittliche Arbeitszeit in Chemiefabriken in seinem Aufsichtsbezirk bei zehn Stunden. Daneben fanden aber regelmäßig bis zu drei Überstunden in Säure- und Alkalinfabriken und bis zu vier Überstunden täglich in einer Fabrik für Teerprodukte statt. Die 24stündige Sonntagsruhe mußte »erst durch eine 24stündige Arbeitszeit an den anderen Sonntagen erkauft werden«.[17] Bei BASF erzielten die Arbeiter 20% ihres Gesamtlohns durch Überstunden. In einem Bericht für den Fabrikarbeiterverband schrieb der ehemalige Chemiearbeiter Heinrich Schneider 1911, daß viele Arbeiter »80, 90, ja 100 Stunden in der Woche arbeiten müssen; Arbeitsschichten von 18, 24, ja sogar 36 Stunden gehören in manchen Betrieben zur ständigen Einrichtung.«[18] Dieses waren keineswegs Extremfälle. Selbst Curt Duisberg, der Sohn des legendären Carl Duisberg, mußte zugestehen, daß bei Bayer neben der allgemein gültigen Arbeitszeit von neun Stunden z.B. in der Farbstoffherstellung der Zwölf-Stunden-Tag mit Schichtwechsel durch eine 24-Stunden-Schicht galt.[19]

Es überrascht deshalb nicht, daß bei diesen Arbeitsbedingungen viele Arbeiter rasch einen anderen Arbeitgeber zu finden versuchten. Der sozialdemokratische Abgeordnete und chemische Technologe Emanuel Wurm machte in einer Rede vor dem Reichstag auf weitere Folgen dieses raschen Arbeitsplatzwechsels aufmerksam: »Die Arbeiter halten es nämlich nicht lange aus in solchen Fabriken und gehen in einigen Fabriken nach Monaten oder Jahren freiwillig ab oder werden entlassen. In den Gewerbeberichten haben wir Mitteilungen, daß in Bleiweißfabriken nach Wochen der ganze Stand der Arbeiter wechselte. So kommt immer wieder frisches Blut namentlich aus der Landbevölkerung herüber, weil zum großen Teil für diese Arbeiten ungelernte Arbeiter zu verwenden sind, die man schnell anlernt. Die aus der giftigen Industrie entlassenen Leute, die physisch bankrott sind, gehen in andere Berufe, erholen sich zum Teil oder verkümmern und sterben dahin. Als Erdarbeiter, als Gelegenheitsarbeiter, Handlanger u. dgl. werden sie dann in irgend einer Krankenkassenliste geführt; daß sie Opfer ihrer früheren Beschäftigung als chemische Arbeiter sind, erfährt man nicht.«[20]

So war es nicht verwunderlich, daß die chemische Industrie trotz der besonderen Gefährdungen in der Statistik nicht als besonders gesundheitsgefährdend auffiel.[21] Die Chemiefabriken taten noch ein übriges: Sie selektierten bei der Anstellung. Nur Arbeiter, die belastbar schienen, wurden eingestellt und die Risiken der Chemieproduktion damit individualisiert. So ließ die BASF schon in den 70er Jahren des 19. Jahrhunderts durch einen der ersten Werksärzte in der chemischen Industrie, Dr. Ney, Einstellungsuntersuchungen vornehmen, um kränkliche Arbeitsuchende sofort auszusortieren. Ney hob hervor, daß »durch konsequentes Ausschließen aller Arbeiter, deren Atmungsorgane bei der Aufnahme nicht tadellos befunden« wurden, eine »wesentlich niedrigere Erkrankungszahl« zu verzeichnen sei.[22] Wer über 35 Jahre alt war, hatte überhaupt keine Chance mehr, eingestellt zu werden.[23] In der Weimarer Republik war man später auch auf Ältere angewiesen, so daß die Auslese verfeinert werden mußte. So erhielten die Arbeiter zunächst nur vorübergehend eine Beschäftigung. Stellte sich nach wenigen Wochen heraus, daß sie trotz positiven Befundes nicht tauglich waren, wurden sie wieder entlassen. Ihre Erkrankungen fanden ebenfalls keinen Eingang in die Statistiken. Noch ein weiteres Moment senkte in den zwanziger Jahren die offizielle Zahl der Berufskrankheiten. In den Betrieben der IG-Farben, besonders in der BASF, wurden

Fremdfirmen eingesetzt. »Diese Leute arbeiten bei einer Baufirma und arbeiten in Produktionsbetrieben Hand in Hand mit Werksarbeitern an rein chemischen Arbeiten.«[24] Spätere Krankheiten dieser »Bauarbeiter« konnten so gut wie nicht mehr auf den zeitweiligen Einsatz in der Chemieproduktion zurückgeführt werden.

Über werkseigene Ärzte versuchte die Chemieindustrie zudem, den Eindruck von besonderer Gefährdung zu verwischen. Der Werksarzt der Actiengesellschaft für Anilinfabrikation (Agfa), Dr. Fritz Curschmann, legte 1910 eine »Morbiditätsstatistik der deutschen chemischen Industrie« vor. Darin kam er zu dem erwarteten Schluß, »daß gewerbliche Erkrankungen und besonders Vergiftungen in der chemischen Industrie eine geringfügige Rolle spielen«.[25] Seine Zahlen schienen dieses Urteil zu bestätigen, doch beim genaueren Hinsehen wurde deutlich, daß es sich um eine Gefälligkeitsarbeit handelte. Es waren nicht alle chemischen Fabriken in die Untersuchung einbezogen; kritische Arbeitsmediziner wie Ludwig Teleky vermuteten, daß nur die in den Curschmannschen Statistiken auftauchten, in denen die Gefährdung gering war. Chronische Vergiftungen fanden keinen Niederschlag, da es sich um Material der Berufsgenossenschaften handelte, die zu diesem Zeitpunkt nur Unfälle und akute Vergiftungen registrierten. Die Zusammenarbeit mit den (von der jeweiligen Werksleitung abhängigen) Betriebs- und Vertrauensärzten von Agfa, Bayer, den Farbwerken Höchst, Griesheim und anderen ließ keine Objektivität erwarten. Teleky kommentierte später die Abhängigkeit der Fabrikärzte von den Firmenleitungen wie folgt: »Let us remember that in their publications they could write nothing that the management did not wish to see published.«[26]

Zusammenfassend beschrieb der Berliner Gewerbehygieniker und TH-Dozent Theodor Weyl 1907 die Gesundheitsgefährungen in der chemischen Industrie: Neben ihr »gibt es wohl keine andere, deren Arbeiter in gleichem Maße durch die verschiedenartigsten und mannigfaltigsten Schädlichkeiten heimgesucht werden können. Bald sind es Vergiftungen, Haut- und Augenkrankheiten, bald Verletzungen durch Explosion von Sprengstoffen, bald Verbrennungen und Verbrühungen, bald Stürze von Treppen und Leitern, die ihnen drohen.«[27] Offenbar erschreckt durch die eigenen Worte, mußte Weyl sofort einschränkend hinzufügen, daß sich zwischenzeitlich alles zum Besseren gewandt habe, daß man »staunend vor den Errungenschaften der Allesbesiegerin Technik« stehe.

Anilinfarbstoffe und die Folgen bei der Herstellung

Wie sah nun um die Jahrhundertwende die chemische Produktion, namentlich die Farbstoffproduktion aus? Hatte die »Allesbesiegerin Technik« sämtliche gesundheitlichen Risiken beseitigt?

Wenn man nur den Herstellungsprozeß von Anilinfarbstoffen näher betrachtet, werden die Gesundheitsgefährdungen offenkundig, und sie waren es auch für die Zeitgenossen. Theodor Weyl hatte schon in den 80er Jahren des 19. Jahrhunderts ganz lapidar geschrieben: »Dass die Anilinfarben giftig sein müssten, galt Ende der fünfziger und Anfang der sechziger Jahre dieses Jahrhunderts, als die Fabrikation der ›Anilinfarben‹ eben erst begann, als nahezu selbstverständlich.«[28] Weyl selbst schränkte diese Behauptung allerdings erheblich ein: Erst durch giftige Beimengungen, z.B. Arsen, würden Teerfarben schädlich wirken. Ein Blick auf den Produktionsprozeß zeigt, daß seine Einschränkungen nicht stichhaltig waren.

Als Ausgangsmaterial für die technische Herstellung des Anilins dient Nitrobenzol. Grundlage für Nitrobenzol ist das Benzol, das ebenfalls in vielen Farbwerken hergestellt wurde. Schon der Werksarzt der Farbwerke Hoechst, Grandhomme, beobachtete die Vergiftungsfälle bei der Benzolproduktion und stellte fest, sie seien nicht selten und kämen hauptsächlich beim Reinigen der Destillationsgefäße vor. Bei Bayer wurden 1898 in einer Abteilung mit durchschnittlich 24 Beschäftigten zehn vom sogenannten

Die Fabrikation von Anilinblau um 1870. Französischer Holzstich.

Anilinismus befallen.[29] Dabei handelte es sich jeweils um akute Vergiftungen. »In leichteren Fällen entstehen Schwindel, kurzdauernde Bewußtlosigkeit (...); schwere Fälle führen zu Delirien, Convulsionen und oft viele Stunden andauerndem Coma. Solche Kranke sind bei Wiederaufnahme der Arbeit oft Recidivien ausgesetzt, welche unter epileptiformen Anfällen auftreten.«[30] Es müsse an der Konzentration des Benzols liegen, denn ansonsten würden »Benzoldämpfe selbst in großen Mengen gut vertragen«, wußte Grandhomme aus Gummifabriken zu berichten. Das einige Jahre später erschienene Handbuch der Arbeiterkrankheiten, daß sich auch mit Benzolvergiftungen auseinandersetzte,[31] bezog sich auf Grandhomme, mußte aber zugeben, daß das Einatmen großer Mengen Benzoldämpfe keineswegs gut vertragen, sondern in seltenen Fällen zu Todesfällen führen würde, eine Angabe, die durch Josef Rambousek, Sanitäts-Konzipist der Landesregierung in Klagenfurt,[32] nochmals bestätigt wurde und sogar Eingang in das damalige Standardwerk zur chemischen Technologie, den »Ullmann«, fand.[33] Nachdem 1912 in Preußen chronische Erkrankungen durch Blei, Quecksilber, Arsen und Phosphor meldepflichtig wurden, erweiterte Bayern diese Liste im gleichen Jahr u.a. um Benzol und Nitro- sowie Amidoverbindungen.

Die Gefahren wurden so ernst genommen, daß arbeitsbedingte Erkrankungen aufgrund des Umgangs mit Benzol auch in die erste Berufskrankheitenverordnung vom 1. Juni 1925 Eingang fanden, die lediglich elf anerkannte Berufskrankheiten umfaßte.

Erkrankungen durch Benzol[34]

Jahr	erstmalig entschädigte Fälle	angezeigte Fälle
1926	3	113
1927	11	113
1928	14	135
1929	14	323
1930	33	373

War eine Benzolvergiftung diagnostiziert, so hieß dies noch lange nicht, daß die Berufsgenossenschaft die Erkrankung als Berufskrankheit auch anerkannte. Schon die Diagnose erwies sich häufig als entscheidendes Hindernis, da erste Krankheitssymptome lange Zeit nach der Arbeit mit Benzol auftreten können.

Indigobetrieb um 1930. (Hoechst)

Was die Prophylaxe anging, war man eher hilflos. Da man recht früh
erkannt hatte, daß mit technischem Arbeitsschutz den Benzoldämpfen
nicht beizukommen war, beschränkte man sich auf Appelle an das individuelle Verhalten. Weyl forderte lediglich bei den Reinigungsarbeiten der
Destillierapparate eine vorherige gründliche Auslüftung. Den sonst vorkommenden Dämpfen stand man hilflos gegenüber. Noch 1977 galt das
Benzolmerkblatt, in dem den Arbeitern u.a. der Rat gegeben wird: »Lebe
gesundheitsmäßig und sorge für ausreichende Erholung durch Schlaf! Teile
deine Lebensmittel so ein, daß du die Arbeit nicht mit leerem Magen zu
beginnen brauchst! Iß, wenn möglich, zum Frühstück eine Suppe!«[35] Heute
steht Benzol in der MAK-Liste unter den gefährlichsten Arbeitsstoffen, die
»eindeutig als krebserzeugend« ausgewiesen sind. Es wird kein MAK-Wert
angegeben, da auch bei geringsten Mengen Zellveränderungen auftreten
können. Lediglich ein TRK-Wert (Technische Richtkonzentration) von
$5\,ml/m^3$ bzw. $16\,mg/m^3$ wird mit dem ausdrücklichem Hinweis genannt,
daß »auch bei Einhaltung der TRK eine Gesundheitsgefährdung nicht
vollständig auszuschließen« sei.[36]
   Doch zurück zu den Arbeitsbedingungen in den Teerfarbenfabriken
gegen Ende des 19. Jahrhunderts. Die Anilinherstellung gliederte sich in
mehrere Verfahrensweisen. Zunächst mußte Nitrobenzol hergestellt wer-

den. Über einen Mischsäurebehälter, der Salpeter- und Schwefelsäure enthielt, wurden die Säuren in den mit Benzol gefüllten Nitrierapparat abgelassen. Dabei konnten saure Gase in den Arbeitsraum freigesetzt werden. Fritz Ullmann betonte zwar, daß sich bei gut geleiteter Operation keine nitrosen Gase entwickeln dürften, schloß es aber ausdrücklich nicht aus. Die Zeichnung verdeutlicht diese Möglichkeit:

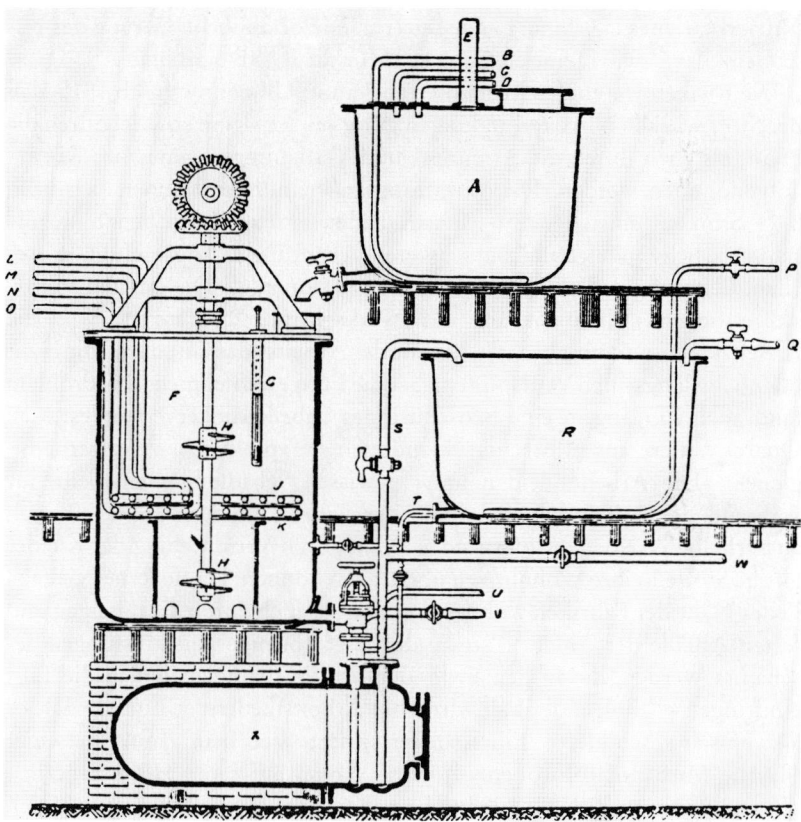

A Mischsäurebehälter; B Druckluftrohr; C Einlaßrohr für Schwefelsäure; D Einlaßrohr für Salpetersäure; E Ablaßrohr für die Säuredämpfe; F Nitrierapparat; G Thermometer; H Propeller; I Kühlschlangen; K Stützgitter; L/M Ausflußrohr für Kühlwasser; N/O Zuflußrohr für Kühlwasser; P Druckluftrohr; Q Wasserzuflußrohr; R Nitrobenzolwaschgefäß; S Steigrohr; T Nitrobenzolleitung; U Druckluftrohr; V Rohr für die Abfallsäure; W Leitung zum Nitrobenzoltank; X Montejus.

Da die Anilinfabriken bis in die zwanziger Jahre die Überführung des Benzols in Nitrobenzol nicht im kontinuierlichen Prozeß durchführten, der Nitrierapparat vielmehr alle sieben bis acht, später dann alle zwei bis drei Stunden neu mit Benzol gefüllt wurde, entwichen regelmäßig Dämpfe. Das Nitrobenzol wurde anschließend in einem Waschgefäß mit Natronlauge von Restsäuren befreit. Beim Umfüllen konnten die Arbeiter direkt in Kontakt mit Nitrobenzol kommen. Über den Fabrikationsräumen des Nitrierbetriebes lag ständig »der Bittermandelöl-ähnliche Geruch des Nitrobenzols«,[37] wie Heinrich Caro 1892 für die BASF berichtete.

Die Risiken waren den Technikern bekannt. Ullmann schrieb 1915, daß der Stoff wie alle Nitroverbindungen giftig sei. Er »kann sowohl durch die Haut, als auch durch die Atmungs- und Verdauungsorgane vom Körper aufgenommen werden. Die Vergiftungserscheinungen können sich nach 8-24 Stunden einstellen. In leichten Fällen erzeugt Nitrobenzol Kopfschmerz, Schwindelgefühl, bei schweren Vergiftungen Angstgefühl, Erbrechen, Lähmungserscheinungen und Konvulsionen.«[38] Die giftigen Schadstoffe ließen sich nicht auf das Werksgelände begrenzen. War die Arbeitskleidung damit benetzt, konnte der Arbeiter das Gift durch die Haut oder beim langsamen Verdampfen über die Lunge aufnehmen. Das Problem fand auch Eingang in eine Broschüre des Fabrikarbeiterverbandes. Max Quarck zitiert aus Albrechts »Handbuch der praktischen Gewerbehygiene«: »Die Arbeiter leiden unter gewissen Schädlichkeiten nicht nur während der Arbeitszeit, innerhalb der Fabrik, sondern zum Teil auch ausserhalb derselben, insofern sie nämlich durch Vermittelung der Kleider giftige Stoffe in ihre Wohnungen übertragen können. Da sie ferner vielfach in der Nähe der Fabriken wohnen, können sie auch durch die flüssigen und festen Abfälle der Anlagen, sowie durch gasförmige Ausdünstungen geschädigt werden, die in den Erdboden, in die Brunnen und in die Luft eindringen.«[39] Folgender Fall wird vom Arbeitsmediziner Ludwig Teleky als typisch geschildert: »Ein Arbeiter spritzte sich beim Transport einer Flasche Mirbanöl (Nitrobenzol) etwas davon auf seine Hose, plötzlich schwankte er und schüttete dadurch noch mehr auf seine Hose und auf sich selbst. Er wurde, ohne daß man die Kleider entfernt hätte, ins Krankenhaus gebracht. Bei der Ankunft dort war er bewußtlos. Atmung oberflächlich und unregelmäßig, die Haut dunkel graublau, Pupillen eng und reaktionslos, das Blut schokoladenbraun. Eine Stunde später starb er.«[40]

Die Gefährdung war allgemein bekannt, so daß zahlreiche Menschen mit Nitrobenzol Selbstmord verübten. Auffällig war, daß in den Betrieben von chronischer Gefährdung nicht gesprochen wurde. Das hatte mehrere Gründe. Die Arbeiter wußten um die Gefährdung, sie entzogen sich, indem sie

Abfüllvorrichtung für Farbstoffe mit Staubschutz, 1913. (Hoechst)

freiwillig die Fabrik verließen und einen anderen Arbeitsplatz suchten; wollten sie bleiben, verschwiegen sie ihren Verdacht, da sie sonst ihren Arbeitsplatz verloren hätten. Auch die Ärzte spielten dieses Spiel mit. »Vielfach unterlassen es die Aerzte«, führte der Berliner Gewerbemediziner Prof. Sommerfeld auf einer Konferenz des Fabrikarbeiterverbandes über die Gefahren in der chemischen Industrie aus, »selbst *erkannte* gewerbliche Vergiftungen als solche auf den Krankenscheinen zu bezeichnen und geben nur die entstandene Krankheit an, weil sie Schererein und Benachteiligung durch die Betriebsinhaber vermeiden wollen.«[41] Denn die Industriellen waren bestrebt, nur die einfache, zeitlich unmittelbar kausale Verkettung von Ursache und Wirkung zuzulassen. Alles andere hätte den gesamten Produktionsprozeß in Frage stellen können. So ging der Chef der chemischen Fabrik Griesheim-Elektron, Prof. Lepsius, auf einem Kongreß über die Giftgefahren in gewerblichen Betrieben davon aus, daß die Gefahr in Chemiefabriken bestenfalls »auf das Mindestmaß zu beschränken sei«, und hielt es für unwahrscheinlich, daß man »diese Gefahren ganz beseitigen und Erkrankungen durch Gifte völlig ausschließen« könne.[42] Der Chef der Farbenfabriken vorm. Bayer & Co, Carl Duisberg, ging noch weiter: Einem richtigen Mann (wie ihm) könnten auch die chemischen Gifte nichts anha-

ben.[43] Als Chemiker, der 25 Jahre in Labors gearbeitet habe, sei er mit
vielerlei Giften in Berührung gekommen: »Ich präsentiere mich hier sogar
als ein ›vergifteter Giftarbeiter‹, denn wer von uns Chemikern hat nicht
bereits eine Chlor- oder Bromvergiftung, eine Phosgenvergiftung oder Gott
weiß was für eine Vergiftung durchgemacht (...). Kurz, zahlreiche Vergiftungen, wie sie bei einem Chemiker vorkommen können, habe ich durchgemacht und stehe dennoch gesund vor Ihnen.«[44] Es war Duisberg aber
durchaus aufgefallen, daß seine Argumentation sich nicht auf chronische
Erkrankungen bezog, sondern jeweils auf akute Vergiftungen, deshalb fuhr
er kurz darauf fort: »Man kann meines Erachtens jede Giftgefahr nicht nur
bekämpfen, sondern vollkommen beseitigen, wenn man die geeigneten
mechanischen Vorrichtungen trifft.«

Bis heute konnte die Gefährdung durch Nitrobenzol nicht beseitigt
werden, entsprechend findet es sich auch in der MAK-Liste (1 ml/m^3 bzw.
5 mg/m^3).

Zurück zum Verfahren selber. Der nächste Schritt war die Herstellung
des Anilins, des wichtigsten Vorprodukts für die synthetische Farbenproduktion. Dazu wurde Nitrobenzol zusammen mit Eisenspänen und Salzsäure in einen zwei Meter hohen Rührzylinder gefüllt. Doch schon hierbei
gab es offenbar erste Probleme. Ullmann verweist darauf, daß nur bei
richtiger Handhabung beim Nachfüllen des Eisens keine »nennenswerte(n)
Mengen der Dämpfe entweichen«[45]. Bei unsachgemäßer Bedienung kann
jedoch das ganze Gefäß in die Luft gehen – oder, mit Ullmanns Worten:
»Der Zusatz der Eisenspäne und des Nitrobenzols ist derart zu regeln, daß
die Reaktion nicht zu stürmisch wird.«

Danach wurde die eventuell vorhandene Restsäure mit Kalkmilch neutralisiert, das Anilin mit Wasserdampf in einen Kessel überführt und dort
durch Destillation gereinigt. Wenn auch die gesamte Anilinherstellung mit
ihren Vorprodukten Benzol und Nitrobenzol nach und nach mechanisiert
wurde – die Autoklaven lösten die Bottiche und Rührwerke ab – und die
akuten Gefährdungen abnahmen, blieben Kontakte mit den Schadstoffen.
Nicht nur Betriebsstörungen und Undichtigkeiten, auch Wartungs- und
Reinigungsarbeiten zogen immer wieder Expositionen mit chemischen
Substanzen nach sich. Wie sich die Belastungen durch die Anilinherstellung
auswirkten, beschrieb der schon zitierte Werksarzt von Hoechst, Grandhomme: »In den leichtesten Fällen von Anilinvergiftung, wie man solche an
heißen Tagen in den Reduktionsräumen nicht selten zu beobachten bekommt, überfällt den in einer mit Anilindämpfen geschwängerten Atmosphäre beschäftigten Arbeiter ein Gefühl von Müdigkeit und Schwäche
(...). War die Einwirkung der Anilindämpfe eine längere oder bei Durch-

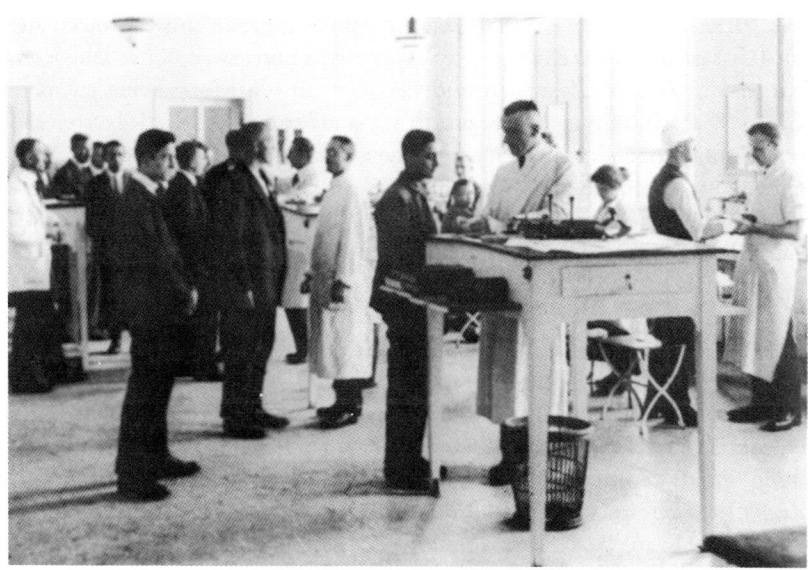

Erste-Hilfe-Station bei BASF, um 1910.

tränkung der Kleider mit Anilin sind die Symptome schwerer. Die Farbe
der Lippen wird dunkelblau, selbst schwarz. Der Gang wird so unsicher
und der Schwindel so stark, daß der Kranke zu Boden stürzt.«[46]

Schon bald zeigte sich, daß Anilin und andere aromatische Amine auch
langfristig wirken und dabei Krebs auslösen können. Wie man heute weiß,
gelangen die Gifte durch die Haut als lösliche Stoffwechselprodukte in den
Harn. In der Harnblase fallen sie aus und setzen sich in der Blasenschleim-
haut als kanzerogene Fremdkörper fest.[47] Die erste Untersuchung dazu
legte 1895 Ludwig Rehn aus Frankfurt vor. Er hatte drei Arbeiter einer
Anilinfabrik an Blasengeschwulsten behandelt. Ein vierter starb noch vor
Beginn der Behandlung. »Diese Arbeiter waren bei der Fuchsindarstellung
beschäftigt, und zwar, was wesentlich erscheint, lange Jahre hindurch.«[48]
Sie konnten, wie die Anamnese ergab, auf eine Betriebszugehörigkeit von
15 bis 29 Jahren zurückblicken, und keiner wußte aus seiner Familie von
einem ähnlichen Leiden zu berichten. Rehn entfernte bei allen dreien
»apfelgroße« Geschwulste an oder in der Blase und stellte fest, daß »die
Geschwulstbildung in der Blase mit der gewerblichen Beschäftigung in
Zusammenhang gebracht werden muß«.[49] Rehns Angaben sorgten für
großes Aufsehen. Grandhomme widersprach sofort. Nicht maximal 45
Arbeiter, wie Rehn angegeben hätte, wären mit der Fuchsinherstellung

beschäftigt, sondern seit 1883 seien es 493. Anilindämpfen wären bei Hoechst mehr als 4 000 ausgesetzt. Von ihnen und von den benachbarten Farbenfabriken in Offenbach und Fechenheim sei jedoch keine entsprechende Erkrankung gemeldet worden. Grandhomme schlußfolgerte: »So mag Anilin reizend auf die Schleimhaut der Harnwege einwirken, (...) für einen Zusammenhang der Enstehung von Blasengeschwülsten durch die Einatmung von Anilindämpfen liegen jedoch Anhaltspunkte nicht vor.«[50] Zunächst weigerte sich die Industrie, Rehns Ergebnisse zur Kenntnis zu nehmen, als medizinischer Laie habe man »nur geringes Verständnis dafür«[51].

1904 konnte Rehn der deutschen Gesellschaft für Chirurgie über 20 weitere Fälle von Blasentumoren bei Anilinfarbenarbeitern berichten.[52] Weitere Unterstützung erhielt er acht Jahre später aus der Schweiz. Aus der chirurgischen Klinik Basel wurde von 18 neuen Fällen von Geschwulstbildung unter »dem Einfluß der synthetischen Farbenindustrie« berichtet.[53] Zu Fall 15 heißt es:

«E.L., 39 J., aus Basel. Pat. arbeitet seit 21 Jahren in einer Anilinfabrik. Er war gesund bis im August 1909, wo eine Blasenblutung auftrat, der im November gleichen Jahres eine zweite folgte. Die Hämaturie (Harnblutung) zeigte sich ferner im März 1910 und ein viertesmal am 10. April, worauf sich der Pat. in ärztliche Behandlung begab.« Dort wurde ein nußgroßer Tumor festgestellt.[54]

S.G. Leuenberger, Assistenzarzt an der Baseler Klinik, beschränkte sich jedoch nicht nur auf die Fallwiedergabe. Für den Zeitraum von 1901 bis 1910 verglich er die Todesursachen aller männlichen Toten Basels mit denen der mit Anilinfarben und aromatischen Substanzen beschäftigten Arbeiter. Dabei stellte er fest, daß diese 33mal häufiger an Blasentumoren verstarben als die übrige männliche Bevölkerung. Zudem wertete er die Krankenverzeichnisse der Universitätsklinik Basel von 1861 bis 1910 aus. Mehr als die Hälfte der beobachteten Harnblasentumore lagen bei Anilinfarbenarbeitern oder Tuchfärbern vor.

1913 erschien als Standardwerk »Weyls Handbuch der Hygiene« in der 2. Auflage mit Band 7, der der Gewerbehygiene gewidmet ist. Die Behandlung der Teerfarbenindustrie nimmt darin großen Raum ein. Danach war es eine nicht mehr zu bezweifelnde Tatsache, daß Blasenkrebs durch aromatische Basen verursacht wurde.[55]

Die deutsche chemische Industrie konnte nun den »Anilinkrebs« nicht mehr leugnen. Max Nassauer, der von 1895 bis 1914 als Chemiker die technische Leitung einer Frankfurter Anilinfabrik innehatte und später als Mediziner arbeitete, mußte auch die Rechtfertigungsversuche Grandhommes relativieren. Hätte dieser bei allen Arbeitern, die über Blasenreizungen geklagt hatten, zystoskopische Untersuchungen (Blasenspiegelungen) durchgeführt, »so wäre wahrscheinlich manche Blasengeschwulst diagnostiziert worden«.[56] Indirekt forderte Nassauer damit die ersten Reihenuntersuchungen für Betroffene. In seinem Beitrag beschrieb er auch die Arbeitsbedingungen, die die Karzinome hervorriefen. Auf Grund der chemischen Eigenschaften sei der »vollständige Abschluss von der Aussenwelt bei der Herstellung dieses Produktes« sehr schwierig. »Die Folge hiervon ist eine Ausbreitung des Anilins gewesen, das aus den geringsten Undichtigkeiten der Apparatur und den Flanschen und Muffen der Rohrleitung heraustrat und dadurch die Arbeitsräume und Kesselhäuser mit einem feinen Dunst von Anilindämpfen erfüllte. Gerade der feine Hauch an Anilingehalt in der Luft, der kaum bestimmbar war und den ganzen Tag über, jahraus, jahrein von den Arbeitern eingeatmet worden ist, dürfte in erster Linie, vielleicht ausschließlich für die Erkrankungen in Frage kommen.«[57]

Beruhigend fuhr er dann fort, daß es »unserer modernen Technik« gelungen sei, den Austritt »selbst kleinster Mengen Anilindampfes (...) schier unmöglich zu machen«. Wenig später schränkte er jedoch ein, daß »selbst bei den mit allen Errungenschaften neuzeitlicher Technik eingerichteten Betrieben in einem Arbeitsjahre die physiologische Schwelle schon überschritten werden kann und bei prädisponierten Individuen das Gift zur Ausbildung eines Tumors bereits aufgenommen ist«.[58] Sollten dennoch weitere Erkrankungen auftreten, müßten die Ursachen in der »Disposition der einzelnen Individuen« liegen, denn von technischer Seite sei alles getan worden.

Damit hatte sich ein Wandel in der Aufgabenbestimmung der Arbeitsmedizin vollzogen. Nicht mehr die krankmachenden Arbeitsverhältnisse galt es zu kritisieren oder zu ändern, sondern den Arbeitsmedizinern fiel die Aufgabe zu, widerstandsfähige Arbeitskräfte herauszufinden. Einer der ersten, der dies systematisierte, war der Gewerbemediziner Franz Koelsch, der heute als einer der Nestoren der Arbeitsmedizin gilt. Er forderte schon 1925, nur »vollwertige, der geforderten Leistung angepaßte Individuen«[59] einzustellen. Die Berufseignung sei festzustellen, »streng individualisierend unter eingehendster Familienanamnese, auf Grund genauer anthropometrischer Untersuchungen, eventuell unter Verwendung von ›Tests‹ zur genauen Feststellung der Blutdrüsenformel, der Reaktionskraft der Haut, des autonomen Nervensystems, der Giftempfindlichkeit usw. – zum Besten des Einzelindividuums sowohl wie auch des gesamten Wirtschaftslebens.«[60]

Nicht mehr der Arbeitsprozeß war das Risiko, sondern die Anpassungsfähigkeit oder -unfähigkeit des einzelnen.

Man suchte nun nach Personengruppen, die unempfindlicher waren. Der
Fabrikarzt Wilhelm Hergt, bis 1957 bei der BASF tätig, fand 1930 solche
Gruppen heraus. So vertrügen »fettreiche, korpulente Menschen Benzol
anscheinend besser als Schlanke und Magere«,[61] eine These, die für Koelsch
noch 1966 Gültigkeit hatte.[62] Bei den Amidoverbindungen (Anilin, Toluidin, Benzidin, Naphthylamin etc.) zeigten sich nach Hergt »blondhaarige
Menschen mit zarter Haut und Vagotoniker, die zu Schweißbildung nei-
gen«[63], anfälliger.

Die individuelle »Schuldzuweisung« ging einher mit erneuten Versuchen,
die Bedeutung des Anilinkrebses herunterzuspielen. So berichtete der
Chefarzt des Krankenhauses Ludwigshafen, Ludwig Simon, daß 1928 lediglich 21 Schädigungen durch Nitro- und Amidoverbindungen als Berufskrankheit gemeldet worden waren. Davon seien fünf mit einem Todesfall
anerkannt, sechs nicht anerkannt, die übrigen seien zum damaligen Zeitpunkt noch nicht entschieden gewesen.[64] Über die Schwierigkeiten der
Diagnostik wurde kein Wort verloren. Die Tatsache, daß viele Ärzte vorher
darauf hingewiesen hatten, daß schon im beschwerdefreien Zustand Veränderungen der Blase bei Anilinarbeitern festgestellt worden waren, daß viele
inzwischen den Arbeitsplatz gewechselt hatten und Erkrankungen nicht
mehr in ursächlichem Zusammenhang mit ihren früheren Beschäftigungen
in der Farbstoffindustrie standen, auch darüber fand sich kein Wort bei
Simon. Die Schädigung läge an den »bei einzelnen Individuen verschiedenen Geschwulstdispositionen«[65]. Der einzige arbeitsmedizinische Vorschlag bestand darin, eine genauere Familienanamnese vorzunehmen, um
so »noch eine bessere Auslese der Arbeiter für die gefährdeten Betriebe
treffen zu können.«

Auf Veranlassung von Eberhard Gross, seit 1926 Werksarzt bei BASF und
im Nationalsozialismus Leiter des Gewerbehygienischen Laboratoriums
der IG-Farben, war die IG-Farben dazu übergegangen, bei jedem Arbeiter,
der mit aromatischen Nitro- und Amidoverbindungen zu tun hatte, regelmäßig den Urin auf verdächtige rote Blutkörperchen zu untersuchen.[66]
Durch Einstellungsuntersuchungen wurden Risikogruppen aussortiert, die
Kontrolluntersuchungen ermöglichten es, relativ frühzeitig Veränderungen
an der Blase des betreffenden Arbeiters zu diagnostizieren. Damit konnte
auf eine Ausweitung des Arbeitsschutzes ebenso verzichtet werden wie auf
das Verbot bestimmter krebserzeugender Stoffe. Dabei bot eine von Gross
wahrscheinlich bei der BASF durchgeführte Untersuchung ausreichenden
Grund für entsprechende Verbote. So mußte der Werksarzt feststellen, daß

von allen Arbeitern, die länger als fünf Jahre mit ß-Naphthylamin gearbeitet hatten, ein Drittel an Blasenkrebs erkrankt war.[67] Doch die Studie bot für die Praxis einen anderen Ausweg an. So fiel Gross auf, daß zwischen der Aufgabe der Arbeit in der Farbstoffindustrie und dem Krankheitsbeginn häufig ein längerer Zeitraum lag. Das Maximum dieses Intervalls betrug 34 Jahre, 10-15 Jahre waren durchaus die Regel. Die meisten Arbeiter erkrankten zwischen dem 50. und 55. Lebensjahr, die durchschnittliche Lebenserwartung lag bei den Anilinarbeitern einige Jahre unter der der Gesamtbevölkerung in der Umgebung des Werkes. Was lag da näher, als ältere Arbeiter zu beschäftigen, bei denen der Ausbruch der Krankheit mit dem Ende ihrer Lebenserwartung fast zusammenfiel. Diese Praxis machte in der Bundesrepublik Schule. So berichtete Ehrlicher in einer ersten Berufskrebsstudie der Deutschen Forschungsgesellschaft von 1967, daß die Hoechst AG nur noch Arbeiter zulasse, die ein Mindestalter von 45 Jahren erreicht hätten.[68] Auch die BASF setzte in der Teerfarbenfabrikation »nur ältere Arbeiter« ein.[69] Der damalige Leiter des gewerbehygienischen-pharmakologischen Instituts der BASF, Heinz Oettel, benutzte dies als Argument, um die Gefährdungen durch aromatische Amine herunterzuspielen, denn Blasenkrebse würden bei Chemiearbeitern »erst in dem Alter beobachtet, in dem auch spontane Blasenkrebse häufig vorkommen«[70].

Insgesamt hatten sich die Arbeitsbedingungen bis zur Erstellung der Krebsstudie 1967 natürlich verbessert. Ehrlicher verwies auf Selbstverständlichkeiten, die eigentlich schon lange hätten eingeführt werden können, wie z.B. »allen hygienischen Anforderungen gerecht werdende Wasch-, Umkleide- und Frühstücksräume«. Die Fabrikationsräume wurden heller und mit besserer Ventilation ausgestattet. »Die gegenwärtigen Arbeitsbedingungen sind mit denen der früheren Jahre nicht mehr vergleichbar.« Es gebe nur noch »potentielle Gefahren«. Die umfangreichen ärztlichen Kontrolluntersuchungen, die Einführung des täglichen Kleiderwechsels, der die gesamte Ober- und Unterkleidung umfaßte, machen jedoch deutlich, daß die Chemieindustrie ihren eigenen Beteuerungen nicht recht Glauben schenken mochte.

Der Arbeitskreis Arbeitsmedizin des Gesundheitsladens Frankfurt machte sich auf die Suche nach Zahlen der Hoechst AG und allgemeinen Statistiken.[71] Danach starben im Zeitraum von 1950 bis 1968 bei Hoechst 114% mehr Arbeiter an Krebs der ableitenden Harnwege, als nach dem Durchschnitt der Gesamtbevölkerung zu erwarten gewesen wäre. Doch die Quote liegt wahrscheinlich noch höher, denn manche ausländischen Arbeiter, die in den gefährlichen Produktionsbereichen einen hohen Anteil stellen, kehrten nach Jahren in ihr Heimatland zurück, so daß ihr möglicherweise dort auftretender Blasenkrebs in keine Statistik der Betriebskrankenkasse oder der Berufsgenossenschaft eingeht.

Inzwischen liegt eine Studie des ehemaligen Leiters der werksärztlichen Abteilung von Bayer, Ulrich Korallus, über sämtliche männlichen Arbeiter und Pensionäre des Werkes Leverkusen von 1970 bis 1986 vor. Noch immer mußte dabei eine im Vergleich zur Gesamtbevölkerung wesentlich erhöhte Blasenkrebsrate eingeräumt werden.[72]

Selbst nach der besonders vorsichtigen Schätzung von Prof. Schmähl vom Deutschen Krebsforschungszentrum Heidelberg[73] ist jeder fünfte Blasenkrebs berufsbedingt. Danach wären 1981 bei den 3 364 an Harnblasenkrebs erkrankten Männern die Erkrankungen in 673 Fällen berufsbedingt, als Berufskrankheiten gemeldet waren im gleichen Jahr jedoch nur 53 Fälle (7,9%).

Die technischen Arbeitsbedingungen haben sich seit 1967/68 sicher weiter verbessert, doch durch eine erweiterte Produktpalette und die mengenmäßige Ausweitung der Produktion wurde das Krebsrisiko wieder erhöht.

Chromatfarben und die Folgen

Bisher wurde nur eine Gefährdung in der Farbstoffindustrie beschrieben: der sogenannte »Anilinkrebs«. Es gibt jedoch weitere Risiken, z.B. bei der Chromatfarbenproduktion, die im folgenden vorgestellt werden soll, auch wenn ihre Bedeutung für die Entwicklung der Chemieindustrie und die Herausbildung der Arbeitsmedizin im Vergleich zur Anilinproduktion gering ist.

Im Gegensatz zu den Teerfarben sind die Chromatfarben anorganische Verbindungen von Bichromaten und Schwermetallen. Ausgangsstoffe für die Chromatproduktion sind Kalk, Soda und Chromeisenstein ($FeOCr_2O_3$). Zunächst werden die Rohstoffe zerkleinert. Der Chromeisenstein wird auf Brechwerken vorzerkleinert und dann in Kugelmühlen feingemahlen. Je feiner gemahlen wird, um so höher ist dann die Ausbeute im Röstprozeß. Ebenso wird mit dem Kalk verfahren. Die Mischung der drei Rohstoffe erfolgt in Mischwerken bzw. Mischschnecken.[74] Anschließend kommt das Gemisch in den Schmelzofen. Bis gegen Ende des letzten Jahrhunderts waren zumeist Handöfen in Gebrauch, bei denen das Schmelzgut mit Haken oder Stangen per Hand umgewälzt werden mußte, um die Oberfläche immer wieder mit Luftsauerstoff in Berührung zu bringen. Die Arbeiter waren in Mühle und Mischerei einer ungeheuren

Staubentwicklung ausgesetzt und am Ofen der Hitze, den austretenden Gasen und heißen Stäuben. Lassen wir einen Arbeiter der BASF zu Wort kommen:

»Ich wurde im Frühjahr 1909 im Chromsäure-Regenerationsbetrieb eingestellt, woselbst ich bis zum Streik arbeitete. Trotz harter Arbeit im Verwaltungsbetrieb, wo ich vorher sieben Jahre als Akkordarbeiter tätig war, kam mir die Arbeit am Ofen sehr schwer vor. Schon nach sechstägiger Arbeit bekam ich heftiges Stechen in der Brust, daß ich kaum atmen konnte und einige Zeit im Bett liegen mußte. Bei Wiederaufnahme der Arbeit sagte mir der Aufseher, ich hätte zuviel schädlichen Chromstaub eingeatmet. Ich müßte bei jeder Arbeit einen Schwamm vor Mund und Nase binden, was ich jedoch vom ersten Tag an getan hatte. Leider waren die Schwämme so porös, daß man einen Finger hindurchstecken konnte, wo selbstverständlich auch die größten Staubflocken hindurch geatmet wurden. Ich suchte dann in der Fabrik nach praktischen Respiratoren, konnte aber nur unter der Gefahr, entlassen zu werden, einen beibringen, welches Muster jetzt noch in Gebrauch ist. Diese Respiratoren sind gut, da sie wenig Staub durchlassen. Bei jedesmaligem Ersatz oder Umtausch eines zerrissenen wird der Arbeiter gemahnt, er solle gut aufpassen auf den Schwamm (nicht auf seine Lunge), denn die Schwämme kosten 3 Mk. pro Stück.

Wie notwendig gute Respiratoren sind, möchte ich an der Arbeitsmethode beweisen. Die chromhaltigen Rückstände werden in flüssigem Zustande in die Trockenpfanne unter den Feuerungsherd gedrückt. Dort werden sie zum Teil zu Staub getrocknet und mit eisernen Kitschen herausgezogen. Dieser Staub wird mit Schaufeln in Schubkarren geladen und im Arbeitsraum auf Haufen gefahren, woselbst er bis zum Verbrauch nochmals mehrere Tage liegen bleibt. Dann wird er wieder in Karren geladen, an den Ofen gefahren und mit der Schaufel eingeworfen. Daß sich selbst dabei kolossaler Staub entwickelt, wird jedem begreiflich sein. Sämtliche Balken und Rohrleitungen sind fingerhoch voll in diesem Gifte. Zum Absaugen des Staubes sind Absauger vorhanden, welche aber sehr schlecht saugen und nicht überall angebracht sind. Zum Beispiel, wo der Chromatstaub gelagert oder geschaufelt wird, fehlt der Absauger. Der abgesaugte Staub lagert sich auf die Dächer, bis starker Wind ihn durch die Fenster und Dachluken wieder im ganzen Bau herumjagt, daß man kaum die Augen öffnen kann. Auch das Feuerputzen geschieht mit großer Gefahr, da es in einem dunklen Loch vorgenommen werden muß, wo nicht der geringste Abzug vorhanden ist. Dadurch, daß der chromhaltige Staub im ganzen Bau herumwirbelt, sind die übrigen Arbeiter neben den Ofenarbeitern ebenfalls der Vergiftung ausgesetzt, besonders der sogenannte Elefantenbediener. Dieser Arbeiter ist

in einer Höhe von ungefähr drei Meter oberhalb der Staubentwicklungsflä-
che beschäftigt und hat somit das größte Staubquantum um sich. Dieser
Staub enthält aber nicht nur Chrom, sondern auch Anilin, besonders Safra-
ninrückstände.

Wird ein Arbeiter neu eingestellt, so wird er vorher vom Kassenarzt einer
gründlichen Untersuchung unterstellt. Schon nach einer Arbeitszeit von
acht bis vierzehn Tagen stellen sich die ersten Leiden ein, und zwar Nasen-
bluten, welches einige Zeit sehr lästig und heftig anhält. Nachdem stellen
sich Nasengeschwüre ein. Eins folgt dem andern, an Heilung ist kaum zu
denken. Kopfschmerzen und Appetitlosigkeit machen dem Arbeiter das
Leben zur Qual. Jeder Arbeiter wird monatlich vom Kassenarzt untersucht.
Bei der ersten Untersuchung heißt es: Ulces (Geschwür, d.V.) rechts, Ulces
links, dann Ulces beiderseits. Nach einigen Monaten schon Perforation. In
kurzer Zeit ist die Nasenscheidewand durchlöchert, bald ganz weggefres-
sen. Der Arbeiter hat ein Stück seines Körpers verloren. Nach längerer
Beschäftigung im Chromsäurebetrieb stellen sich Krankheiten ein, die viel
Aehnlichkeit mit Lungentuberkulose haben, und vom Arzt mit Leichtigkeit
von letzterer zu unterscheiden sind.«[75]

Doch noch fehlt der Ausgangsstoff für die Chromatfarben, das Bichromat. Die 1 100 Grad heiße Schmelze wird aus den Öfen gedrückt und in
besondere Kühlräume zum Abkühlen gebracht. Während die heiße Schmelze klebrig ist, kann sie beim Erkalten wieder stark stauben. Sie wird in
Auslaugegefäße geschaufelt und unter Druck in dünner Sodalösung gelöst,
so daß das unlösliche Eisenoxyd anschließend ausfällt. Der Gefäßinhalt
wird auf offene Filterpressen überführt, in denen die Chromatlauge von den
unlöslich gebliebenen Rückständen getrennt wird. Beim Trockenblasen in
den Filterpressen entstehen große Dampfwolken, in denen sich nicht un-
beträchtliche Mengen von Monochromatstaub befinden, die von den Arbeitern eingeatmet werden. Das Monochromat wird dann unter Zusatz von
Schwefelsäure in das benötigte Bichromat überführt.

Doch so einfach, wie er sich anhört, ist dieser Prozeß nicht. Die Menge
der zugesetzten Schwefelsäure muß je nach Prozeßverlauf genauestens
dosiert werden. Die gelbe Chromatlösung wird dunkler und dann langsam
rot. Sobald eine alkalische Reaktion der Flüssigkeit nicht mehr nachzuwei-
sen ist und die Lösung anfängt, sauer zu werden, beginnt die Masse, durch
die austretende Kohlensäure stark zu schäumen. Der weitere Säurezufluß
muß sorgfältig überwacht werden. Das Ende der Reaktion läßt sich leicht
erkennen, wenn sich ein mit Kreide blank geputztes Silberblech beim
Eintauchen in die Masse mit einem weißen Hauch überzieht oder durch
gebildetes chromsaures Silber schon rötlich färbt. Dann ist jedoch schon

zuviel Säure zugegeben worden, die durch weitere Chromatlösung wieder gebunden werden muß.[76] Über der gesamten Bichromatherstellung liegt ein Säurenebel von unterschiedlicher Stärke, der ebenfalls ständig eingeatmet wird. Durch das Zusetzen von Metallen (zumeist Blei oder Zink, aber auch Kupfer, Cadmium u.a.) entstehen die Chromatfarben. Der Produktionsprozeß verläuft analog zur Monochromatherstellung, mit dem Unterschied, daß nun ein Metall hinzutritt. Ohne Mischen entstehen bei den Bleichromaten alle Farbschattierungen vom hellsten Gelb bis zum sattesten Violettrot.

Für den Produktionsprozeß brauchte man zwar nur ungelernte Kräfte, die Unternehmen mußten jedoch hier besonders darauf achten, daß die Fluktuation nicht zu groß wurde, denn: »Nur duch langjährige praktische Erfahrung, nicht durch theoretisches Wissen gelingt es, jedesmal mit Sicherheit die gewünschte Nuance zu erzielen. Die Temperatur, die Schnelligkeit, mit der man arbeitet, die Konzentrationen der Lösungen, das Tempo des Rührens, das mehr oder weniger lange Verbleiben der Fällungen in der Lauge, die Art des Auswaschens und Trocknens u.a.m. beeinflussen den Farbenton in erheblicher Weise.«[77]

Seit man zu Beginn des 19. Jahrhunderts Chrom als färbendes Element entdeckt hatte und anfing, es zunächst in Frankreich und dann in England und den USA zu nutzen, stellten Ärzte Erkrankungen der dort Beschäftigten fest. Schon 1827 beschrieb der Franzose Cumin das erste Mal die Nasenscheidewandperforation eines Chromatarbeiters.[78] 1878 warnte einer der Begründer der deutschen Gewerbehygiene, Ludwig Hirt, vor den Gefahren der Chromproduktion. Bei der Besichtigung einer Chromfabrik in Glasgow habe er einen Arbeiter beobachtet, der sich zum Scherz »nach Vollendung der Nasenperforation einen Ring in die Nase« einzog. Wie schnell das Chrom wirkte, konnte er im gleichen Betrieb am Beispiel eines 13jährigen Jungen nachweisen, der nach zwölf Tagen Arbeit »nur noch einen geringen Rest der Nasenscheidewand« besaß.[79]

In Deutschland begann die Chromatproduktion in der Mitte des 19. Jahrhunderts. Als um 1900 die ersten Untersuchungen vorgelegt wurden, konnte man auch hier schon auf erhebliche Erfahrungen zurückblicken, die 1897 zu einer Bekanntmachung des Bundesrates »betr. die Einrichtung und den Betrieb von Anlagen zur Herstellung von Alkali-Chromaten« führten.[80] Ausgangspunkt war ein Gutachten des Kaiserlichen Gesundheitsamtes zu Gesundheitsschädigungen in Chromatfabriken.[81] Dabei wurde besonderes Augenmerk den Erfahrungen in Anhalt geschenkt. Bei der Musterung konnten dort 24 zukünftige Soldaten »in Folge von Chromateinwirkung« entweder nur zum Landsturm bestimmt oder ein Jahr zurückgestellt werden. Bei der folgenden Untersuchung der Arbeiter der beiden Chromatbetriebe stellte sich heraus, daß 25 Rekruten und 14 Ersatzreservisten dem Landsturm zugewiesen werden mußten, 45 wurden für feld- und garnisonsdienstunfähig erklärt.[82] Die meisten vorgestellten Arbeiter machten auf den untersuchenden Arzt keinen gesunden Eindruck, sie sahen »blaßgelb, fahl und kränklich« aus. Schon hier wurde über Schädigungen an Haut und Nase hinaus die Wirkung des Chromatstaubes für die Lunge festgestellt. Der preußische Regierungsrat Wutzdorff stellte auch für Bayer in Leverkusen fest, daß »eine ziemlich große Zahl der Arbeiter (...) von Krankheiten der Luftwege befallen« waren. Dies sei aber nach Auskunft der Firmenleitung darauf zurückzuführen, daß »viele Arbeiter auf der andern Rheinseite wohnten und daher gezwungen waren, bei jedem Wetter täglich zweimal den Rhein in offenem Nachen zu überfahren«. Entscheidend blieb die Einschränkung der Wehrfähigkeit bei Chromatarbeitern. Das betriebswirtschaftliche Ziel hoher Rentabilität mußte mit den Anforderungen des erwachenden deutschen Imperialismus in Einklang gebracht werden. Ein nasser Schwamm vor Mund und Nase des Arbeiters war dabei billiger als Schutzeinrichtungen in der Produktion. So hieß es bei Wutzdorff: »Wo dagegen auf Grund bereits bestehender Betriebseinrichtungen solche Vorkehrungen in wirksamer Weise nicht getroffen werden können, sind die Arbeiter durch geeignete Schutzmittel vor der Einathmung der mit Chromaten verunreinigten Luft zu bewahren.«[83]

Die Verordnung zeigte wenig Wirkung und wurde 1907 fast gänzlich unverändert erneut beschlossen.[84] Danach waren die Mühle und die Mischerei so einzurichten, daß das Eindringen von Staub in die Arbeitsräume »tunlichst« verhindert wurde. Alle Betriebseinrichtungen, bei denen chromhaltige Stäube oder Dämpfe entstehen, »müssen mit gut wirkenden Vorrichtungen versehen werden, durch welche der Eintritt solchen Staubes in die Arbeitsräume tunlichst vermieden wird« (§ 2). Die Einschränkung deutete schon an, daß entsprechende Schutzeinrichtungen gar nicht zwingend vorgeschrieben wurden. Entsprechend schrieb § 4 eine »gründliche Reinigung« der Arbeitsräume nur alle drei Monate vor. Während Zuwiderhandlungen seitens der Chemiefirmen in der Verordnung nicht mit Strafandrohungen bedacht wurden, sah es für die Arbeiter anders aus. Wusch sich ein Arbeiter nicht ordentlich oder aß er wegen der Arbeitshetze, oder weil er den Produktionsprozeß nicht verlassen konnte, in den Arbeitsräumen und wurde dabei mehrfach erwischt, so drohte ihm die Kündigung.

Die »Kosten« des gesundheitsschädlichen Arbeitsplatzes gingen voll auf Rechnung der Arbeiter, da es in § 13 heißt, daß Arbeiter, »welche Krankheitserscheinungen infolge von Chromateinwirkung, z.B. Hautgeschwüre oder Anätzung der Nasenschleimhaut, zeigen, bis zur völligen Heilung, solche Arbeiter aber, welche sich besonders empfindlich gegenüber den nachtheiligen Einwirkungen des Betriebes erweisen, dauernd von der Beschäftigung im Chromatbetriebe fernzuhalten«[85] seien.

Die Betriebswirklichkeit sah anders aus. In einer Untersuchung über die Gefahren der chemischen Industrie berichtete der praktische Arzt F. Hermanni aus Biebrich über eine zweieinhalbjährige Untersuchung in einer Chromatfabrik:[86]

Zahl d. Arbeiter	im Betrieb tätig	gesund	Geschwür	Perforation d. Nasenscheidewand
77	bis 1 Monat	34	32	1
81	bis 3 Monate	17	46	18
39	bis 6 Monate	2	14	23
29	bis 1 Jahr	—	8	21
31	länger als 1 Jahr	—	7	24
257	Summe	53	107	87

Schon nach weniger als einem Monat ist die Hälfte der Arbeiter an Chromatgeschwüren erkrankt, nach einem Jahr ist kein einziger mehr gesund. Nach der Verordnung hätten vier Fünftel der Belegschaft nicht mehr dort arbeiten dürfen. Nicht ganz zu Unrecht schrieb Gustav Haupt, Branchenleiter für die chemische Industrie beim Hauptvorstand des Fabrikarbeiterverbandes (FAV), 1922 in einer Broschüre des FAV: »Chrom ist eines der gefährlichsten und heimtückischsten Produkte der chemischen Industrie, was jedoch von den Unternehmern und zum Teil auch von den Fabrikärzten bestritten wird.«[87]

Eine entsprechende Untersuchung hatte 1914 der bekannteste zeitgenössische Toxikologe Karl Bernhard Lehmann vorgelegt.[88] Er mußte zwar auch zugeben, daß bei einer von ihm durchgeführten Überprüfung einer Chromatfabrik von den 64 Arbeitern nur einer kein Geschwür an der Nasenscheidewand hatte und daß sie bei zwei Dritteln schon perforiert war. Doch dort, wo Absaugeinrichtungen oder geschlossene Systeme verwendet würden, seien keine Erkrankungen mehr feststellbar. Im übrigen seien die Arbeiter in vielen Fällen selber schuld, da sie trotz Verbotes in den Arbeitsräumen essen würden. »Ein paar Krankentage im Jahr mehr werden von vielen nicht lästig empfunden, da das Krankengeld der Kasse und häufige Nebenversicherungen den Lohn einigermaßen ersetzen und der Arbeiter vielfach gern einmal zu Hause bleibt.«[89] Die Chromatfabrikation sei »ein harmloser Betrieb«, für Lehmann waren Nasenscheidewandperforationen Krankheiten, die keinen bleibenden Nachteil bedeuteten, weshalb entsprechende Arbeiter auch militärtauglich sein sollten.

Doch Lehmanns Hauptstoßrichtung war nicht die Unterstützung der deutschen Kriegsmaschinerie, sondern die Ablenkung von anderen möglichen Krankheiten durch Chromate. Nach seiner Meinung waren z.b. Erkrankungen der Atmungs- und Verdauungsorgane so gut wie auszuschließen. Er konnte sich dabei den Erkenntnissen des preußischen Gewerberates Fischer anschließen, der 1911 behauptet hatte, innere Erkrankungen seien »bei Chromatarbeitern mit Sicherheit der Chromateinwirkung nicht zuzuschreiben«.[90] Die Einschätzung Lehmanns erstaunt um so mehr, als 1911/12 der FAV auf Grund von zwei Fällen bei der BASF in Ludwigshafen auf das Vorkommen von Lungenkrebs unter Chromatarbeitern hingewiesen hatte. Es war vermutlich Franz Koelsch, der diese Untersuchungen durchgeführt hatte.[91] Schon 1895 hatte der Chemiker Konrad Jurisch, der lange Zeit in der chemischen Industrie in England beschäftigt gewesen war, auf einen englischen Parlamentsbericht zur Lage der Arbeiter in der chemischen Industrie aufmerksam gemacht, in dessen medizinischem Gutachten über Chromfabriken es u.a. hieß: »Entzündungen und Vereiterungen treten auch im Kehlkopfe, der Luftröhre und den Bronchien auf.«[92] Auch Louis Lewin, ein bekannter zeitgenössischer Toxikologe, hatte 1907 in der Chemiker-Zeitung darauf hingewiesen, daß Chrom neben den Schädigungen durch direkten Kontakt auch solche der Respirationsorgane hervorrufen würde.[93] Die Autorität Lehmanns verhinderte über ein Jahrzehnt weitere Untersuchungen.

Erst 1932 wies Teleky bei einer Untersuchung von sechs Chromatarbeitern der IG-Farben in Uerdingen in zwei Fällen Lungenkrebs nach.[94] Weitere Karzinome konnten nachgewiesen werden, und 1935 fand sich nach Ansicht des leitenden Arztes bei den Ammoniakwerken in Leuna, E. Pfeil, in diesen Erkrankungen »eine Parallele in dem gehäuften Auftreten von Blasentumoren bei Anilinarbeitern«.[95] Er forderte Änderungen in der Fabrikation, geschlossene Apparaturen und zusätzliche Absaugeinrichtungen. Weil aber der kontinuierliche Arbeitsprozeß auch immer wieder von Störungen und Zwischenfällen begleitet war, verlangte er einen Arbeitsplatzwechsel der Belegschaft nach etwa drei Jahren. Zusätzlich sollte der durch Chromatstaub hervorgerufene Lungenkrebs in die Liste der entschädigungspflichtigen Berufskrankheiten aufgenommen werden.

Frankfurter Ärzte konnten durch eine großangelegte Befragung unter allen Ärzten des Industrievororts Griesheim feststellen, daß bei den Beschäftigten des Griesheimer Chemiewerkes der Anteil an Bronchialkarzinomen besonders hoch war.[96] Fast alle Erkrankten hatten zumindest zeitweise in der Chromatproduktion gearbeitet. Das Untersuchungsziel der Frankfurter Ärzte war es, in Analogie zu den Anilinarbeitern bestimmte Risikogruppen herauszufiltern, denn die Forderung Pfeils, alle drei Jahre die Beschäftigten auszutauschen, war nicht erfüllbar. Sie fanden heraus, daß der Chromatkrebs eine lange Latenzzeit (22 bis 40 Jahre) hat und daß die Altersdisposition eine gewisse Rolle spielt. Der jüngste ausschließlich im Chromatbetrieb tätig gewesene Krebskranke war 50 Jahre alt. Da es aber eine große Anzahl von Chromatarbeitern gab, die »als Facharbeiter in der Regel jahrzehntelang im Betrieb tätig sind, ohne je an Bronchialkarzinom zu erkranken«, mußte offenbar auch hier die individuelle Disposition eine Rolle spielen. Dabei verwiesen die Ärzte auf den Direktor des Senckenbergischen Pathologischen Instituts in Frankfurt, Bernhard Fischer-Wasels, der über Krebserkrankungen und Vererbung gearbeitet hatte. Nach dessen Meinung spielte die Erblichkeit eine »wesentliche und ausschlaggebende Rolle« bei der Krebsdisposition.[97] »Ist einmal eine derartige Belastung in einem Stammbaum bekannt, so wird man durch wirksame Erbpflege, Eugenik und richtige Gattenwahl die Rasse von dem Übel zu befreien suchen, man wird aber auch bei den stark belasteten Menschen (...) Verhütungsmaßnahmen besonders energisch durchführen.«[98] Die gründliche Eingangsuntersuchung und eine genaue Familienanamnese sollten bei berufsbedingtem Krebs Abhilfe schaffen.

In einer umfassenden Studie von 1953 faßte H. Spannagel, der viele Jahre als Werksarzt bei den IG-Farben in Uerdingen tätig gewesen war, die Einstellungskriterien zusammen:[99] Keine Einstellung bei Krebs in der Familie und bei eigenen Atemwegserkrankungen oder wiederholten Grippeerkrankungen. Auch Magenleiden waren Gegenanzeigen. Der Arbeiter sollte kerngesund sein und schon etwas älter (35 Jahre), dann »erreichen wir durch die Altersgrenze, daß die Erkrankung erst in höherem Alter beginnt«. Die technischen Verbesserungen hatten nach Spannagel den Zweck, daß »die Mindestexpositionsdauer von bisher 4 Jahren wesentlich heraufgesetzt wird«. Die grundsätzliche Gefährdung wurde billigend in Kauf genommen, das gab der ehemalige Werksarzt aus Krefeld auch zu. Von den in den Chromfarbenbetrieben Deutschlands bis 1948 etwa 2 000 länger als zwei Jahre Beschäftigten starben nachweislich 86 an Lungenkrebs, das entsprach 4,3 %, während das allgemeine Lungenkrebsrisiko auf 20 Jahre gerechnet bei 0,1 % lag.[100]

Wie hoch trotz aller technischen Verbesserungen das Risiko der Krebserkrankung in der Produktion blieb, geht noch aus dem 1966 veröffentlichten Lehrbuch der Arbeitsmedizin hervor, in dem Koelsch die Forderung Pfeils

aus dem Jahr 1935 aufgriff und einen 2-3jährlichen Wechsel an den besonders gefährdeten Arbeitsplätzen vorschlug.[101] Die Berufskrebsstudie von
Gross aus dem Jahr 1967 ging davon aus, daß Arbeiter in der Chromat- und
Chromatfarbenproduktion mindestens viermal häufiger an Lungenkrebs
erkrankten als sonstige Chemiearbeiter.[102] 1982 veröffentlichte der werksärztliche Dienst von Bayer eine Studie, nach der durch eine Veränderung in
der Chromatproduktion die Erkrankungs- und Sterbefälle kontinuierlich
sanken. Die Umstellung auf die weniger gefährliche Produktion dauerte in
Leverkusen immerhin neun und in Uerdingen sogar 15 Jahre. So eindeutig
war der behauptete Trend jedoch nicht, denn für den Zeitraum von 1975 bis
1980 – hier endete auch die Studie – mußte in Leverkusen ein prozentuales
Steigen der Todes- wie der Erkrankungsfälle registriert werden. Doch die
Arbeiter waren nach Ansicht des werksärztlichen Dienstes selber daran
schuld, denn bei jenen handelte es sich um neueingestellte, »industrieuner-
fahrene ›Spätaussiedler‹ mit vorwiegend landwirtschaftlicher Berufsanam-
nese«.[103]

Weder von Arbeitsmedizinern noch von Chemikern oder Technikern
wurde bis dahin das Verbot von Chromatverbindungen und der Einsatz
von Ersatzstoffen gefordert; im Gegenteil, durch epidemiologische Studien
z.B. bei der BASF von Bleichromat sollten die Risikogruppen genauer
erfaßt und das Risiko weiter individualisiert werden.[104]

Doch noch unter einem anderen Aspekt ist die Diskussion um chromat-
bedingten Lungenkrebs von Bedeutung. Noch 1940 verneinte Gross die
krebsauslösende Wirkung des Bichromats, da in der Lederindustrie, die
diesen Stoff verarbeitet, keine entsprechenden Lungenkrebsfälle aufgetreten waren.[105]

Exkurs: Anwender in der Kritik

Immerhin – nicht mehr nur die produzierende Chemieindustrie war in den
Blick geraten, sondern das Produkt selbst und seine Verarbeiter. Die erste
derart erweiterte Debatte galt giftigen, zumeist arsen-, blei- oder kupferhaltigen Farben, die für Lebensmittel, in der Textilindustrie oder für Tapeten
benutzt wurden. In einer Umfrage des Bayerischen Innenministeriums
forderte jedoch keines der Bezirksämter das Verbot eines Farbstoffes. Am
weitesten ging noch der Vorschlag des Bezirksamtes München, das »prinzipiell das Färben von Gegenständen des menschlichen Gebrauchs« mit
bekannt giftigen Farben verbieten wollte und nicht erst den Verkauf.[106] Die

Farbstoffindustrie selbst – immerhin gehörte Ludwigshafen (BASF) zu Bayern – blieb bei der Kritik außen vor.

Eine breite Auseinandersetzung gab es um das Färben von Lebensmitteln. Nachdem 1887 das Grünen von Konserven durch Kupfersalze gesetzlich verboten worden war, führten die Klagen der Unternehmer 1896 zu einer Wiederzulassung. 25 mg Kupfer pro Kilo Konserven waren erlaubt. Die Begründung des preußischen Ministerialerlasses nahm ausdrücklich die Argumentation der Konservenfabrikanten auf, die Konkurrenzfähigkeit der inländischen Erzeugnisse müsse wiederhergestellt werden.[107] Schon damals bezeichneten Kritiker das Färben von Lebensmitteln als »entbehrlich«. Bei der chemischen Behandlung von Nahrungsmitteln verhielten sich Toxikologen wesentlich kritischer als bei der Einschätzung von gefährlichen Arbeitsstoffen. In einer Entschließung des 14. Kongresses für Hygiene und Demographie, an dem u.a. auch der schon zitierte Würzburger Toxikologe Karl Bernhard Lehmann teilnahm, hieß es: »Zum Schutze der Volksgesundheit genügt es nicht, wenn nur solche Konservierungsmittel verboten werden, deren Schädlichkeit durch die Erfahrung bereits festgestellt ist, da die schädlichen Wirkungen vieler Stoffe sich nur äußerst langsam und schleichend einstellen, so daß sie lange Zeit übersehen werden können. Sondern es muß im Gegenteile der Grundsatz zur Durchführung gelangen, daß nur solche Stoffe Nahrungs- und Genußmitteln zum Zwecke der Konservierung zugesetzt werden dürfen, von welchen durch Tierexperiment und Erfahrung am Menschen erwiesen ist, daß sie in den für die Konservierung erforderlichen Mengen bei lange fortgesetztem Gebrauche keine schädlichen Wirkungen auf den menschlichen Körper auszuüben imstande sind.«[108]

Demgegenüber vertrat der Bund deutscher Nahrungsmittel-Fabrikanten und -Händler die Auffassung, Zusätze seien solange als zulässig anzusehen, solange sich nicht ihre Gesundheitsschädlichkeit herausgestellt habe. Während sich im Nahrungsmittelbereich langfristig die Forderung der Toxikologen durchsetzte, ein Konservierungsmittel oder einen Farbstoff erst dann zuzulassen, wenn die Unschädlichkeit bewiesen war, konnte sich für die Farbstoffindustrie und ihre Anwendungen über den Lebensmittelbereich hinaus in Analogie die Position der Nahrungsmittelproduzenten durchsetzen: Erst muß ein Schaden eintreten, dann kann über einen Handlungsbedarf nachgedacht werden.

Breitere Wirkung zeigte das in einer Petition an den Reichstag vom »Verband der Maler, Lackierer, Anstreicher, Tüncher und Weißbinder« verlangte Verbot der Bleifarben. Der Petitionsausschuß lehnte das Ansinnen in einem Bericht zunächst ab. Zuviele Arbeiter in Bleiweißfabriken würden arbeitslos, zudem wisse man nicht, ob Bleiweiß für alle Zwecke ersetzt werden könne.[109] In der anschließenden Parlamentsdebatte setzte sich lediglich die Sozialdemokratie für das geforderte Verbot ein. »Wenn feststeht, daß die Verwendung von Bleiweiß jährlich so und so viel Tausend Menschen elend, siech und krank macht, in den Tod treibt und zugrunde richtet (...), da kann nicht die Frage sein, ob das Verbot der Bleifarben Unkosten verursacht (...). Genauso muß sich der Reichstag auf den Standpunkt des Verbots der Bleifarben stellen, wenn er nicht auf dem Standpunkt des Geschäftsmanns steht, dem ein Stück Menschenfleisch genauso viel wert ist wie ein Stück Fleisch von einem anderen Lebewesen, und der höchstens fragt: Was kostet das Pfund Menschenfleisch, und was kostet der Profit, den ich zu verlieren haben? Wir dürfen nicht erst fragen, ob etwa durch das Verbot der Bleifarben gewisse Industrien Schaden leiden. Ein Betrieb, der nur auf Kosten der Gesundheit und des Lebens der Produzenten bestehen kann, ist wert, zugrundezugehen.«[110]

Der Reichstag schloß sich mehrheitlich der Position des Petitionsausschusses an: Bleiweiß wurde nicht verboten. Der öffentliche Druck führte jedoch dazu, daß auf freiwilliger Basis auf den Einsatz von Bleiweiß bei Innenanstrichen verzichtet wurde. So durften beim Schiffsbau für die kaiserliche Marine keine bleihaltigen Farben mehr verwendet werden.[111] Grundsätzlich blieb das Problem jedoch bestehen, und in einer Eingabe an den Reichsrat vom 12. Juni 1929 verlangte der Malerverband erneut ein Verbot. Statistiken, die nachweisen sollten, daß die Gefährdung der Maler abgenommen habe, bezeichnete der Verband als falsch, denn »die wirklich vorkommenden Bleischäden (würden) nach übereinstimmender Meinung der Fachärzte von vielen Ärzten, zumal bei der meist nur flüchtigen Untersuchung und Behandlung, selten als Bleierkrankung erkannt, sehr oft aber auch aus der Befürchtung heraus, nachträglich durch Untersuchungen anderer Ärzte desavouiert zu werden, aus begreiflicher Vorsicht nur als Magen-, Nieren-, Nervenerkrankung verschiedenster Art bezeichnet werden«[112].

Symptomatisch an der Debatte war, daß die chemische Industrie ihre Verantwortung für das Produkt mit der Begründung abstreiten konnte, sie kümmere sich um Schutzmaßnahmen für ihre Arbeiter. Die Probleme der Anwender waren nicht mehr ihre Probleme.

Die zunehmende Kritik am Bleiweiß führte dazu, daß die Farbindustrie selbst auch Alternativen suchte. Sie fand es im Titanweiß, womit die Probleme von den Anwendern auf die Umwelt verlagert wurden, ohne daß dies damals bereits aufgefallen wäre.[113]

Doch zurück zu den Chromaten. Wurde der Lungenkrebs bei Arbeitern aus den Betrieben der Chromaterzeugung 1936 als Berufskrankheit anerkannt, so konnten Arbeiter aus der Weiterverarbeitung der Alkalichromate zu Chromfarben erst seit Anfang 1943 nach der Berufskrankheitenverordnung mit Entschädigung rechnen. Schon 1936 hatte der Leiter des Berliner Instituts für Berufskrankheiten, E.W. Baader, bei einer ärztlichen Fortbildung von Lungenkrebs bei einem Maler berichtet, der über Jahre Chromatfarben angesetzt und mit der Spritzpistole versprüht hatte.[114] Zum damaligen Zeitpunkt setzte man Chromate nicht nur bei der Herstellung von Chromatfarben, sondern auch in der Photographie, in der Metallindustrie, als Beizen bei der Holzbearbeitung und als Gerbstoff in der Lederindustrie ein. Besondere Schutzmaßnahmen bei der Verarbeitung von Chromaten oder der Verwendung von chromathaltigen Produkten waren nicht vorgesehen. Obwohl z.B. Hauterkrankungen in der Chromatproduktion wegen der veränderten Arbeitsbedingungen kaum noch auftraten, waren sie bei Maurern und Fliesenlegern, die auf Chromat-Beimengungen im Zement reagieren, gang und gäbe.[115]

Heute wird Kaliumchromat in der Bundesrepublik in vielen Gütern des täglichen Gebrauchs wie Zementverputz, Magnetbändern, Rostschutzmitteln, Holzschutzfarben, Imprägnier- und Beizmitteln, Labor- und Fotochemikalien, Korrosionsschutzmitteln, in Pigmentfarbstoffen, galvanischen Lösungen, Lichtpausenpapier, Tinte, Kugelschreibern, Farbe, Bohnerwachs, Schuhcreme, Streichholzköpfen usw. verwandt. Kaliumchromat gilt nach der Gefahrstoffverordnung als stark krebserregend.[116] Der TRK-Wert von 0,1 mg/m^3 kann zwar in der Produktion überprüft werden, im täglichen Gebrauch im Privat- oder Handwerksbereich – z.B. beim Auftragen von Holzschutzmitteln oder Chromatfarben – ist eine Überprüfung aber ausgeschlossen. Und erst in diesem Jahr stellten Arbeitsmediziner in Zusammenarbeit mit Holztechnologen fest, daß die Entfernung chromathaltiger Beizen zu Nasenkrebs bei Holzhandwerkern führen kann.[117]

Zusammenfassend läßt sich festhalten: Die Veränderungen innnerhalb der Produktion hin zu geschlossenen Kreisläufen haben als Nebeneffekt dazu geführt, daß die arbeitsbedingten Erkrankungen zurückgegangen sind. Jedoch standen nie Arbeitsschutzgesichtspunkte im Mittelpunkt der Diskussion um Produktionsveränderungen, sondern durchgängig der Verwertungszweck. Der Schutz für die in der Herstellung Beschäftigten, für Verbraucher und Umwelt trat erst dann ins Blickfeld der Chemieindustrie, wenn der öffentliche Druck zu groß wurde. Die in der Folge eingeleiteten

Maßnahmen verkauften die PR-Abteilungen der entsprechenden Firmen als Anstrengung für den Arbeits-, Verbraucher- und Umweltschutz.

Die Produktion für die Farbstoffindustrie wichtiger Grundstoffe wie Anilin oder Dichromat wurde nie thematisiert, das gesundheitliche Risiko im Bereich der Chemieindustrie individualisiert. Nicht die chemische Verbindung, sondern die individuelle Disposition zur Krankheit wurde problematisiert. Der nicht zu leugnenden Gefährdungen versuchte man dadurch Herr zu werden, daß man auf ältere Arbeitskräfte auswich. Die hohe Latenzzeit bei berufsbedingtem Krebs ermöglichte es, das Problem auf das Rentenalter zu verschieben und die Verantwortung der Chemieindustrie zu leugnen, weil die Krebserkrankungen im Alter sowieso zunehmen.

Die veränderte Produktion, die zu gesunkenen Belastungen in der Berufsgenossenschaft führte, versucht die chemische Industrie als weiteres Argument zu nutzen, ihre Fabrikation als besonders sicher und risikofrei darzustellen. Das Problem hat sich jedoch lediglich von der Produktion zur Anwendung hin verlagert. Wer ständig mit chromathaltigen Korrosionsschutzmitteln arbeitet und erkrankt, wird durch keine Berufskrankheitenverordnung geschützt, sondern hat eben individuelles Pech.

U.S. Group Control Council – Finance Division

Ermittlungen gegen die I.G. Farben

Ende März 1945 besetzten die amerikanischen Truppen Frankfurt. Dabei fiel ihnen auch die Zentrale des IG Farben-Konzerns in die Hände. Eine lange geplante Untersuchungsgruppe zur IG-Farben nahm jedoch erst Mitte April ihre Arbeit in deren Hauptgebäude auf, weil in der Zwischenzeit andere Funde – wie Schlüsseldokumente des »Freundeskreises Himmler« im Keller des Privatbankiers Kurt von Schröder und der SS-Fond der Deutschen Reichsbank – die volle Aufmerksamkeit der Finanzspezialisten erfordert hatten. Das Auffinden weiterer Dokumente zur Rolle der IG-Farben während des Nationalsozialismus gleicht einem Kriminalstück. Bis hin zum Refektorium eines Würzburger Klosters reichten die Verstecke. Ein Teil der Akten konnte vernichtet werden, entweder von ehemaligen Beteiligten, die ihre Mittäterschaft vertuschen wollten, oder von ZwangsarbeiterInnen, die nach Kriegsende in Frankfurt im IG-Farben-Gebäude eine kurzfristige Bleibe fanden und die Akten als Brennmaterial nutzten. Dennoch blieb genug Material übrig, um bis September 1945 einen Bericht an den stellvertretenden Militärgouverneur in Deutschland, Generalleutnant Lucius D. Clay, erstellen zu können. Ein Bereich blieb allerdings unerwähnt: die IG-Auschwitz. Im knappen Zeitraum der Erstellung konnte nicht das Material zusammengetragen werden, das nötig gewesen wäre, um das von der IG-Farben entwickelte Konzept der »Vernichtung durch Arbeit« eindeutig zu beweisen. Heute steht fest, daß ca. 30 000 KZ-Häftlinge von der IG Auschwitz ermordet worden sind, sei es durch Arbeit – nach durchschnittlich drei bis vier Monaten waren sie »verbraucht« – oder durch Unfälle; sei es, daß sie erschlagen oder in die Gaskammer von Auschwitz-Birkenau geschickt worden sind.[1] Wir drucken an dieser Stelle die Einleitung des Berichtes über die I.G. Farbenindustrie AG ab:[2]

1. Die militärische Bedeutung der I.G. Farben

Zum deutschen Kriegsführungspotential bemerkte Außenminister Strese-
mann bereits 1927: »Welche Trümpfe habe ich denn auszuspielen außer
Ihnen, der I.G., und den Kohlenleuten?« Was mit dieser Aussage gemeint
war, gilt heute noch. Die militärische Macht Deutschlands stützt sich zu
einem sehr großen Teil auf zwei Säulen: auf die Eisen- und Stahlindustrie
sowie auf die I.G. Farbenindustrie AG. In den letzten Jahren ist die relative
Bedeutung der I.G. Farben noch beträchtlich gewachsen, wie noch zu
zeigen sein wird.

Die I.G. Farben ist Deutschlands mächtigstes Industrieunternehmen; seit
ihrer Gründung im Jahre 1925 ist sie häufig als »Staat im Staate« bezeichnet
worden. Ohne die riesigen Produktionsstätten der I.G., ohne ihre weitge-
spannte Forschung, ohne ihre reiche technische Erfahrung und ohne die
wirtschaftliche Macht, die in ihren Händen konzentriert war, wäre
Deutschland nicht in der Lage gewesen, im September 1939 seinen Angriffs-
krieg zu beginnen. Dr. von Schnitzler, Mitglied des Zentralausschusses des
Vorstands der I.G. Farben, fand dafür in seiner Begrüßungsansprache an
den spanischen Botschafter am 10. Februar 1943 die folgende treffende
Formulierung:

»Aber erst im Krieg vermochte die deutsche Chemie die große Probe auf
ihre Bewährung zu liefern. Es ist keine Übertreibung zu sagen, daß ein
moderner Krieg ohne die Ergebnisse, die die deutsche chemische Industrie
unter dem Vierjahresplan erzielte, unvorstellbar wäre.«

Die I.G. Farben war das Unternehmen, dem in erster Linie die Aufgabe
zufiel, Deutschland im Bereich jener kriegswichtigen Güter autark zu
machen, ohne die die Wehrmacht handlungsunfähig gewesen wäre. Sie
erfüllte diese Aufgabe, indem sie aus einheimischen Rohstoffen wichtige
militärische Synthetikstoffe wie Gummi, Benzin, Schmieröl, Fasern, Arzneimittel, Kunststoffe und zahllose weitere synthetische Artikel herstellte.
Dr. Carl Krauch, der 1940 die Nachfolge von Dr. Carl Bosch als Aufsichtsratsvorsitzender der I.G. antrat, war im Rahmen des deutschen Vierjahres-
planes Generalbevollmächtigter für Sonderfragen der chemischen Erzeugung und Hermann Göring direkt berichtspflichtig.

Während der Kriegsvorbereitungen und im Krieg war die Wehrmacht bei
einer Reihe strategischer Rüstungsgüter völlig und bei einer großen Zahl
weiterer Güter fast völlig von der I.G. abhängig. Die I.G. Farben war in
Deutschland der einzige Hersteller von synthetischem Kautschuk. (...)

Obwohl die I.G. seit 1910 verschiedentlich Forschungen zum synthetischen Kautschuk angestellt hatte, begann die kommerzielle Produktion erst 1937. 1938 wurden in Deutschland nur 5 000 Tonnen synthetischen Kautschuks und 97 000 Tonnen importierten Naturkautschuks verbraucht. 1943 hatte sich das Verhältnis völlig umgekehrt; es wurden nur 4 000 Tonnen Naturkautschuk und 144 000 Tonnen synthetischen Kautschuks verbraucht. In diesem Jahr hatte die Produktion synthetischen Kautschuks der I.G. solche Ausmaße erreicht, daß 25 000 Tonnen exportiert wurden.

1943 entfielen auf die I.G. Farben überdies 100% der deutschen Methanolproduktion, die für die Herstellung von Kunststoffen, Kunstharzen und Kautschuk unerläßlich war; 100% der Seren und Schmieröle; 95% der Giftgase; 95% der gesamten Nickelförderung in Deutschland; 92% der Plastiziermittel; 90% der organischen Zwischenprodukte; 90% der Kunststoffe, 88% des Magnesiums, das für die deutsche Flugzeug- und Brandbombenherstellung unerläßlich war; 84% der Sprengstoffe; 75% des Stickstoffs, der für die Sprengstoffherstellung unerläßlich war. Insgesamt stellt die I.G. 43 Hauptprodukte her. Davon waren 28 Produkte für die Wehrmacht von erstrangiger Bedeutung.

Die I.G. hatte in Deutschland nicht nur ein Monopol oder Quasimonopol bei einer großen Zahl von Endprodukten; die anderen deutschen Firmen im Chemiebereich und in verwandten Branchen waren außerdem bei vielen Rohstoffen und Zwischenprodukten, die zur Herstellung ihrer Endprodukte erforderlich waren, gänzlich oder in beträchtlichem Maße von ihr abhängig. Dies galt natürlich besonders für die Kriegszeit. Die deutsche Seifenindustrie war bei den Rohstoffen für die Waschmittelherstellung vollkommen auf die Lieferung der I.G. angewiesen. Die Lederindustrie erhielt ungefähr 30% ihrer synthetischen Gerbstoffe von der I.G. Die Lack- und Firnisindustrie bezog 65% ihrer Rohstoffe (Kunstharz, Lösungsmittel und Plastiziermittel) von der I.G. In der Kunststoffindustrie war die Darmstädter Firma Röhm & Haas, der einzige weitere selbständige Hersteller in diesem Sektor, bei bestimmten wichtigen Zwischenprodukten völlig von der I.G. abhängig. In ähnlicher Weise war auch der einzige weitere Farbstoffproduzent in Deutschland, die Firma Geigy in Grenzach, vollkommen auf die I.G. als Zulieferer ihrer Ausgangsprodukte angewiesen.

Die deutsche Chemieindustrie war außerdem in sehr starkem Maße auf die technische Unterstützung, die Patente und das Produktionswissen der I.G. angewiesen. So erzeugte die I.G. Farben auf dem Gebiet des synthetischen Kraftstoffes nur 23% der deutschen Gesamtproduktion. Wenn wir jedoch die Anlagen zur Erzeugung synthetischen Kraftstoffes in Deutschland einbeziehen, die nach Lizenzen der I.G. betrieben und von deren technischem Personal geführt wurde, war die Firma für ungefähr 90% der deutschen Gesamtproduktion an synthetischen Kraftstoffen zuständig. Diese Vorherrschaft der I.G. Farben verstärkte sich im Laufe des Krieges noch beträchtlich, als viele deutsche Chemiebetriebe die Herstellung neuer Produkte für das Kriegsrüstungsprogramm Deutschlands aufnahmen.

Die industrielle Stärke der I.G. beruhte auf ihren Forschungsergebnissen und ihrem technischen Wissen, die sie durch eine aggressive Patentstrategie zu schützen verstand. Mit Ausnahme von Dr. Hermann Schmitz (dem letzten Vorstandsvorsitzenden der I.G.) hatten immer Techniker die Richtlinien der Firmenpolitik bestimmt. Die I.G. wagte sich selten auf Felder, die bereits von anderen Firmen der Branche ausgebeutet wurden, weitete jedoch ihre Produktionspalette auf neue Gebiete aus. Neuentwicklungen von hervorragender Bedeutung in der Chemie und in verwandten Gebieten erfolgten in Deutschland hauptsächlich durch die I.G.; die chemische Großforschung lag fast ausschließlich in ihren Händen. Dies bedeutete, daß riesige Summen in die Forschung flossen. Im Zeitraum zwischen 1932 und 1943 gab die I.G. fast 1 Milliarde Reichsmark aus, was im Durchschnitt einen Forschungsaufwand von etwas mehr als 4,1% des Bruttoumsatzes ausmacht.

Auch während des Krieges mußte die Reichsregierung ständig auf die I.G. zurückgreifen, um Engpässe in Forschung und Entwicklung zu überwinden, weil die Firma eine »Kombination aus hochqualifizierten Chemikern, Großlaboren und Wirtschaftspotential an Patenten und Erfahrungen und großen finanziellen Möglichkeiten war.« (v. Schnitzler, 21.8.1945) Die I.G. Farben war hauptverantwortlich für die Neuentwicklungen der Wehrmacht auf dem Gebiet der Giftgasherstellung.

2. Organisation und Machtposition

Die I.G. Farben war, wie schon aus ihrem Namen hervorgeht, eine »Interessensgemeinschaft der Farbenindustrie«, Höhepunkt einer Reihe von Fusionen, die gegen Ende des 19. Jahrhunderts begannen. Ihr industrieller Herrschaftsbereich erstreckte sich jedoch weit über die Farbstoffindustrie hinaus auf verwandte und nichtverwandte Gebiete wie Gummi, Kraftstoff, Leichtmetalle, Kohle und sogar Eisen und Stahl. Erlangt hatte sie diese Position durch direkte und indirekte Beteiligungen von Tochtergesellschaften oder Zweigniederlassungen. Ihre Fabriken und Bergwerke sind über ganz Deutschland verstreut. Es gibt kaum einen für ihre eigenen Herstel-

lungsprozesse erforderlichen Rohstoff oder ein Zwischenprodukt, das die
I.G. nicht innerhalb ihrer eigenen Organisation produziert. Sie verfügt über
eigene Braunkohle- und Steinkohlebergwerke, Kokereien, Bitterspat-,
Gips-, und Salzbergwerke.

»Diese industrielle Position der I.G. in Deutschland hatte bei keinem
anderen Unternehmen ihresgleichen.« (v. Schnitzler, 20.8.1945) Es wird
geschätzt, daß auf die I.G. allein etwa 5% der gesamten deutschen Wirt-
schaftstätigkeit entfielen. 1943 beschäftigte sie ungefähr eine Viertelmillion
Menschen. Die Vereinigten Stahlwerke, der große Stahlproduzent Deutschlands, beschäftigte mehr Menschen als die I.G., und die staatlichen Her-
mann-Göring-Werke hatten so viele Firmen geschluckt, daß ihr Kapital und
ihr Umsatz höher als die der I.G. gewesen sein mögen, doch »ihr Tätigkeits-
bereich, ihre Ertragskraft und ihre wissenschaftliche Leistungsfähigkeit
waren unvergleichlich kleiner«.

Die I.G. Farben war das größte und einflußreichste Chemieunternehmen
der Welt. Ihr Eigenkapital beträgt mit Sicherheit mehr als 6 Milliarden
Reichsmark. Zur Weltorganisation der I.G. gehörten offene wie getarnte
Firmen in allen Ländern der Welt, die auf mindestens 1 Milliarde Reichsmark bewertet wurden. Dupont de Nemours in den Vereinigten Staaten und
Imperial Chemical Industries in England waren die einzigen Chemieunternehmen vergleichbarer Größe. Auf dem europäischen Kontinent gab es nur
drei weitere größere Chemiefirmen in der Reihenfolge ihrer Größe: Mon-
tecatini in Italien, Kuhlmann in Frankreich und den Aussiger Verein in der
Tschechoslowakei. Die I.G. betätigte sich jedoch auf weit mehr Gebieten
als diese Firmen.

»Keine andere einzelne Firma entfaltete auf so vielen Gebieten fortschritt-
liche wissenschaftliche Aktivitäten wie die I.G. ... Dupont war äußerst
fortschrittlich ... Dasselbe gilt für Union Carbide, für American Celanese
und ebenso für die Eastman Kodak Company, doch alle diese Unternehmen
waren sehr viel spezialisierter als die I.G. und deckten kein so großes
Forschungsgebiet ab ... Die I.G. repräsentierte die vereinten Kräfte von
Firmen, die schon vor der Fusion im Jahre 1925 in der Chemie die stärksten
und aktivsten in ganz Europa, wenn nicht in der Welt gewesen waren. Sie
bildeten die Zellen, aus denen die ganze technische Expansion der I.G.
hervorging.« (v. Schnitzler, 20.8.1945)

Die I.G. Farben lieferte zwischen 50 und 55% der deutschen Gesamtproduktion an chemischen Erzeugnissen und verwandten Produkten. Sie bestritt etwa 40% des deutschen Gesamtumsatzes auf diesen Gebieten. In der
Zeit der Aufrüstung und während des Krieges stiegen ihre Verkaufsziffern
Jahr um Jahr kolossal. 1936 belief sich ihr Gesamtumsatz auf 786 006 000

Reichsmark; 1943 wurde der Umsatzrekord von 3 115 667 000 Reichsmark erreicht. Im selben Jahr beliefen sich die Umsätze der deutschen Tochterfirmen der I.G. auf eine weitere Milliarde Reichsmark, wovon mindestens 50% allein von der Dynamit AG bestritten wurden.

Von den ungefähr 4 000 Chemiefirmen, die über ganz Deutschland verteilt waren, war der umsatzmäßig nächste Konkurrent der I.G. die Firma Henkel & Cie. in Düsseldorf, ein Hersteller von Seifen und anderen Waschmitteln mit einem Umsatz von etwa 200 Millionen Reichsmark. Die einzigen weiteren Chemieunternehmen in Deutschland mit einem Jahresumsatz von mehr als 100 Millionen Reichsmark waren die Deutsche Solvay Werke (von denen die I.G. 25% besaß), ein Hersteller von Laugen, und die Schering AG in Berlin, ein Arzneimittelproduzent. Diese Firmen und die übrige deutsche Chemieindustrie konkurrierten mit der I.G. nur in schmalen Sektoren der Produktion.

3. Expansion für den Krieg

Nach der Machtübernahme Hitlers investierte die I.G. Farben ungeheure Summen in neue Betriebe und Bergwerke, zusätzlich zu den bereits vorhandenen. Im Zeitraum von 1933 bis 1943 investierte die Firma ohne ihre Tochtergesellschaften mehr als 4 1/4 Milliarden Reichsmark in neue Betriebe und in Betriebserweiterungen. Zusätzlich betrieb die I.G. Farben zahlreiche weitere in Staatsbesitz befindliche Rüstungsbetriebe.

Diese Zeit der großen Expansion kennzeichnet Dr. von Schnitzler als enge Zusammenarbeit mit der Regierung und der Wehrmacht in dem gemeinsamen Bemühen, Deutschland weitgehend autark zu machen und aufzurüsten. Aus dieser Zusammenarbeit, so erklärte er weiter, habe sich eine umfassende Stärkung des Potentials der I.G. und zugleich eine beträchtliche Erhöhung ihrer Bilanz ergeben. »Die gesamte Umsatzsteigerung der I.G. von etwas über eine Milliarde Mark auf 3 Milliarden Mark im Jahre 1943 ist zu 100% das Ergebnis der Wiederaufrüstungs- und Kriegspolitik der deutschen Regierung.«

Nach Meinung Dr. von Schnitzlers ging diese Expansion so schnell voran, daß die Firma administrativ außer Kontrolle geriet. Dies setzte ein, als Dr. Krauch von der Reichsregierung für den Vierjahresplan zum Generalbevollmächtigten für Sonderfragen der chemischen Erzeugung ernannt wurde und die Wehrmacht anfing, Aufträge direkt an die Produktionsleiter der Firma zu geben. In der Regel liefen diese Aufträge an der Direktion vorbei.

Obwohl diese ungeheuren Investitionen getätigt worden waren, stieg der Wert der Betriebe und Ausrüstungen der I.G. in den Büchern der Gesellschaft nur von 402 Millionen Reichsmark im Jahre 1933 auf 625 Millionen Reichsmark im Jahre 1943. Der Grund hierfür liegt in den großzügigen Krediten und kriegsbedingten Abschreibungen, die von der deutschen Regierung während der Aufrüstung und des Krieges gewährt wurden.

Die Geschichte der Investitionen der I.G. auf dem Gebiet der Leichtmetalle bietet ein treffendes Beispiel für die ungeheuren rüstungsbedingten Betriebserweiterungen der Gesellschaft. Am 1. Januar 1933 betrugen die Investitionen der I.G. in Leichtmetallbetriebe 8 600 000 Reichsmark. Am 1. Januar 1942 war diese Summe auf 135 400 000 Reichsmark gestiegen, eine Zunahme von etwa 1 600 Prozent. Der Knick nach oben erfolgte 1935, als die Gesamtinvestition auf diesem Gebiet sprunghaft von 15 105 000 Reichsmark im Jahre 1934 auf 42 575 000 Reichsmark stiegen.

Diese Investitionen wurden hauptsächlich aus »Zuschüssen« des Reichsluftfahrtministeriums bestritten. Am 1. Januar 1941 betrug die Investitionssumme in den Leichtmetallbetrieben der I.G. 87 Millionen Reichsmark, und der Buchwert 20 Millionen Reichsmark. Die Differenz von 67 Millionen Reichsmark an abgeschriebenem Investitionskapital wurde von einem Direktor der I.G. Farben wie folgt erklärt:

»Dieses günstige Ergebnis konnte selbstverständlich nicht allein durch normale Abschreibung erzielt werden, sondern ist wesentlich durch Investitionszuschüsse seitens des RLM für die Anlagen Aken, Teutschental, Stassfurt beeinflußt worden. Die normale Amortisation in diesem Zeitraum beläuft sich auf 21, die Zuschüsse des RLM auf 46 Millionen RM (in runden Zahlen). Die bevorzugte Behandlung ist im wesentlichen für den Teil der Anlagen, die Magnesium erzeugen, gewährt worden.«

Parallel zu der erheblichen Erweiterung der Produktionskapazität im Sektor Leichtmetall stiegen auch die zugehörigen Umsätze und Gewinne:

	Umsatz	Gewinn in tausend RM	Gewinn in % des Umsatzes
1935	49 321	9 015	18,3
1936	55 381	8 457	15,3
1937	65 769	8 725	13,3
1938	77 099	9 410	12,2
1939	109 008	17 127	15,7
1940	126 148	21 943	17,4
1941(1. Hälfte)	71 430	13 603	19,0

Die Bruttogewinne der gesamten Geschäftstätigkeit der I.G. für 1943 beliefen sich auf 706 599 638 Reichsmark. Nach Abzug der Steuern und Überführung von 291 203 687 Reichsmark in die Rücklagen wies die I.G. in ihrer
veröffentlichten Bilanz einen Nettogewinn von 81 700 000 Reichsmark aus.
Es ist schwierig, festzustellen, in welchem Umfang der ausgewiesene Gewinn einen Teil oder alle Erträge aus Beteiligungen an Tochtergesellschaften enthielt, da es bei den Tochtergesellschaften üblich war, die Gewinne
im eigenen Betrieb zu reinvestieren. Farbstoffe waren die größte ständige
Quelle von Gewinnen für die I.G. und erbrachten Erträge, die zwischen 30
und 40% der Jahresumsätze lagen.

4. Exporte und Devisen

Die I.G. war der beherrschende Faktor im umfangreichen deutschen Ex-
porthandel mit chemischen Erzeugnissen. Sie bestritt etwa 10% des deutschen Gesamtexports und etwa 50% des deutschen Exports von chemischen Erzeugnissen und verwandten Produkten. Ihre Position in den
verschiedenen Sektoren des Geschäfts war sehr unterschiedlich, in abneh-
mender Reihenfolge am stärksten bei pharmazeutischen Erzeugnissen,
Farbstoffen und photographischen Produkten. 1935 exportierte die I.G.
70% ihrer Gesamtproduktion an pharmazeutischen Erzeugnissen, 65%
ihrer Farbstoffe und 40% ihrer photographischen Erzeugnisse. Ihre Expor-
te waren weit größer als ihre Importe, und die Nettoerträge aus Lizenzge-
bühren und Patentverkauf waren ebenfalls beträchtlich.

Durch diese Geschäfte wurde die I.G. zu Deutschlands größtem einzelnen Devisenbringer, der im Durchschnitt mindestens 10% der Gesamtde-
viseneinkünfte des Landes erbrachte. Ohne diese Devisen hätte Deutschland die strategischen Rohstoffe, Ausrüstungen und technischen Verfahren
nicht erwerben können, die in Deutschland nicht erhältlich, für die Aufrüstung aber unerläßlich waren; des weiteren hätte die deutsche Regierung
ihre Spionage, Propaganda und sonstigen militärischen und politischen
Aktivitäten im Ausland zur Vorbereitung und Führung des Krieges nicht
finanzieren können.

Der Druck der Regierung auf die deutsche Industrie und insbesondere
auf die I.G., ihre Deviseneinnahmen zu steigern, war immer stark gewesen.
Mit dem Beginn des Vierjahresplans verstärkte sich dieser Druck noch
beträchtlich.

Die Deutsche Mark wiederum wurde »mehr und mehr zu einem manipulierten Zahlungsmittel,« so daß die frei konvertierbaren Devisen für Deutschland das wirklich wichtige Zahlungsmittel wurden. Zugleich nahm der Druck der NSDAP auf die I.G. Farben, Spenden in Mark zu entrichten, ständig ab.

Die Zahlungseingänge an frei konvertierbaren Devisen wurden von der Regierung streng reglementiert; alle eingenommenen Devisen mußten bei der Reichsbank abgeliefert werden. Eine Reichsstelle, die Hermann Göring unmittelbar unterstand, verteilte diese Devisen dann auf Partei, Regierung und private Organisationen, die sie im Tausch gegen »manipulierte Mark« erhielten. Es wird behauptet, daß der Devisenfonds zu einer Schieberzentrale wurde, aus der sich die Nazi-Hierarchie die Taschen füllte:

»1940 wurden wir beauftragt, mit der Standard Oil über den Kauf der ungarischen Ölgesellschaft ›Maort‹ zu verhandeln. Damals gewannen wir den Eindruck, daß das Amt für den Vierjahresplan seinen eigenen Geldfonds hatte, über den es ohne Einschaltung der Devisenbewirtschaftungsstelle verfügen zu können schien. Wir wissen nicht, ob das jeweilige Parteibüro bei der Devisenbewirtschaftungsstelle Devisen anfordern mußte oder fixe Pauschalbeträge zugewiesen erhielt, über die es ohne Einzelkontrolle durch die Deviesenbewirtschaftungsstelle verfügen konnte. Es gab in Deutschland viele Gerüchte, besonders während des Krieges, daß Parteigliederungen große Devisenbeträge verbrauchten und daß prominente Parteigenossen üppige Devisen für persönliche Dinge verausgabten...« (Frank-Fahle/Gierlichs, 14.8.1945)

Die I.G. Farben arbeitete voll mit der Regierung zusammen, um alle nur möglichen Devisen für die Ziele der Regierung zu erlangen. So mußte die I.G., um in Mittel- und Südamerika an frei konvertierbare Devisen zu gelangen, »die Preise um ... insgesamt 1 Mio. RM jährlich senken«. In Mexiko gab die I.G. der deutschen Botschaft »für den Fall eines Krieges« Pesos, da die »Mexiko-Presse beeinflußt werden« müsse. In Brasilien gaben die Vertretungen der Bayer I.G. von Anfang 1940 bis Januar 1942 für unbekannte Zwecke insgesamt 22 200 Contos im Gegenwert von 3 639 343 Reichsmark an die deutsche Botschaft oder Vertreter der NSDAP. Wenn die deutsche Botschaft in Spanien Peseten brauchte, nahm die Gesellschaft Kredite von spanischen Banken auf, um die Bedürfnisse der Reichsregierung zu erfüllen, und zahlte diese Kredite aus späteren Peseteneingängen zurück. Die I.G. umging auch die Dumping-Bestimmungen der Vereinigten Staaten, um sich Devisen zu beschaffen. Außerdem verkaufte die I.G., als die Devisenlage kritischer wurde, viele ihrer Beteiligungen an amerikani-

schen Gesellschaften wie Hercules Powder, Atlas Powder, Penchlor Inc.,
Plascon usw.

5. Eigentum und Verfügungsgewalt

Die I.G. Farben ist eine Firma in deutschem Eigentum. Über dieses Eigentum verfügt ein geschäftsführender Vorstand, der sich durch Kooptation
selbst ergänzt. Ihr gegenwärtiges Kapital setzt sich aus 3 928 838 Stammaktien mit einem Nennwert von 1 360 000 000 Reichsmark und aus 40 000
Vorzugsaktien mit einem Nennwert von 40 000 000 Reichsmark zusammen.

Die Stammaktien sind Inhaberaktien. Ein großer Prozentsatz der Aktionäre wurde auf den Jahreshauptversammlungen durch Bevollmächtigte
vertreten, die das Stimmrecht ausübten. Auf der Jahreshauptversammlung
von 1943 wurde das Stimmrecht für Aktien im Werte von 865 128 300
Reichsmark ausgeübt, von denen 830 155 900 durch Bevollmächtigte vertreten wurden. Insgesamt hatten die deutschen Banken das Depotstimmrecht für Aktien im Wert von 805 839 400 Reichsmark inne.

Vertreter der I.G. Farben und ihrer getarnten Hausbank, der Deutschen
Länderbank, übten das Stimmrecht für Aktien in einem Nennwert von
316 773 200 Reichsmark oder etwa 37% der Stammaktien aus, die bei der
Jahreshauptversammlung abstimmten. Die Länderbank hatte das Stimmrecht für 10 500 000 Reichsmark aufgrund ihres eigenen Aktienpakets und
das Depotstimmrecht für Aktien im Wert von 107 568 200 Reichsmark.
Max Bannert, der die Bankabteilung der I.G.-Zentrale in Frankfurt unter
sich hatte, übte das Stimmrecht für Aktien im Wert von 100 019 500 Reichsmark aus, die von der Dresdner Bank in Berlin für Dritte gehalten wurde.[3]
Außerdem übte er auch das Stimmrecht für Aktien im Wert von 58 320 900
Reichsmark im Namen weiterer Einzelpersonen und Banken aus.

Von den insgesamt 40 000 ausgegebenen Vorzugsaktien sind 38 000 im
Aktienverzeichnis der I.G. für die Ammoniakwerk Merseburg GmbH
registriert, eine 100%ige Tochter der I.G.; die restlichen 2 000 Aktien,
vertreten durch ein Inhaberzertifikat, sind im Besitz der Deutschen Länderbank.

In einer Untersuchung der Eigentumsverhältnisse an der I.G. kam die
Zentralfinanzverwaltung 1934 zu dem Schluß, daß 87% der Stammaktien
im Besitze von Firmen und Einzelpersonen innerhalb Deutschlands und

13% in Auslandsbesitz seien. Der ausländische Aktienbesitz war auf folgende wichtige Länder verteilt:

	Stammaktien der I.G. in Mio. RM (Nennwert)	Prozent vom gesamten Aktienkapital
Schweiz	24,3	3,57
England	19,9	2,93
Holland	7,4	1,09
USA	4,8	0,71
Spanien	3,1	0,46
Tschechoslowakei	1,0	0,15

Dr. Max Ilgner, Direktor der Zentralfinanzverwaltung der I.G., schätzt, daß derzeit etwas mehr als 6% der Stammaktien der I.G. im Besitze einer Kombination aus folgenden Firmen sind:

Francolor, Paris (deren Aktien zu 51% im Besitz der I.G. sind)
Solvay et Cie., Brüssel
Dupont de Nemours, Wilmington, Delaware, USA
Imperial Chemical Industrie, London.

Francolor besitzt schätzungsweise Aktien im Nennwert von 19 000 000 Reichsmark; Solvay et Cie. im Werte von 27 750 000 Reichsmark; bei Dupont liegt der Nennwert zwischen 35 000 000 und 30 000 000 Reichsmark; bei Imperial Chemical Industries beträgt er etwa 7 000 000 Reichsmark.

Damit sind 85 bis 90% des Kapitals der I.G. in deutschem Besitz. Von den 10 bis 15% in ausländischem Besitz liegt kein einziges Aktienpaket, mit einer möglichen Ausnahme, der Schweizer I.G. Chemie, beträchtlich über 3% des Gesamtkapitals.

Das Aktienkapital der I.G. ist breit unter mindestens 40 000 Aktionäre gestreut. Jedoch verfügt der Vorstand der I.G. über einen entscheidenden Anteil am gesamten Aktienstimmrecht. Der Zentralausschuß des Vorstands nominierte die Mitglieder des Aufsichtsrats, der wiederum die Mitglieder des Vorstands berief. Daher ist der Vorstand der I.G. in Wirklichkeit eine sich selbst ergänzende Gruppe, die die Firma beherrscht:

»In den letzten 12 Jahren war die Jahreshauptversammlung der I.G. zu einer reinen Formalität geworden; alle Entscheidungen wurden auf Vorschlag des Vorsitzenden einstimmig gebilligt; es gab nie eine Diskussion. Ich glaube, daß in all' diesen Jahren vielleicht insgesamt ein halbes Dutzend Fragen gestellt wurde, hauptsächlich zu Nebensachen von minderer Bedeutung. Der Vorsitzende, früher Herr Bosch und später Herr Schmitz, gab einen kurzen Bericht über die allgemeine Lage der Firma, und anschließend wurden die juristischen Formalitäten erfüllt. Mit allen Formalitäten, dem Auszählen der Stimmen, dauerte das Ganze etwa eine halbe bis eine dreiviertel Stunde.« (v. Schnitzler, 16.8.1945)

Erwähnenswert ist, daß die Vorzugsaktien im Vergleich zu den Stammaktien ein Mehrfachstimmrecht im Verhältnis 12 1/2 : 1 haben, so daß die Vorzugsaktien der I.G. Farben, die alle direkt oder indirekt im Eigenbesitz der Firma sind, 36,8% der Gesamtstimmenzahl der emittierten Aktien der Firma darstellen. Allerdings verhinderte ein Reichsgesetz von 1936 oder 1937, mit dem einer Firma die Stimmabgabe für Aktien im Eigenbesitz oder im Besitz von Tochtergesellschaften verboten wurde, daß die 38 000 Aktien des Ammoniakwerks Merseburg abstimmen konnten. Doch hätte es der Vorstand der I.G. je nötig gehabt, das Stimmrecht dieser 38 000 Aktien einzusetzen, wäre es eine einfache Sache gewesen, sie auf eine der Tarnfirmen zu übertragen.

Seit Kriegsbeginn war der Vorstand in Wirklichkeit Hermann Schmitz, der seit 1935 Vorstandsvorsitzender der Firma war. Damals wurde er Nachfolger von Carl Bosch, und Bosch wurde Aufsichtsratsvorsitzender. Obwohl Hermann Schmitz juristisch seit 1935 die größten Vollmachten hatte, beherrschte Carl Bosch bis zum Beginn seiner schweren Krankheit bei Kriegsausbruch die Direktion. Damals übernahm Schmitz die Leitung und wurde nach Aussage Dr. v. Schnitzlers zum »schwachen Diktator« der Firma.

Norman Fuchsloch

Blau – Weiß

Ultramarin und Titandioxid – Anmerkungen zu den Mineralfarben

Ich hab dem für 12 Ducaten Kunst für ein Untz gut Ultramarin gegeben«, notierte Albrecht Dürer in sein Tagebuch. Es ging dabei um ein vorteilhaftes Tauschgeschäft: Drucke im Wert von zwölf Dukaten – das sind 42 Gramm Gold – gegen 30 Gramm Ultramarin.[1] Wertvoller als Gold war diese blaue Farbe, über deren hohen Preis sich Dürer mehrfach beklagte. Dennoch haben Maler aller Jahrhunderte das Ultramarin immer wieder verwendet, weil es durch seine unübertroffene Lichtechtheit bestach; und bereits Babylonier und Ägypter benutzten dieses Blau zur Darstellung des Himmelsraumes oder zum Schmuck von Pharaonenmasken.

Ultramarin – »jenseits des Meeres« –, schon der Name deutet auf seine geheimnisvolle Herkunft hin. Das kostbare Malerblau stammt aus dem Halbedelstein Lapislazuli, dessen Name auf das hebräische »lapis« (Stein) und das persische »lazur« (blau) verweist. Seine Farbe ist in der Regel tief dunkelblau, kann aber aufgrund verschiedener Zusammensetzungen bis ins Grünliche oder Violette reichen, dazwischen glitzern goldene Einsprengsel. »Auf schneeweißem Grund das blaue Geäder, in seinem Gefüge blitzte Pyrit, und die Kristalle der Marmorflächen funkelten wie unter edlem Schliff«[2], so beschrieben die ersten Europäer ihre Eindrücke beim Betreten der Bergwerke im Hindukusch. Aus diesen Hauptlagerstätten sowie aus Persien, Afghanistan und Sibirien kam der Lazurstein nach Europa.

Zunächst wurde er dort nur fein pulverisiert, doch im Mittelalter erlernte man die Kunst, den Anteil reinen Ultramarins aus dem Lazurstein herauszulösen und daraus unter Zusatz von Bindemitteln das begehrte und teure Malerblau zu gewinnen. Gemahlener Lazurstein wurde auch als Heilmittel geschätzt und vor allem bei »Krankheiten eines unruhigen Gemüts« wie Melancholie oder Schlaflosigkeit verordnet.

Mineralfarben wie das Ultramarin unterscheiden sich hinsichtlich ihrer Gewinnung wie ihres »färbenden Prinzips« grundsätzlich von pflanzlichen oder tierischen Farbstoffen. Während man für die einen früher ausschließlich bergmännisch abgebaute Mineralien oder Erden (z.B. Ocker, Umbra, Zinnober) verwendete, stützten sich die anderen auf Extrakte aus bestimmten Färberpflanzen (z.B. Lackmus oder den im Waid enthaltenen Indigo). Den färbenden Bestandteil der Mineralfarben bilden feste Körnchen oder Pigmente, die mit Leim oder Firnis vermischt werden. Für die Pflanzenfarbstoffe dagegen sind färbende Säfte, also Flüssigkeiten, charakteristisch. Sie eignen sich deswegen vor allem zum Färben von Textilien. Mineralische Farben überziehen als Lack oder Anstrich die zu färbenden Gegenstände, ohne sich mit ihnen chemisch zu verbinden. Zudem sind ihre Pigmente anorganisch-chemischer Natur, während die pflanzlichen Farbstoffe auf dem Element Kohlenstoff basieren[3] und damit zum organischen Teil der Chemie gehören.

Das sagenumwobene Ultramarinblau, das die Maler nur für Werke reicher und prestigebewußter Auftraggeber verwandten, gehört neben Ocker, Rötel, Bleiweiß und Grünspan zu den am längsten bekannten Mineralfarben. Viele, besonders die grünen Farben, sind giftig. Schon früher als pflanzlicher Indigo forderte besonders das Ultramarin Alchimisten und Chemiker heraus, nach neuen Verfahren zu suchen, um den Farbstoff aus leicht verfügbaren Rohmaterialien künstlich – und damit billiger – herzustellen, was bereits bei einigen anderen Mineralfarben möglich war. Doch anders als bei den Teerfarben diente die am Ende gelungene Fabrikation von Ultramarin nicht als Basis eines sich eigenständig entwickelnden Zweiges der chemischen Industrie.

Ein Beispiel für die meist komplizierten, in langen Jahren des Probierens gefundenen alchimistischen Rezepturen ist die Erzeugung von Grünspan, einer kupferhaltigen Mineralfarbe, die auch als Textilfarbe verwendet wurde: Kupferplatten wurden dünn mit Grünspan bestrichen und in Töpfen, die mit Traubentrester gefüllt waren, mehrere Tage »vergoren«. Anschließend wurden die Platten herausgenommen, mehrmals mit Essig befeuchtet und immer wieder getrocknet, wodurch sich eine dicke Grünspanschicht bildete. Mitte des 18. Jahrhunderts lieferte die südfranzösische Weinstadt Montpellier, das Zentrum der europäischen Grünspan-Produktion, »wo fast jede Hausfrau dieses Gewerbe betrieb«, jährlich 9 000 bis 10 000 Zentner des grünen – und giftigen – Farbstoffs.

Ähnlich verlief die Herstellung von »Kremserweiß«, einer bekannten Bleifarbe. Eine Fabrik in Klagenfurt stellte täglich 1 500 Pfund her. In vielen kleinen Töpfen wurden Pferdemist, Essig und kleine Rollen Bleiblech eingeschlossen. Nach längerer Einwirkung wurde das entstandene Bleiweiß abgehämmert, in einer Roßmühle mit Wasser lange Zeit durchgeknetet und schließlich in kegelförmigen und unglasierten kleinen Formen getrocknet.[4]

Auch dem besonders begehrten und kostbaren Ultramarinblau galt das Interesse der praktischen Chemie, und man suchte verstärkt nach einem Verfahren, gerade diese Farbe auf künstlichem Wege herstellen zu können. Im Verlauf dieser Bestrebungen wurden die Inhaltsstoffe Kieselerde, Tonerde, Natron und Schwefel quantitativ analysiert.[5] Anfang des 18. Jahrhunderts schien die stoffliche Grundzusammensetzung des Ultramarin in gewissen Grenzen geklärt und somit die Grundlage für eine später erfolgreiche Synthese geschaffen. Man erkannte sogar, daß Kalk und Eisen als Verunreinigungen anzusehen waren, und konnte so die verbreitete Auffassung widerlegen, nach der Eisen als das »farbgebende Prinzip« betrachtet wurde.[6]

Dennoch scheiterten vorerst alle Versuche, ein künstliches Verfahren zur Herstellung des Ultramarinblau zu finden. Unterdessen glückte eher zufällig die Entwicklung anderer künstlicher Blaupigmente. Auf der Suche nach einem roten Lack erhielt der Berliner »Farbkünstler« Diesbach im Jahre 1704 überraschenderweise einen blauen Niederschlag: das »Berliner Blau«. Ohne die zugrundeliegenden chemischen Zusammenhänge auch nur in Ansätzen zu verstehen, fand Diesbach durch eine Unzahl empirischer Versuche in den darauffolgenden Jahren die Rezeptur einer »Calcination von Pottasche und tierischen Abfällen« – Blut, Leder, Horn, Fleisch, Wolle –, die sich auch für größere Farbmengen eignete. Später gelang sogar die Fixierung des Farbstoffes auf Geweben, so daß das Berliner Blau als erster synthetischer Textilfarbstoff angesehen werden kann.[7]

Nach den ersten kleineren Berliner-Blau-Fabriken wurden im 18. Jahrhundert weitere Firmen zur Produktion anorganischer Pigmente gegründet: 1777 begannen in Berlin zwei Fabriken, durch gemeinsames Erhitzen von Schwefel und Quecksilber Zinnoberrot herzustellen, und im Jahre 1788 gründete Fickentscher in Marktredwitz seine Farbenfabrik, die mit Bleiweiß, verschiedenen Kupferfarben, Berliner Blau und Zinnober gleich eine ganze Farbenpalette im Programm hatte.[8]

Erst zu Beginn des 19. Jahrhunderts beschleunigte ein zunächst unscheinbarer Hinweis erneut die bis dahin vergebliche Suche nach dem künstlichen Ultramarin: Man hatte in Kalk- und Soda-Öfen die Bildung einer ultramarinähnlichen Farbe beobachtet und daraus die Vermutung abgeleitet, daß

die fabrikmäßige Herstellung des wichtigsten aller blauen Mineralfarbstoffe
doch grundsätzlich möglich sein müsse. Für »die Entdeckung eines wohl-
feilen Verfahrens zur Bereitung eines künstlichen Ultramarin, das dem aus
Lazurstein gewonnenen vollkommen ähnlich wäre und zu 300 Franken je
Pfund geliefert werden könnte«, lobte die Pariser »Société d'encouragement
pour l'industrie nationale« 1824 einen hohen Preis aus, den vier Jahre später
Jean Baptiste Guimet für das von ihm 1826/27 entwickelte Verfahren
erhielt.[9] Dessen Einzelheiten hielt er allerdings geheim; anders Christian
Gottlob Gmelin[10], der das von ihm im gleichen Jahr gefundene Verfahren
in allen Einzelheiten veröffentlichte. Gleichzeitig gelang auch dem Vorstand
der Meißener Porzellan-Manufaktur, Friedrich August Köttig, die Entwicklung eines Verfahrens zur technischen Herstellung von Ultramarin.
Von der hohen Warte des nächsten Jahrhunderts galt dieser Erfolg – ähnlich
wie die spätere Indigo-Synthese auf dem Gebiet der Teerfarben – als »der
größte Triumph der chemischen Wissenschaft auf dem Gebiete der Mineralfarben«[11].

Nun verlor das Ultramarinblau seine exklusive Bedeutung; es fand breite
Anwendung als Öl-, Wasser-, Leim- und Kalkfarbe, als Mittel zum Aufhe-
ben von Gelbtönen in Kerzen-, Papier-, Seifen- und Stärkefabriken, ferner
in Teigform in Tapeten-, Papier- und Buntpapierfabriken und Zeugdrucke-
reien und in Kugelform unter Zusatz von Klebemitteln zum Bläuen von
Wäsche.[12] Mit Ultramarinblau färbte man in einer Dosis von ca. 30 mg/kg
jahrzehntelang Zucker und nutzte es zum Stempeln der Oberfläche von
Lebensmitteln. In jüngster Zeit kam das Einfärben von Kunststoffen und
die Anwendung als Farbkomponente bei Insektiziden hinzu.[13]

Nicht nur in Frankreich begann Guimet rasch mit der industriellen
Erzeugung von Ultramarinblau, auch in Deutschland erwies es sich neben
Soda als wichtigstes Produkt der aufblühenden anorganischen chemischen
Industrie. 1829 wurde auf Vorschlag von Köttig in Meißen die erste deut-
sche Fabrik errichtet.[14] 1834 nahmen Dr. Carl Leverkus in Wermelskirchen
und 1838 Leykauf & Heyne in Nürnberg die Produktion auf.[15] Leverkus
sicherte sich gleich eine beherrschende Monopolstellung, indem er für zehn
Jahre das Patent für Preußen erwarb.

Spürbare Konkurrenz bekam er nach Ablauf des Patents durch Fabrik-
neugründungen von Curtius in Duisburg und Stinnes in Ruhrort, die in
unmittelbarer Nähe zu Bezugsquellen für Kohle und Soda lagen. Bis 1855
entstanden elf Ultramarinfabriken in Deutschland.[16] Obwohl Leverkus
gerade seine Maschinen erneuert hatte, sah er sich gezwungen, die gesamte
Fabrik an den Rhein zu verlegen, da der Transport der in wachsenden
Mengen benötigten Steinkohle ins abgelegene Bergische Land viel zu auf-

Ultramarinfabrik von Zeltner & Heyne in Nürnberg. Holzstich 1855.

wendig geworden war. Als er zwischen 1860 und 1863 seine neue Fabrik errichtete, produzierten er und Curtius zusammen bereits 700 Tonnen Ultramarin und damit mehr als das einst führende Frankreich. Weitere zehn Jahre später wurden in 23 deutschen Fabriken mit 1 508 Arbeitern 6 579 Tonnen Ultramarinblau hergestellt.[17] Mit der Erhöhung der Produktion und dem Anstieg der Rohstoffkosten ging ein Rückgang der Preise einher.[18] Am Ende der Entwicklung stand der Zusammenschluß der bisherigen Konkurrenten zu den »Vereinigten Ultramarinfabriken«, die vor dem Ersten Weltkrieg eine Monopolstellung in Deutschland gewannen. Endgültig aber verdrängte erst das synthetische, von BASF und den Farbenfabriken Hoechst angebotene Indigo das Ultramarinblau.

Die Herstellung von Ultramarin war ein komplizierter Vorgang. Eine Beschreibung von 1864[19] listet folgende Ausgangsstoffe auf: eisenfreier Kaolin (100 Gewichtsteile), »calcinirtes Glaubersalz« (105 Teile), »calcinirte Soda« (16 Teile), »raffinirter Stangenschwefel« (20 Teile) sowie »Kohlen von Fichten-Scheit- oder Stangen-Holz, vollkommen verkohlt und troken gelagert, frei von Steinen und sonstigen Verunreinigungen« (23 Teile), dazu kommt manchmal »Colophonium oder braunes Harz«. Die Rohmaterialen wurden gemischt, zermahlen, locker in Töpfe gefüllt und in Öfen erhitzt. Danach erhielt man schon einen kleineren Teil blauen Ultramarins, zur Hauptsache jedoch grünes, das noch weiterbehandelt werden mußte; sortiert und zerkleinert, wurde es so lange gewässert, »bis das

Waschwasser nicht mehr salzig schmeckt«. Um den überschüssigen Schwefel zu entfernen, wurde das getrocknete und gemahlene Ultramaringrün mehrmals geröstet und anschließend gewässert, danach das nunmehr erhaltene Ultramarinblau in verschiedenen Verfahrensschritten – naßmahlen, schlämmen, trocknen, sieben, schönen – zum handelsfertigen Produkt aufgearbeitet.

Auch die später veränderten oder verbesserten Verfahren änderten nichts daran, daß das Ultramarin mehrfach gewässert werden mußte. Bei der Standortwahl für eine Fabrik zur Herstellung von Ultramarinfarben war also darauf zu achten, daß genügend Wasser zur Verfügung stand. Besonders geeignet war die Lage an schiffbaren Flüssen, die die Voraussetzung boten, glaubersalzhaltige Abwässer abzulassen und Rohstoffe und fertige Produkte unkompliziert an- und abtransportieren zu können. Nicht in allen Fällen war jedoch das ungehinderte Einleiten von Abwässern in Flüsse möglich. So untersagten die Behörden einer größeren Ultramarinfabrik, »ihre Waschwässer in den kleinen, fischreichen Fluß abzulassen, man war dann durch die Umstände gezwungen, das Natriumsulfat wiederzugewinnen.«[20]

Zur Reinigung des Ultramarin von Glaubersalz (Na_2SO_4) wurde die Ausfällung des Sulfats mit Bariumchlorid ($BaCl_2$) empfohlen. Das dabei gebildete Bariumsulfat ($BaSO_4$) fand zur damaligen Zeit in den Papier- und Tapetenfabriken als »Blance fixe« Abnahme. Das Glaubersalz wurde in Kochsalz ($NaCl$) umgewandelt. Die salzhaltigen Abwässer galten allgemein als harmlos, doch waren sie, so beklagte es ein Zeitgenosse »oft genug der Angriffspunkt der von der Nachbarschaft aufgehetzten Behörde«[21].

Auch das Grundwasser war gefährdet: »In manchen Fabriken läßt man die Lauge in Senkgruben fließen, es ist aber diess durchaus zu verwerfen. Durch die Masse der nach und nach versikernden Lauge, besonders in sandigem Boden, kann das ganze Terrain so mit Salzen geschwängert werden, dass das aus den Brunnen gehobene Wasser weder zum Farbwässern noch für eine Dampfmaschine zu gebrauchen ist. Mir ist eine Fabrik bekannt, in welcher durch die versikerten Laugen, zum Theil auch Mutterlaugen anderer Fabrikationszweige, im Verlauf von 20 Jahren das Wasser so verschlechtert wurde, dass es dieser Fabrik gegenwärtig völlig unmöglich ist, auch nur ein Loth reine blaue Farbe zu erzeugen.«[22]

Neben der Belastung von Grund- und Fließwasser stellte die Abluft der Ultramarinfabriken ein großes, wenn auch nicht völlig neues Problem dar. Jedes Unternehmen, das Berliner Blau produzierte, belästigte die Nachbarschaft durch säure-, gas- und rußgeschwängerte Abluftschwaden, wie es Theodor Fontane am Beispiel des Kommerzienrates Treibel beschrieben hat.[23] Bereits 1806 war die Intention eines napoleonischen Edikts, gefährliche Betriebe wie etwa Soda- oder Blaufarbenfabriken vor die Tore der Städte zu verlagern.[24]

Gegen Mitte des 19. Jahrhunderts zeigten sich um viele Ultramarinfabriken vor allem an Nadelbäumen Schäden, die sich immer weiter ausdehnten. »Kaum bemerkbare, spärliche Nadelbüsche«, Bäume mit »weitragenden, kahlen, dürren Ästen« und – nahe an der Fabrik – nur noch »nackte, ihrer Rinde und ihrer Nadeln gänzlich entkleidete Stämme«: nach allmählichem Beginn »frass dieser Rauchschaden in rapider Weise weiter«, ganze Wälder und Forste verkümmerten oder starben ab.[25] Ähnliche Schäden waren bereits in der Nähe von Hüttenwerken festgestellt worden. Als ursächlicher Bestandteil des Rauches, der zum Absterben der Pflanzen führte, galt die »schweflige Säure« – also das Schwefeldioxid (SO_2) –, die auch aus den Schornsteinen der Ultramarinfabriken entwich, zwar in geringeren Konzentrationen als bei den Hüttenwerken, dafür aber in gewaltigen Mengen.[26] Zusätzlich zu den schwefelhaltigen Abgasen aus der Steinkohleverbrennung wurde ungefähr die Hälfte des für den Ultramarinprozeß unerläßlichen Schwefels in Form von SO_2 aus den Schornsteinen emittiert. Als sich später ein vereinfachtes Verfahren durchsetzte, bei dem der Brand der Farbkristalle nicht mehr in zwei, sondern nur noch in einer Stufe erfolgte, verdoppelte sich gar die notwendige Schwefelmenge.

Überall klagten die geschädigten Waldbesitzer gegen die Eigentümer der Ultramarinfabriken. Die Schadensersatzzahlungen begannen, die Erträge der Unternehmen zu schmälern, so daß eine Versammlung deutscher Ultramarinfabrikanten einberufen wurde, die über Gegenmaßnahmen beriet und Rat nun vor allem bei den Experten suchte, die bereits dazu beigetragen hatten, Konflikte um die von Hüttenwerken verursachten Rauchschäden zu entschärfen. Dort war erreicht worden, daß infolge technischer Verbesserungen auch die schwefligsauren Rauchgasdämpfe zurückgegangen waren. Nach diesen Erfolgen war man geneigt, die Abgase der Ultramarinfabriken lediglich als Spezialfall der Hüttenrauch-Problematik anzusehen. Ein wichtiger Unterschied bestand aber darin, daß – anders als bei den Hüttenwerken – die »gesamte Gasmasse« der Ultramarinbetriebe einen »verhältnismäßig geringen Betrag an schwefliger Säure« aufwies. Bei diesen niedrigen Konzentrationen war es nicht nur weitaus schwieriger, die Säure chemisch zu binden, sondern auch, sie in ein nutzbares Produkt umzuwandeln, über dessen Verkaufserlöse sich notwendige Kostensteigerungen bezahlt machen konnten. »Trotz jahrelanger Bemühungen überstiegen die Betriebskosten der Anlage den Wert des ausgebrachten Produkts stets erheblich, weshalb man sich endlich entschloss, auf die Nutzbarmachung

der schwefligen Säure überhaupt zu verzichten.«[27] Damit war der Weg frei
für ein Verfahren, das das Abgasproblem lediglich »umleitete«: Im letzten
Drittel des 19. Jahrhunderts erhielten die Ultramarinfabriken zunehmend
Anlagen, in denen nach den Vorschlägen der Hüttenfachleute und Ingenieure die Rauchgase einer Reinigung unterzogen wurden. Dabei leitete
man die Abgase durch Absorptionskammern, die mit Kalkstein gefüllt
waren, über den unablässig Wasser rieselte. Beim Passieren dieser Kammern
reagierte das Schwefeldioxid teilweise mit dem Kalkstein. Der dabei entstehende schwefligsaure Kalk wurde »vom durchfließenden Wasser vollkommen fortgenommen, ohne sich in unliebsamer Weise bemerkbar zu machen.
Die Lage der Ultramarinfabrik am fließenden Wasser ist also unter allen
Umständen von großer Wichtigkeit, sowohl um Fabrikationswasser billig
und reichlich zur Verfügung zu haben, als auch wegen der Abwasserfra-
ge.«[28] Es war eine der für die chemische Industrie typischen Scheinlösungen: »Die hässlichen und erstickend riechenden und mit Russ beladenen
Rauchgase der Ultramarinöfen traten aus den Absorptionskammern gründ-
lich gesäubert und gereinigt heraus« – das Abwasserproblem aber hatte sich
mit der neu eingeführten Rauchgasreinigung weiter verschärft.

Schadstoffe, die nicht über den Abwasserpfad umgeleitet wurden, entwichen weiter über die immer höher werdenden Schornsteine. Auch wenn
bereits gegen Ende des 19. Jahrhunderts Forstleute, Biologen und sogar
Chemiker vor langfristigen Folgen der Luftverschmutzung warnten, war es
der einfachste und billigste Ausweg, die Schadstoffe über immer größere
Flächen zu verteilen.

Heute herrscht in der Ultramarinproduktion eine internationale »Arbeitsteilung«, die den unterschiedlichen nationalen Umweltgesetzgebun-
gen Rechnung trägt. »In den USA und in der Bundesrepublik Deutschland
wurde wegen zu hoher behördlicher Auflagen für Abgas und Abwasser
1973 bzw. 1974 die Fabrikation eingestellt. Der hierdurch bedingte Produk-
tionsausfall wurde durch Kapazitätsausweitungen, vor allem in den englischen Werken und im französischen Werk der Firma Reckitts (Colours)
Ltd., Hull ausgeglichen.«[29] Die Weltproduktion Mitte der siebziger Jahre
betrug ca. 30 000 Tonnen. In Deutschland hatte das anorganische »blaue
Wunder« damit seine Schuldigkeit getan.

*

Ebenso wie Ultramarinblau gehört auch Titandioxid zu den Mineralfarben,
die zwar selbst ungiftig sind, bei deren Herstellung aber große Mengen

unverwertbarer Schadstoffe anfallen. Während Ultramarin, längst von den Teerfarben verdrängt, nur noch für Spezialzwecke verwendet wird, ist das Weißpigment Titandioxid zum bedeutendsten anorganischen Pigment überhaupt geworden. Zwischen 1930 und 1980 stieg die Weltproduktion von 20 000 auf mehr als 2,5 Millionen Tonnen; Titandioxid färbt vom Papier bis zur Plastiktüte, von der Verpackung bis zum Spielzeug, von der Schminke bis zu Tabletten nicht nur eine Unzahl von Gegenständen des täglichen Lebens strahlend weiß, sondern wird vielen Lack-, Druck- und Kunststofffarben als deckendes Element beigemischt.

Titandioxid wurde erstmals in Norwegen von P. Farup zusammen mit G. Jebsen und in den USA von A. Rossi und E.L. Barton nach verschiedenen Methoden hergestellt und seit 1919 industriell produziert. Die Nachricht über die Gewinnung eines neuen Weißpigments stieß überall auf Interesse, versprach es doch, Ungiftigkeit und Beständigkeit zu vereinen. Blei- oder Zinkweiß, die bislang fast ausschließlich verwendeten Weißpigmente, waren hochgiftig, andere, wie Lithopone – ein Gemisch aus Bariumsulfat und Zinksulfid –, dafür wenig lichtbeständig.

Die Giftigkeit des seit altersher bekannten Bleiweiß war kein Geheimnis und wurde noch nicht einmal vom Verein Deutscher Bleifarbenfabrikanten bestritten. Bereits 1886 hatte der Bundesrat Vorschriften zum Arbeitsschutz in Bleifarben- und Bleizuckerfabriken erlassen, in denen unter anderem festgelegt war: »Der Arbeitgeber darf in Räumen, in welchen Bleifarben oder Bleizucker hergestellt oder verpackt werden, nur solche Personen zur Beschäftigung zulassen, welche eine Bescheinigung eines approbirten Arztes darüber beibringen, daß sie weder schwächlich, noch mit Lungen-, Nieren- oder Magenleiden oder mit Alkoholismus behaftet sind.«[30] Das Essen war nur in einem getrennten – und im Winter beheizten – Speiseraum gestattet, zuvor, auch bei Verlassen des Geländes, mußten die Arbeiter »die Arbeitskleider abgelegt, die Haare vom Staube gereinigt, Hände und Gesicht sorgfältig gewaschen, die Nase gereinigt und den Mund ausgespült haben«.[31] Ein bekannter Hygieniker empfahl den Bleiweißfabrikanten die »Ausscheidung der wenig widerstandsfähigen und wenig sorgfältigen Elemente durch die Ärzte, sowie eine merkliche Schwächung der Gesundheit eingetreten ist.«[32]

Österreich folgte 1908 mit einer Verordnung zum Schutze der mit Bleifarben hantierenden Arbeiter und sogar der Maler, die zudem erstmals auf das Produkt selbst zielte und in Ausnahmefällen ein Verbot für den Innenanstrich verhängte.[33] In Frankreich kam eine Kommission zu dem Schluß, »daß vom technischen Standpunkte aus dem Ersatz des Bleiweißes durch Zinkweiß nichts im Wege steht, und daß vom hygienischen Standpunkte aus dieser Ersatz wünschenswert ist«[34]. Wegen der wirtschaftlichen Bedeutung der Bleifarbenindustrie in Deutschland verhielt man sich eher zurückhaltend gegenüber solchen Möglichkeiten und verwies auf die »Unübertroffenheit« der Materialeigenschaften. Giftig für den Menschen sei allenfalls eingeatmeter Farbstaub, dessen Entstehen durch technische Vorrichtungen zu verhindern sei. »Von einer Schädigung der Menschen hat man, einige Unfälle durch Unvorsichtigkeit ausgenommen, nichts gehört.«[35]

Dennoch gewann auch in Deutschland der Ersatzstoff Titandioxid rasch an Bedeutung. Er war ungiftig und hatte ein geringes Gewicht und eine hohe Farbintensität. Probleme, die im Produktionsverfahren selbst begründet lagen, wurden erst später erkannt.

Ausgangsstoff des ursprünglichen, heute als Sulfatverfahren bekannten Prozesses war und ist Ilmenit, ein eisenhaltiges Erz ($FeTiO_3$).[36] Besonders schwierig gestaltet sich die Trennung des Titan von Eisen. Ilmenit wird getrocknet, gemahlen und mit konzentrierter Schwefelsäure und Wasser oder Dampf aufgeschlossen. Durch weiteren Zusatz von Wasser oder verdünnter Schwefelsäure und Eisenschrott werden die Mineralien aus dem Aufschluß gelöst und reduziert. Der anschließende Klärungsprozeß trennt das taube Gestein und das auskristallisierte Grünsalz (Eisen-II-sulfatheptahydrat, $FeSO_4$ x 7 H_2O).

Das Sulfatverfahren braucht nicht nur viel Wasser, es fallen auch gewaltige Mengen schädlicher Rückstände an; auf jede Tonne TiO_2-Pigment kommen zwei Tonnen unlösliche Rückstände, 3,8 Tonnen mit Schwermetallen wie Zink, Blei, Cadmium, Chrom, Nickel, Vanadium, Kupfer und Quecksilber verunreinigtes Grünsalz sowie acht Tonnen Dünnsäure (22%ige Schwefelsäure H_2SO_4) mit ähnlichen Verunreinigungen und 250 Kubikmeter Abwasser.[37]

Die Herstellung des Farbpigments ist auch mit dem weniger umweltbelastenden Chloridverfahren möglich, das als Rohstoff den hauptsächlich in Australien abgebauten, selteneren Rutil benötigt, einen rötlich-schwarzen Sand, der das gleichnamige weiße Mineral aus Titandioxid enthält.

Ilmenit steht dagegen vergleichsweise billig und in ausreichenden Mengen zur Verfügung, so daß das Sulfatverfahren bis heute bevorzugt angewandt wird. In Deutschland wurde Titandioxid seit 1927 durch die Titangesellschaft mbH, eine Gründung der IG-Farben und der Titan Co A.S., Frederikstad/Norwegen, produziert. Dabei unterstand die norwegische Firma den Weisungen der National Lead Co. in New York, einem führenden Unternehmen der Bleiweißherstellung, das sich über diese Beteiligung die traditionellen Absatzmärkte für Weißpigmente sichern wollte. Aus der Titangesellschaft mbH entwickelte sich später die Kronos Titan GmbH.[38]

Die Wahl des Standortes der Produktionsstätten orientierte sich an denselben Kriterien wie im Fall der Ultramarinfabriken: Die Lage am Fluß sicherte eine preiswerte Belieferung mit Rohstoffen und war in der Anfangszeit unabdingbar zur »Entsorgung« der stark schwefelsäurehaltigen Abwässer.

Auch im Sulfatprozeß entsteht Schwefeldioxid, das, wenn auch in geringerer Menge als bei der Produktion von Ultramarinblau, über hohe Schornsteine abgegeben wird.

Die mit der Herstellung verbundenen Abfallprobleme waren von Beginn an erheblich. Seltsamerweise spielte die Frage der Belastung der Atmosphäre in der umweltpolitischen Diskussion kaum eine Rolle, obwohl die SO_2-Emission der vier Titandioxid-Fabriken in der BRD 1980 fast 1% der gesamten bundesdeutschen Schwefeldioxidemission ausmachte.[39] Die Debatte konzentrierte sich auf die Art der Beseitigung der flüssigen Abfälle, die direkt in die Flüsse eingeleitet oder in küstennahen Meeresgebieten abgelassen werden.

Ein Verfahren zur Aufkonzentrierung der Dünnsäure existierte zwar und wurde seit 1958 von der Bayer AG im Werk Uerdingen angewandt, doch die allgemeine Einführung scheiterte an den »hohen« Kosten. Statt dessen begann vier Jahre später die Firma Sachtleben mit der Verschiffung und anschließenden Verklappung von ungefähr 600 000 Tonnen Dünnsäure pro Jahr in die Nordsee[40] – eine in der Bundesrepublik seit 1969 sogar behördlich geförderte Praxis. Es mag erstaunen, daß die Verklappung von Behörden- wie Industrieseite als ein Verfahren der »geordneten Beseitigung von Abfällen« angesehen wurde, aber »vor 1969 gehörte es zum Stand der Technik, Dünnsäure in den Rhein einzuleiten«[41].

Vor allem im Hinblick auf die großen Mengen an Abfallsäuren aus der Produktion anorganischer Farbstoffe entschied die Bayer AG 1964, »die Dünnsäure jedenfalls nicht mehr durch die Trinkwassergewinnungsgebiete des Niederrheins fließen zu lassen, sondern eine Verbringung ins Meer zu ermöglichen«.[42] 1966 stimmten die niederländischen Behörden diesem Vorschlag zu, und die wasserrechtliche Erlaubnis des Regierungspräsidenten in Düsseldorf[43] für die Einleitung von Abwässern in den Rhein bestimmte, daß Dünnsäure möglichst durch Verschiffung in die Nordsee zu beseitigen sei. Die Bayer AG leitete Dünnsäure bis 1969 in den Rhein.[44] Danach begann die Verklappung, und es wurden bis zu über eine Millionen Tonnen jährlich allein durch Firmen aus der Bundesrepublik in die Nordsee gekippt. Auch das schwermetallhaltige Grünsalz wurde auf diese Weise »beseitigt«.

Titandioxid und die Folgen: Blockadeaktion gegen die Dünnsäure-Verklappung durch Bayer und Kronos-Titan, Leverkusen 1980.

Dünnsäure ist maßgeblich für das Auftreten von Flossenfäule, Skelettanomalien und Geschwulsten bei Fischen in der Nordsee verantwortlich.[45] Nach einer Mitteilung des Bundesforschungsministeriums sind in den Verklappungsgebieten gehäuft Fehlentwicklungen bei den Chromosomen zahlreicher Fischarten sowie eine hohe Mißbildungshäufigkeit festgestellt worden.[46] Das Ende der Nordsee-Verklappung für Dünnsäure und deren Rückführung in den Produktionsprozeß wurde in der Bundesrepublik erst durch jahrelange Aktivitäten von Einzelpersonen und Umweltschutzorganisationen durchgesetzt. Doch auch von den neuen Anlagen zur Aufkonzentration der Dünnsäure gehen noch Emissionen aus, und noch längst sind nicht alle Probleme gelöst. Die an verschiedenen Stellen des nunmehr verbesserten Produktionsprozesses anfallenden schwermetallhaltigen Schlämme z.B. müssen derzeit auf einer Sondermülldeponie gelagert werden. Langfristig ist eine Grundwassergefährdung dadurch nicht auszuschließen.

Großbritannien und Frankreich wollen noch bis 1993, Spanien bis 1992 Schwefelsäure ins Meer ausbringen. Für die meisten Länder liegen zeitlich terminierte Absichtserklärungen überhaupt nicht vor. Und in einigen industriell weniger entwickelten Staaten mit entsprechend milden Umweltschutzauflagen werden Produktionskapazitäten noch ausgebaut oder dorthin verlagert. Erst 1987 mußte der Bau einer Titandioxidfabrik in Lukon/ Taiwan aufgegeben und ein anderer Standort gesucht werden, weil sich die Bewohner aus Furcht vor der Verschmutzung des Meeres und der damit verbundenen Schädigung der Fischereiindustrie gegen die Errichtung gewehrt hatten.[47]

In der langen Geschichte der Mineralfarben sind Ultramarin und Titandioxid besondere Beispiele. Anders als die meisten der traditionell genutzten und hergestellten Farbpigmente sind sie ungiftig; dafür illustrieren sie aber um so deutlicher, daß das Interesse sowohl der Alchimisten, Farbkünstler und Fabrikherren, als auch das der Chemiker, Verfahrenstechniker, Ingenieure und Unternehmer ausschließlich der möglichst kostengünstigen Herstellung eines nützlichen, begehrten Produkts gegolten hat, jedoch nie der Vermeidung schädlicher oder giftiger Abfallstoffe. Leichtfertig vertraute man das, was übrig blieb, der »unendlichen Verdünnungsmöglichkeit« der Luft, der Flüsse und der Meere an.

Wenn heute Titandioxid nicht wie Ultramarin aus dem Angebot der Farbpigmente verschwunden ist, sondern in großen Mengen weiterproduziert wird, dann ist das eine Folge davon, daß sich dort – ähnlich wie bei der erfolgreichen organischen Chemie – ein kleiner Produktbaum hat entwickeln können: Grünsalz, das beim Sulfatverfahren in Massen anfällt, wird teilweise weiterverarbeitet und zu verschiedenen Anwendungszwecken vermarktet. Grünsalz-Produkte sollen, so versprechen es die Hersteller, bei der Abwasserreinigung oder der Trinkwasseraufbereitung und sogar bei der Reinigung ganzer Seen von Phosphaten nützlich sein. Ob das allerdings ohne Nebenwirkungen und weitere Folgeprobleme gelingt, ist fraglich. Es scheint, als müßten – wie schon bei den Teerfarben – für die Nebenprodukte des Titandioxidprozesses geeignete Einsatzbereiche erst noch gefunden werden.

Engelbert Schramm

Farbe in die blasse Chemiepolitik – ein Ausblick

Auch wenn die hohe Zeit der synthetischen Farbenproduktion vergangen scheint: Die mehr als 125 Jahre alten Farbenfabriken Bayer, Hoechst und BASF, die »großen Drei«, sind heute die größten chemischen Konzerne der Bundesrepublik Deutschland und zählen zu den weltweit einflußreichsten Chemiemultis. Die Bundesrepublik ist das Land mit der weltweit höchsten statistischen Chemieproduktion pro Kopf; der Anteil der chemischen Industrie am Bruttoproduktionswert (verarbeitendes Gewerbe) beträgt etwa 10,4%. Die seit dem Ende der siebziger Jahre durch die ökologische Bewegung initiierte chemiepolitische Diskussion wird vielleicht auch deshalb in der Bundesrepublik entschiedener geführt als an anderen Chemiestandorten wie den USA oder Japan.

Im Gegensatz zu den Chemiewerken in Wolfen, Bitterfeld oder Leuna, die seit der durch die Alliierten versuchten Demontage des IG-Farben-Konzerns nicht mehr erneuert wurden, sind die Standorte im Westen sukzessive modernisiert worden. Die reichlichen Profite, die die »entflochtenen« Konzerne Hoechst, Bayer und BASF aus dem »Wirtschaftswunder« erzielen konnten, kamen den Anwohnern in Ludwigshafen, Offenbach oder Leverkusen insofern zugute, als bei Neuanlagen strengere Auflagen der Genehmigungsbehörden durchgesetzt werden konnten. Die »braunen Fahnen« der Stickoxide, die noch vor zwanzig Jahren aus den Schornsteinen aufstiegen, sind verschwunden. Überreichliche Emissionen von Ruß und Schwefeldioxid belästigen die Nachbarn nicht mehr; der typische Geruch allerdings ist häufig geblieben. Neue Kläranlagen sind eingeführt worden und lassen sich nutzen, um den Zeitungslesern, die vor zwei Jahrzehnten noch durch Schaumberge und regelmäßige Fischsterben aufgeschreckt wurden, einzureden, die chemische Industrie habe die Umweltprobleme völlig im

Griff. – Wenigstens immer solange, bis wieder größere Chemikalienmengen in den Rhein gelangen oder sich die niederländischen Wasserwerker über Problemsubstanzen beschweren, die im Normalbetrieb in den Fluß gelassen werden.

Alles im Griff?

Die bisherigen Regelungen und Vorschläge zur Chemiepolitik, so wirkungsvoll sie sich im Ost/West-Vergleich präsentieren, bauen jedoch auf brüchigen Fundamenten auf, ihre Voraussetzungen beruhen auf beträchtlichen Wissenslücken. So gesteht beispielsweise die Bundesregierung in ihrem Statusbericht zum Chemikaliengesetz ein, daß an der Begründung und einer juristisch handfesten Definition dessen, was denn eigentlich »umweltgefährdend« sei, noch gearbeitet werde.[1]

Damit sind die Politiker in ihrer Kategorienbildung kaum weiter, als 1876 kritische Gewerbeaufsichtsbeamte wie E. Beyer, der die Auswirkungen der Farbenproduktion im Düsseldorfer Raum auf die Arbeitergesundheit wie folgt beschrieb: »Die Möglichkeit, daß bei der Darstellung von Anilinfarben kleine Mengen giftiger Anilindämpfe in die Arbeitsräume gelangen, ist zwar nicht in Abrede zu stellen; soweit bekannt, sind aber in den hiesigen Fabriken niemals Unfälle vorgekommen, welche darauf zurückzuführen gewesen wären, während bekanntlich bei der Darstellung des Anilinöls beim Öffnen der Kessel Vergiftungen der Arbeiter durch Einathmen von Anilindämpfen nicht selten sind. In den hiesigen Anilin-Fabriken wissen die Ärzte weder über akute noch chronische Anilinvergiftungen zu berichten und die etwa bei den Arbeitern vorkommenden Katarrhe finden in der Entwicklung salzsaurer Gase, holzessigsaurer Dämpfe u.dgl., ihre genügende Erklärung.«[2]

Diese schlimmsten Fehler der Vergangenheit scheinen heute ausgeräumt zu sein: Katarrhe durch tagtäglichen Aufenthalt in einer Salzsäureatmosphäre bekommt schon lange kein Arbeiter mehr. Und der Anilinismus wird heute, wie auch einige andere Auswuchse der »industriellen Pathologie«, nicht mehr ignoriert, sondern ist als Berufskrankheit anerkannt. Früher übliche Ausweichstrategien, wie die Aufgabe geschlossener Produktionsstätten, um auftretende Schadstoffe durch größere Luftmassen zu verdünnen (aber so deren Risiken auf mehr Menschen zu verteilen), sind heute nicht mehr möglich: Noch vor wenigen Jahrzehnten hat man beispielsweise in der Anilinfabrik Griesheim das Zwischenprodukt Benzidin, aus dem zahlreiche Azofarbstoffe hergestellt wurden, skrupellos »in einer Freiluftanlage« produzieren lassen, um angeblich »der schlimmen Berufskrankheit des Blasenkrebses Herr« zu werden.[3] Derartige Substanzen werden heute nur noch in (weitgehend) geschlossenen Systemen verwendet, sofern nicht versucht wird, in der Produktion völlig auf sie zu verzichten.

Auch mit dem krebserzeugenden Benzol wird heute in der Bundesrepublik – anders als noch vor zehn Jahren – zumindest in den Labors nicht mehr gearbeitet. Aus der chemischen Produktion allerdings hat man selbst diese Problemchemikalie nicht völlig verbannt. Die voneinander differierenden Grenzwerte für Benzol z.B. in der MAK- und in der TRK-Liste weisen gleichzeitig darauf hin, daß es für die verschiedenen Arbeitsbereiche unterschiedliche Schutzkonzeptionen gibt, die sich nicht oder nur um den Preis ihrer Nivellierung[4] mit einheitlichen Grenzwerten fassen lassen.

Mit Hilfe von Grenzwerten läßt sich prinzipiell nur eine Begrenzung, nicht aber eine Vermeidung des Eintrags von Chemikalien in die Umwelt erreichen. Juristisch ist ein derartiges Instrumentarium ambivalent, da es die Hersteller, Vertreiber und Anwender von ihrer Verantwortung entbindet. Neben das Grenzwerte-Instrument müssen daher zukünftig (auch weil Stoffkombinationen nicht erfaßt werden) andere Instrumentarien treten, die für die Arbeit an diesen Problemen hilfreich sind. Die Eckpunkte einer Begrenzung von Schadstoffgruppen müssen zudem mit demokratischeren Mitteln als jenen des »private government« der Experten bestimmt werden.

Mit »Grenzwerten« und »Berufskrankheiten« sind zwar »Risiken« gesellschaftlich anerkannt worden – entsprechend dem herkömmlichen, in der Umweltpolitik bisher nicht in Frage gestellten Schadenersatzrecht aber nur monokausal, auf einzelstofflicher Ebene.[5] Mühsam geht man dabei den Weg jener kritischen Arbeitsmediziner und Toxikologen weiter, die schon im 19. Jahrhundert nicht nur die akute Vergiftung gelten lassen wollten, sondern auf die in späteren Lebensjahrzehnten zum Ausbruch kommenden chronischen Krankheiten durch den tagtäglichen Umgang mit bestimmten Chemikalien hingewiesen haben.

Die aktuellen Versuche, die toxikologische Betrachtungsweise auszuweiten und sich dabei weiterhin auf den Einzelstoff zu konzentrieren, stehen in dieser Tradition. Sie bedeuten eine Verfeinerung letztlich ineffektiver Maßnahmen.

Dies gilt auch dort, wo die toxikologischen Bewertungskriterien um sogenannte sensibilisierende Stoffe erweitert werden. So hat etwa die SPD-Fraktion im Bundestag gefordert, daß auch derartige Allergien provozierende Chemikalien ins Chemikaliengesetz aufgenommen werden sollen; angesichts der deutlich zunehmenden Allergien sind solche Regelungsge-

danken wichtig. Doch bietet die wissenschaftliche Toxikologie keine praktikablen Vorab-Tests, mit denen die Sensibilisierungspotentiale von Substanzen bereits vor deren Vermarktung betrachtet werden könnten; erst in
der medizinischen Praxis aufgetretene Fälle von Allergien können beim
derzeitigen Stand des Wissens überhaupt erfaßt werden. Es ist zudem
fraglich, wieweit diese Allergien wirklich einzelstofflich verursacht werden,
wie komplex die Zusammenspiele auch mit Lebensgewohnheiten und kulturellen Mustern sind.

Klare Aussagen sind für die Vielzahl allergienauslösender Chemikalien
ebenso wie für immunosuppressive Stoffe kaum möglich. Deutlich machen
das beispielsweise die diffusen Krankheitsbilder, die in den letzten Jahren
nach landwirtschaftlicher Pestizid-Verwendung um Tübingen bei den Anwohnern der Felder aufgetreten sind. Die ausschließliche Urteilskraft toxi-
kologischer Experten verspricht keine rasche Aufklärung – vielmehr müßte
die Kompetenz der Betroffenen (z.B. durch von ihnen selbst geführte
Belastungsdokumentationen) gegenüber den Wissenschaftlern gestärkt
werden. Derartige Forderungen nach einer alternativen medizinischen Forschung werden jedoch bisher von der Politik ausgeklammert.[6]

Schon auf der Ebene der Einzelstoffe bleiben die chemiepolitischen
Regelungsversuche hinter den Problemen zurück: Das ökologische Akku-
mulationspotential, die Fähigkeit zur biologischen bzw. biogeochemischen
Abbaubarkeit der Substanz, ihr Umweltdestruktionspotential, ihre Fähigkeit zu Störungen des Immunsystems und zur Erzeugung oder Verstärkung
von Allergien werden nur für Arzneimittel und für Pestizide halbwegs
untersucht.[7] Schwammige und letztlich rechtlich unbestimmte Begriffe wie
»giftig«, »hochgiftig«, »gefährlich« oder »umweltgefährdend«, die der Gesetzgeber in geradezu inflationärer Art und Weise verwendet, geben den
Bürokraten gefährliche Ermessensspielräume.

Neue stoffliche Eigenschaften, die beim Zusammenwirken von verschiedenen Chemikalien auftreten, sind wissenschaftlich bisher kaum bearbeit-
bar; sie sind aber auch in den amtlichen Versuchen, den Umgang mit
Chemikalien zu regeln, kein Thema. Diese Mehrstoff-Problematik (bei der
die Naturwissenschaften aufgrund ihrer Methodik vermutlich prinzipiell
kein gesichertes Wissen produzieren können) dürfen aber aus einer zukünf-
tigen Chemiepolitik gerade nicht als immanente »blinde Flecken« ausgespart bleiben. Gerade an der Mehrstoff-Problematik werden Grenzen der
instrumentellen Vernunft der Ingenieur- und Naturwissenschaften sichtbar.
Es ist wichtig, diese Grenze der wissenschaftlichen Wahrnehmung zu be-
tonen. Denn wo diese bei der technischen Produktion bzw. Vermarktung
und Konsumtion von Chemikalien überschritten wird, können weitere

krisenhafte Störungen die unerwünschte, vielleicht kaum noch reparable
Folge sein.

Chemiepolitik ohne Geschichte?

In der Diskussion bisheriger Instrumente der Chemiepolitik ist die geschichtliche Entwicklung ausgeklammert oder doch wenigstens idealisiert
worden. Schon deshalb ist nicht aufgefallen, daß immer noch auch auf jene
Instrumente gesetzt wird, die die Chemisierung des Alltags erst herbeige-
führt haben. Die Probleme der Produktionsgestaltung werden dabei beispielsweise völlig vernachlässigt.[8]

Zu welchen Modernisierungen es daher kommen kann, verdeutlicht die
Geschichte der Farbenproduktion: Zur Fabrikation von Anilinfarben wurde zunächst Arsensäure als Oxidationsmittel eingesetzt; bald kam es zu
akuten Vergiftungsfällen unter den Arbeitern. Aufgrund ihres Arsengehalts
galten die festen und flüssigen Abfälle dieser frühen Anilinfarbenproduk-
tion auch bei den Anwohnern als giftig, und seit den sechziger Jahren des
19. Jahrhunderts verursachte die Einleitung von Produktionsresten in die
Fließgewässer immer wieder Skandale und führte zu Entschädigungspro-
zessen. Schließlich wurde die Aufarbeitung der arsenhaltigen Abfälle zum
Feststoff und ihre Aufhaldung auf dem Medium Boden von den Aufsichts-
behörden vorgeschrieben. Die Folge davon war ein Müllnotstand, der auch
durch die vorgeschlagene »Abfuhr ins Meer« nicht mehr zu lösen war. Selbst
der Versuch, die Abfälle noch einmal in einer Art Recycling zu verwerten,
führte zu Belästigungen der Nachbarn. Daher begrüßten es die Fachleute
der Gewerbeaufsicht, daß im Zuge der Patentgesetzgebung auch neue Wege
bei der Herstellung von Rosanilin gesucht wurden und Nitrobenzol als
Oxidationsmittel ins Gespräch kam. Der Düsseldorfer Gewerbe- und Me-
dizinalrat Beyer beispielsweise setzte sich für die Substitution der Arsenverbindung durch Nitrobenzol »hoffentlich in nicht ferner Zeit« ein; eine
noch relativ unbekannte, aber – wie sich später zeigen sollte – chronisch
hochtoxische Verbindung trat so an Stelle einer weniger toxischen, aber
rascher wirkenden Verbindung, die jedoch schon seit Jahrhunderten als Gift
geächtet war.[9]

Dies ist kein Einzelfall: Noch 1988 sollte das krebsverdächtige Per in den
chemischen Reinigungen durch fluorierte Chlorkohlenwasserstoffe ersetzt
werden, die in Verdacht stehen, ursächlich am Entstehen des Ozonloches
beteiligt zu sein. Derartige Flickschusterei ist in Anbetracht der zunehmen-

den Chemisierung des Alltags abzulehnen. Denn angesichts der zu beobachtenden Ausbreitung von Allergien erscheint es fraglich, ob das Prinzip einer Substitution von chemischen Substanzen durch andere Chemikalien eine langfristig sinnvolle Strategie darstellt.

Selbst die Bundesregierung verweist im Statusbericht auf einen durch das Chemikaliengesetz geförderten »Trend zur Substitution bekannter gefährlicher Stoffe durch alte oder neue weniger bedenkliche Stoffe«. Bei der Bewertung dieser Substitutionen achtet z.B. das Umweltbundesamt mittlerweile auch auf Edukte und Kuppelprodukte. Allerdings werden die in Spuren anfallenden Verunreinigungen bei der Substitution schon kaum noch bewertet.

Substitutionssubstanzen sollten nicht nur umwelt- und gesundheitsverträglicher als die zu ersetzenden »hochgiftigen«, »umweltzerstörenden« Chemikalien sein; sie sollten möglichst auch auf ihre immunosuppressiven, sensibilisierenden, umweltpersistenten, bioakkumulativen und Kombinations-Eigenschaften hin untersucht worden sein.

In der innerbetrieblichen Substitutionsdiskussion wird offensichtlich nur in Richtung auf die Substitution entweder von Stoffen oder von Verfahren diskutiert. Andere Möglichkeiten, z.B. die Kombination beider Optimierungsbereiche, werden ausgeblendet. Die Diskussion bewegt sich ohnehin auf einem fachlichen Niveau, das selbst die Mehrzahl der Chemiker ausschließt. Wer will da unter sich und seinesgleichen bleiben?

Endet Chemiepolitik an den Werkstoren?

Die chemische Produktion wird heute im wesentlichen über eine anlagenbezogene Gesetzgebung geregelt. Diese als ausreichend zu betrachten, ist eine gefährliche Fiktion, denn tatsächlich gelangen die Chemikalien, die vermarktet werden – von der Dispersionsfarbe bis zum Benzin, vom Nagellackentferner bis zum Pestizid – in die Umwelt. Außerhalb von technischen Anlagen sind diese Chemikalien kaum noch mit gesetzlichen Möglichkeiten zu kontrollieren.

Jährlich werden – allein in der BRD – 16 Millionen Tonnen Chemikalien umweltoffen eingesetzt. Diese Mengen haben dazu geführt, daß Kompost und Klärschlamm mittlerweile so stark mit Schadstoffen belastet sind, daß ihr Einsatz in Garten und Landwirtschaft umstritten ist. Eine makabre Folge der Dauerbelastung zeigt sich darin, daß sogar Lebewesen zu Sonderabfall werden können: Die im Sommer 1988 gestorbenen Seehunde waren beispielsweise so stark mit PCBs belastet, daß ihre Kadaver nicht einmal mehr in Sondermüllverbrennungsöfen hätten gesteckt werden dürfen.

Umweltanalytiker haben in den letzten Jahren nicht nur den Eintrag riesiger Mengen von Stickoxiden aus den Automotoren in die Atmosphäre nachweisen können, wo sie zur Klimaveränderung beitragen; mit den Regentropfen fallen regelmäßig auch Spuren von Pestiziden und Lösungsmitteln auf die Erde zurück. Dies wirft ein erschreckendes Licht auf die alltäglichen, die nicht spektakulären Emissionen von Chemikalien: Die Chemisierung der Welt ist weit vorangeschritten; die Klimakatastrophe droht daher ebenso wie eine dauerhafte Schädigung der Hydrosphäre.

Politiker haben sich der Frage nach der Verwendung von Produkten bisher weitgehend entzogen, von wenigen auch auf der GdCh-Liste stehenden Altstoffen – z.B. Asbest, Schwermetalle, polychlorierte Kohlenwasserstoffe – einmal abgesehen[10]; abgesehen auch von jenen Substanzen, für deren Verwendung das Chemikaliengesetz außer Kraft gesetzt wurde: Pestizide, Düngemittel, Arzneimittel, Lebensmittelzusätze.

Der Motor der Chemisierung

Statt den Produktionslinien galt die Aufmerksamkeit bislang fast ausschließlich den Problemen der »Exkremente der Konsumtion« und auffälligen Exkrementen der Produktion (Emissionen und Sondermüll).[11] Dabei müßte eine Regelung der Chemisierung gerade davon ausgehen, daß die Chemie eben nicht an den Fabriktoren halt macht und eine Gefährdung nicht allein von der Abluft, dem Abwasser, dem Produktionsmüll und den Störfallrisiken ausgeht, sondern ebenso von den Produkten selbst.

Wissen über diese Produkte läßt sich aber nur über die Betrachtung auch der stofflichen Seite der Produktion erzielen. Daß sich gerade die Unternehmen der Farbstoffchemie über mehr als 125 Jahre als Wachstumsindustrie erweisen sollten, liegt auch daran, daß durch die Verwissenschaftlichung der Produktion stofflich eine immer weitere Expansion möglich wurde, die die Chemisierung des Alltags zur Folge hatte.

Farbstoffchemie ist gleichbedeutend mit dem Ersatz von Naturstoffen durch synthetische Verbindungen, dem Erreichen von Naturunabhängigkeit und einer unglaublichen Erweiterung der Farbstoffpalette. Die Farbenfabriken wuchsen in diesem Zuge zu immer größeren chemisch-industriellen Komplexen heran. Aus nutzlosen Abfällen (z.B. Nitrophenol)

Das Füllen der Retorten in der Gasanstalt in Beckton. Holzstich nach W. Bazett Murray von 1878.

entstanden weitere Produkte (z.B. Pharmaka). Auf diese Weise wurde die Herstellung künstlicher Farben zur Keimzelle der großchemischen Produktion. Farbstoffproduktion bedeutet aber auch Ausbildung heimtückischer Berufskrankheiten, Zunahme von Allergien und globaler Umweltverschmutzung.

Der immanente Mechanismus, nach dem diese allgegenwärtige Chemisierung historisch ablief, läßt sich am Beispiel der Chlorchemie verdeutlichen, die in den vergangenen Jahren immer mehr in den Mittelpunkt der Diskussion geraten ist.

Chlor wurde seit Mitte des 19. Jahrhunderts, noch vor der Entstehung der Farbstoffchemie, zu einer wichtigen Produktionschemikalie. Die seit Beginn der Industrialisierung vor allem für die Textilindustrie wichtigen Sodafabriken bliesen zunächst das bei der Herstellung entstehende Salzsäuregas einfach in die Luft. Als Folge kam es zu Immissionsschäden z.B.an der Vegetation, die insbesondere die Großgrundbesitzer nicht hinzunehmen bereit waren. Seit Mitte des vorigen Jahrhunderts wurde ein Teil der Salzsäure mit Wasser aufgefangen und beispielsweise zum Aufschließen von organischen Materialien (z.B. Knochen) für die Leimherstellung verwandt. Ein Teil des Salzsäuregases konnte allerdings nicht genutzt werden und galt weiter als lästiger Abfall. 1863 setzten die britischen Großgrundbesitzer den »Alkali Works Act« durch, ein Gesetz, das Grenzwerte für das bei der Sodafabrikation emittierte Salzsäuregas festlegte. Weil das Umweltschutzgesetz zunächst auf Einleitungen in die Luft beschränkt blieb, reagierte ein Teil der Fabrikanten darauf mit der Entsorgung der Problemchemikalie über den Wasserpfad und leitete das lästige Abfallprodukt einfach in Flüsse oder Kanäle. Die Folge davon war, daß einzelne Schiffahrtsstraßen aufgrund der beträchtlichen Salzsäurelast kaum noch schiffbar waren, weil eiserne Schiffsteile und Schleusentore sich aufzulösen begannen. Der Protest von Fischern und Seeleuten blieb daher nicht aus.

Bevor die Gesetzgeber als Reaktion auf die entstandenen gesellschaftlichen Konflikte 1874 nachbesserten, hatten sich die Produktionsverhältnisse wieder geändert. Mittlerweile waren Verfahren entwickelt worden, mit deren Hilfe aus Chlor katalytisch Salzsäuregas gewonnen werden konnte. Das Chlorgas traf auf einen expandierenden Absatzmarkt und wurde eingesetzt um z.B. Eau de Javelle, ein Mittel zur künstlichen Bleiche von Textilien, zu ersetzen, auf dessen Basis die Textilindustrie von großen Bleichflächen unabhängig wurde. Chlorkalk, ein Folgeprodukt des Chlor, wurde außerdem in Papierfabriken zur Bleiche des Papiers eingesetzt.

Neue Absatzmärkte und strengere gesetzliche Regelungen führten dazu, daß der vorgeschriebene Grenzwert nun tatsächlich für Salzsäure eingehal-

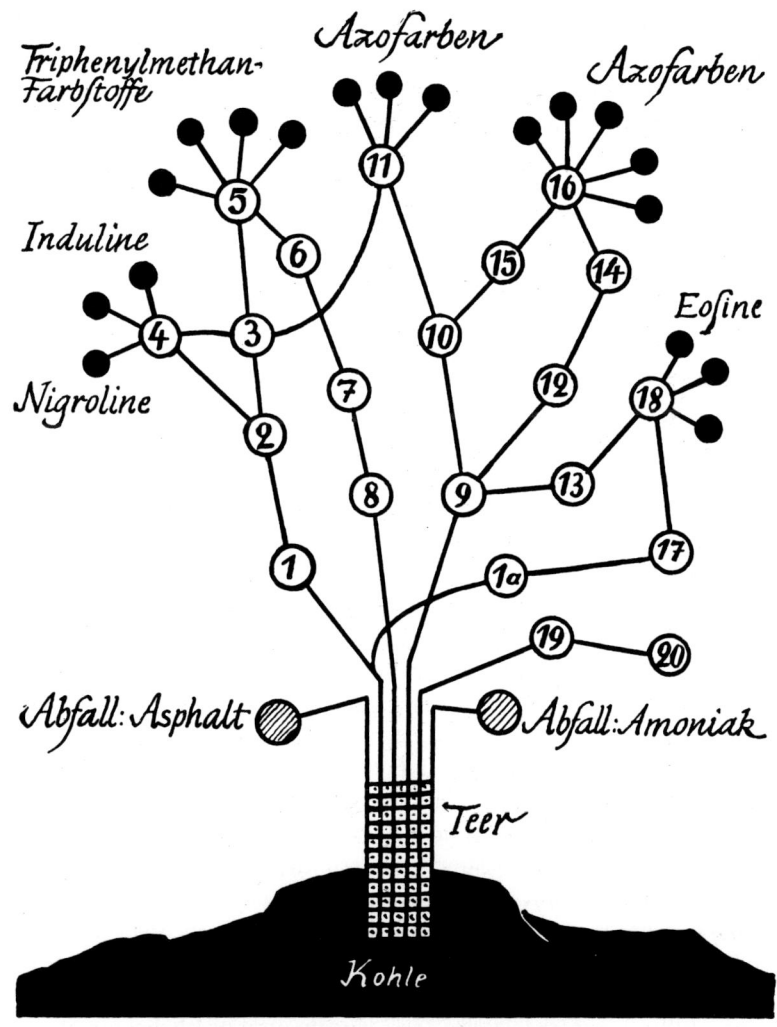

Der Stammbaum der künstlichen Farbstoffe (Darstellung aus dem Jahre 1937):
1 Benzol, 2 Nitrobenzol, 3 Anilin, 4 Nigrosin, 5 Rosanilin, 6 Taluidin, 7 Nitrotoluol, 8 Toluol,
9 Naphthalin, 10 Naphtol, 11 Azofarbstoffe, 12 Naphthylamin, 13 Phthalsäure, 14 Naphthyl-
aminsulfosäuren, 15 Naphthylsulfosäuren, 16 Azofarbstoffe, 17 Resorcin, 18 Fluorescein,
19 Anthracen, 20 Alizarin.

ten werden konnte. Später wurde das nebenbei anfallende Chlor zum Ausgangsprodukt weiterer Produktionszweige. Sodafabrikanten suchten weitere Wege zum Einstieg in die Chlorchemie und fanden sie in der Aufarbeitung von Abfallprodukten aus anderen Produktionszweigen, z.B. dem schwefeldioxidhaltigen »Rauch« der Metallhütten. Dadurch daß sie ihre Produktion weiter verzweigten und immer rationeller mit den eingesetzten Stoffen wirtschafteten, konnten sie sich sogar selbst dann noch am Markt halten, wenn die Grundproduktion längst nicht mehr rentabel war. Der Fabrikant, der mit Hilfe der chemischen Wissenschaft einen stark verzweigten Produktionsbaum aufbaute, minimierte also seine betriebswirtschaftlichen Kosten durch eine Optimierung des Stoffeinsatzes.[12] Gleichzeitig schuf er ein immer verzweigteres Angebot an chemischen Substanzen, das schließlich in der Chemisierung nahezu aller gesellschaftlicher Lebensbereiche mündete.

Die geschilderten Prinzipien der Verbundproduktion, die in der Sodafabrikation entstanden, wurden ziemlich früh für den Bereich der Teerfarbenchemie übernommen. Auch deren Produktbäume beruhten wesentlich auf Abfallprodukten, z.B. dem in Kokereien erzeugten Stadtgas.

Die historischen Sodafabriken mußten sich in der Nähe von Metallhütten ansiedeln; sie »pachteten« deren Abgase, um sie zu Schwefelsäure aufzuarbeiten. Eine entsprechende Nähe zu den Gaskokereien hatten die Teerfarbenfabriken nicht nötig; der bei der Herstellung von Stadtgas entstehende Steinkohlenteer, auf dem ihre Produktion aufbaute, konnte in Fässern leicht auch über größere Entfernungen, z.B. von Großbritannien nach Deutschland, transportiert werden. Steinkohleteer wurde zunächst von unabhängigen Fabrikanten destilliert, die nicht nur an Farbstofffabriken, sondern auch an Hersteller technischer Öle und Schmiermittel verkauften. So entbrannte heftige Konkurrenz um jene Fraktionen, die auch andere Fabriken in großen Mengen benötigten. Dagegen konnten die Farbenfabriken die in dem Gemisch enthaltenen Anteile, für die kein großer Marktbedarf bestand, von den Teersiedereien zu günstigen Preisen erstehen. Gerade die Verarbeitung der billigen Substanzen des Teers wurde somit profitabel für sie.

Die Leichtölfraktion des Teers bestand aus Benzol, Toluol, Xylol usw, die seit 1863 getrennt werden konnten. Auch die zwischen 170 und 230°C übergehende Karbolfraktion war für die Farbherstellung interessant, da in ihr neben Kresolen Phenol und Naphtalin gefunden wurde. Nachdem die Teerdestillateure seit 1869 gelernt hatten, die bis dahin kaum zu Schmierzwecken verarbeiteten »Grünöle« zu verarbeiten, lohnte es sich, aus der bei höheren Temperaturen übergehenden Anthrazenfraktion neben dem als Holzschutzmittel bis heute verwendeten Carbolineum Anthrazen zu gewinnen. Auch das bei der Destillation übrigbleibende Pech wurde zum Teil zu Ruß verarbeitet, der z.B. bei der Herstellung von Tusche und Druckerschwärze notwendig ist.

1876 bestand im Ruhrgebiet erst eine einzige Fabrik, die – im wesentlichen für die BASF – den Teer aufbereitete. Um 1900 versuchten bereits zahlreiche Zechenbetriebe, Steinkohle zu möglichst verschiedenen Produkten weiterzuverarbeiten. Der folgende zeitgenössische Bericht beschreibt den Wandel: »Während noch vor wenigen Jahrzehnten die Kokerei als ein weniger wichtiger Betrieb des Zechenbereiches betrachtet wurde, der lediglich dem Zwecke der Koksbereitung diente, ist heute der moderne Kokereibetrieb mit der Gewinnung der Nebenprodukte einer der wichtigsten Zweige des Zechenbetriebes, da die früher lästigen Abfallprodukte der Destillation heute sorgfältig aufgefangen und verarbeitet werden, um sie zu wertvollen Nebenprodukten zu gestalten, welche die Rentabilität des ganzen Unternehmens erhöhen. Teer wird hierbei als solcher gewonnen und in seine wertvollen Rohprodukte zerlegt; das Ammoniak wird auf die verschiedenen Salze des Handels verarbeitet, dem Heizgas wird das überflüssige Benzol mit seinen Homologen entzogen, um für sich verwandt zu werden, während man es früher nutzlos im Überschuß zur Befeuerung verbrannte.«[13]

In den Farbenfabriken wurde durch Behandlung von Benzol mit Nitriersäure, einem Gemisch von konzentrierter Salpeter- und Schwefelsäure, das Nitrobenzol hergestellt. Dieses Zwischenprodukt war einer der wichtigsten Grundstoffe der Teerfarbenindustrie; denn wenn Nitrobenzol mit Eisenspänen und Salzsäure reduziert wurde, war die Herstellung von Anilin wesentlich einfacher und profitabler als bei der direkten Gewinnung aus Steinkohleteer. Das als Nebenprodukt entstehende gelbbraune Eisenoxid konnte als Pigmentfarbstoff zu relativ hohen Preisen weiter abgesetzt werden.[14]

Bereits in der Gründungsphase der Teerfarbenfabriken hatte das 1865 synthetisierte Fuchsin, das Salz des Rosanilins, wirtschaftliche Bedeutung unter den Anilinfarben. Es war zudem die Ausgangssubstanz für Spirit- oder Anilinblau. Als Nebenprodukte entstanden bei der Fuchsinherstellung »gelbe, braune und blaue Farbstoffe: Chrysanilin, Induline u.a.m.«[15].

Rosanilin wurde anfangs durch Oxidation von Anilin, o- und p-Toluidin hergestellt. Als Oxidationsmittel verwandte man zunächst die umstrittene Arsensäure; die Farbstoffchemiker substituierten später dieses Oxidationsmittel durch Nitrobenzol und konnten deshalb größere Benzolmengen von den Teerdestillateuren abnehmen. Weitere Stoffe wie Anilinblau wurden aus den produzierten Grundsubstanzen aufgebaut.

Durch Erhitzen von Anilin mit Methanol und Schwefelsäure wurde
Dimethylanilin gewonnen, ein weiterer wichtiger Grundbaustein der Farbstoffchemie. Durch Oxidation von Dimethylanilin entstand 1866 erstmals
Methylviolett. Andere violette Farbstoffe mit mehreren Methylgruppen
haben den gleichen Grundaufbau. Erhitzen von Dimethylanilin mit Benz-
aldehyd und Zinkchlorid führte später zu Leukomalachitgrün.

Bei der Substitution der Naturfarben Alizarin und Indigo durch synthetische Farben wurde auf die schwereren Teerfraktionen zurückgegriffen.
Auf Anthrazen, einem Bestandteil der bei der höchsten Temperatur sieden-
den Fraktion, baute bereits die klassische, 1869 durch Heinrich Caro entdeckte Alizarin-Synthese auf. Die erste Indigo-Synthese durch Baeyer war
hingegen zu aufwendig, um die Indigo-Kulturen vom Markt zu verdrängen;
es dauerte noch fast zwanzig Jahre, bis BASF 1897 das großtechnische
Verfahren Heumanns entwickelt hatte, das schließlich profitabel arbeitete.
Dabei war Naphtalin das Ausgangsprodukt, das zunächst zu Phtalsäureanhydrid oxidiert wurde, aus dem auf einem recht komplizierten Weg
Indoxyl, der Ausgangsstoff des Indigo, herstellbar war. Weitere indigoide
Farbstoffe wurden ebenfalls auf diesem Weg gewonnen.

In kleineren Mengen bildete Phtalsäureanhydrid jedoch schon früher,
zusammen mit dem ebenfalls im Teer zu findenden Phenol und mit Schwefelsäure oder Zinkchlorid, den Grundbaustein für die Produktion der
Phtalein-Farbstoffe. Neben dem heute noch als analytischer Indikator
gebräuchlichen Phenolphtalein ist vor allem Fluoreszein zu nennen, das
wiederum als Grundbaustein einer Palette von Handelsfarbstoffen dient.
Das in der Seidenfärberei gebräuchliche Eosin ist z.B. durch Bromierung
des Fluoreszeins entstanden, das Erythrosin durch Jodierung.

Gerade weil die Farbstoffproduktion verwissenschaftlicht war, konnten
die Grundkörper der verschiedenen Farbstofftypen immer aufs neue variiert werden. So wurden immer neue Farbnuancen auf den Markt geworfen
und – Hand in Hand mit der Textilindustrie – rasch wechselnde Moden
erzeugt, die den Absatz von Textilien und Chemikalien rasch steigerten.

Diese Ankurbelung des Konsums verlief nur dann rentabel, wenn die
Farbchemiker nicht die Produktion der ganzen Fabrik auf den Kopf stellen
und neu entwickeln mußten, sondern auf einzelnen Zwischenprodukten
immer wieder aufbauen konnten, bis zu deren Herstellung die Produktion
gleich verlief: »Von großer Bedeutung für diese Industrie ist die Herstellung
der Zwischenprodukte (Nitro- und Amidokörper, Sulfogruppen, Phenole,
Chlorverbindungen, Diazokörper, Phosgen- und Formaldehydkondensa-
tionsprodukte), aus denen weiterhin Farbstoffe gewonnen werden; gerade
durch neue, von der Wissenschaft gefundene Zwischenprodukte (bzw.

verbesserte Verfahren zur Herstellung schon bekannter) wird der Farben-industrie immer neues und frisches Lebensblut zugeführt.«[16]

Mit dem Produktionsbaum in neue Bereiche

Die Produktionsbäume der organischen Chemie waren so strukturiert, daß sich ihre Aufrechterhaltung betriebswirtschaftlich rechnete. Gleichzeitig war damit eine Dynamik fortwährender Ausdifferenzierung in Gang gesetzt. Als es z.B. gelungen war, den Krappfarbstoff Alizarin synthetisch herzustellen, und dafür große Mengen Anthracenöl aus dem Teer gewonnen wurden, fielen auch entsprechende Mengen Naphtalin an. In der Folge wurde versucht, auch diesen Teil des Produktionsbaums entsprechend zu erweitern, wozu neue Chemikalien entwickelt und verwertet wurden (z.B. Naphtol-AS-Farbstoffe).

An Stelle des klassischen, aus Nadelgehölzen gewonnenen Terpentinöls wurde beispielsweise als Lösungsmittel für Farben ein kostengünstiger, aber Allergien erzeugender Terpentinersatz aus Tetralinen bzw. Dekalinen angeboten. Um ihn abzusetzen, wurde nicht nur der Markt umstrukturiert, sondern auch die Verhaltensweisen und Bedürfnisse der Konsumenten.

Mit viel List begannen bereits damals die Vertreter der Chemiefabriken über Land zu ziehen, um so für Produkte einen Markt zu schaffen, die in der Fabrik zunächst als Abfall anfielen; oder aber für Produkte, die als Farbstoffe eigentlich längst aus der Mode gekommen waren, aber während der Produktion weiter anfallen konnten. Ein Beispiel dafür ist Dinitro-o-Kresol, eine Substanz, die den Winzern und Obstbauern als Insektizid aufgeredet wurde; unliebsamer Nebeneffekt dieses »Gelbspritzmittels« war es, daß die Bauern die Gehölze und ihre eigenen Kleider einfärbten!

Mit der ökonomischen Notwendigkeit zum Ausbau der Produktions-bäume wurde auch der Einsatz ökologisch bzw. toxikologisch riskanter Grundchemikalien wie Naphtalin oder Benzol gerechtfertigt. Der jeweilige Produktionsbaum wuchs dabei immer weiter und wurde allenfalls noch aus ökonomischen Gründen in Frage gestellt, z.B. wenn von Kohle auf Erdöl als Ausgangsstoff umgestellt wurde.[17]

Schon in den ersten Jahrzehnten der Farbstoffabrikation versuchten sich zahlreiche Produzenten organischer Chemikalien von der anorganischen Grundchemikalienproduktion unabhängig zu machen und erzeugten notwendige Oxidationsmittel wie Arsensäure oder Schwefelsäure selbst. Der BASF beispielsweise bot die Alkalichlorid-Elektrolyse seit 1895 die Mög-

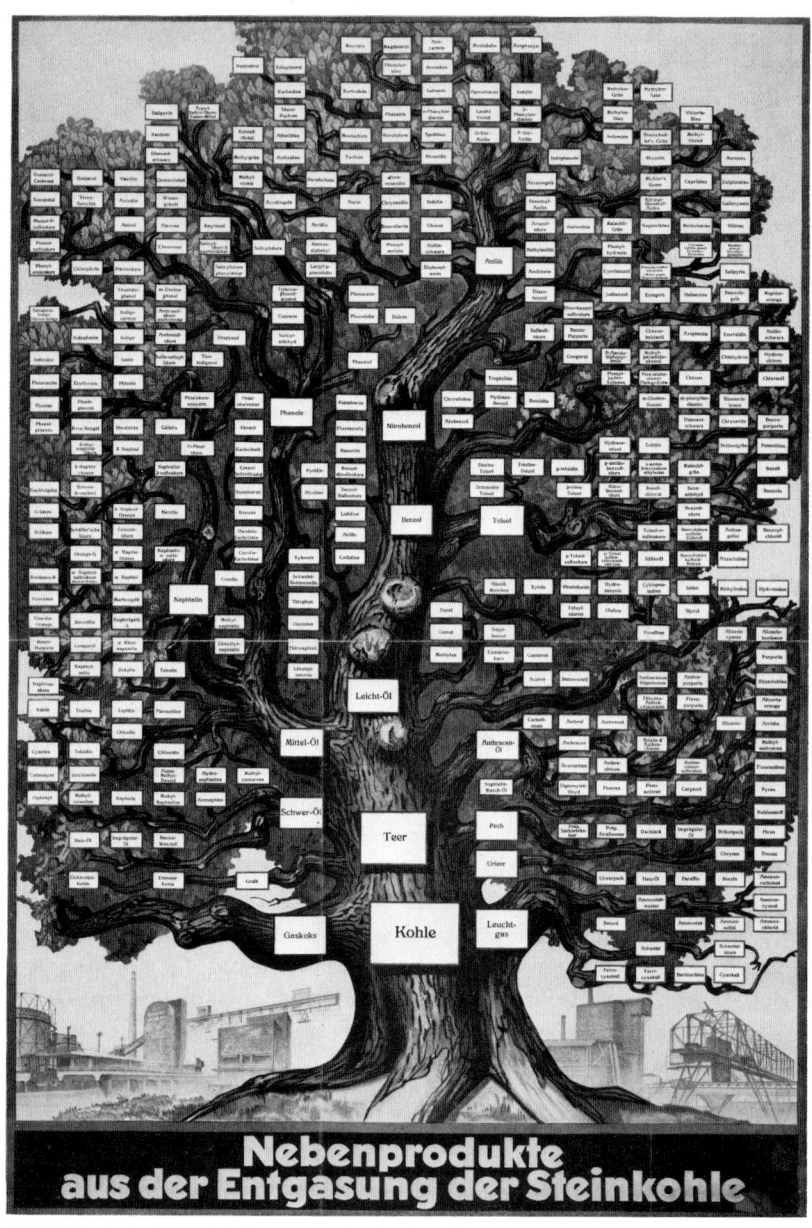

Die Kohle: Basis des Produktbaums wie ihn die deutsche chemische Industrie entfaltete. Darstellung aus dem Jahre 1940.

lichkeit, sich endgültig von den Sodafabriken zu lösen und auch das Chlorgas für die Herstellung organischer Zwischenprodukte und Farben selbst zu produzieren.

Die Grundchemikalienproduktion und fest etablierte Verfahrensschritte wie die Nitrierung ermöglichten der organischen Großchemie eine flexible Ausweitung ihrer Produktion auch in Bereiche, die den Farbenfabriken bis dahin fremd waren, wie z.B. die Pharma- und Pestizidherstellung oder ab 1914 auch die Munitions- und Giftgasproduktion. Carl Duisberg feierte gegen Ende des Erstenq Weltkriegs die Produktionsbäume, mit denen die Teerfarbenindustrie so flexibel auf die Marktlage reagieren konnte, in einer internen Besprechung: »Indem unsere Zwischenprodukte ja auch geeignet sind, als Sprengstoffe zu dienen, bilden wir eine Kriegsindustrie. Wir haben uns dadurch, daß wir diese Farben bei uns in Deutschland hatten, während des Krieges sehr schnell auf Sprengstoffe umstellen können und haben heute während dieses Krieges (...) nur noch eine Produktion von 5 % in unseren Farbstoffen gegenüber früher. (...) Wie wir (...) hören werden, erzeugt die Farbenindustrie mehr als 80 % sämtlicher Sprengstoffe, die heute für die Kriegszwecke gebraucht werden, während die Sprengstoffindustrie selbst noch nicht 20 % davon erzeugt. Die Farbstoffindustrie hat sich natürlich auch auf die Gaskampfstoffe eingestellt, die ja in unserer Industrie erfunden worden sind, ferner auf die Abwehr gegen Gaskampfstoffe.«[18]

Der Produktionsbaum führte also nicht nur zu einer Chemisierung der Gesellschaft, sondern ermöglichte eine problematische Breite und Flexibilisierung der chemischen Produktion: heute Farben, morgen Giftgas. Doch sollen wir einfach zurückkehren zu einer sanfteren Stoffproduktion? Sollen wieder Waid, Krapp oder Blauholz als »nachwachsende Rohstoffe« angebaut werden?

David gegen Goliath

Nur mit gewaltigen Forschungsanstrengungen haben es Hoechst und BASF geschafft, an die Stelle des Natur-Indigo synthetisch erzeugte Chemikalien zu setzen. Nur mit gewaltigem Finanzaufwand gelang es Hoechst, BASF und Bayer, Produktionsbäume aufzubauen, auf deren Grundlage sich die organische Großchemie errichten ließ. Die Chemisierung beschränkte sich dabei nicht allein auf den Farbenbereich; in immer weiteren Bereichen des Alltags und der Produktion dienten und dienen Chemikalien als Ersatz. Sie veränderten den Pharmamarkt durch die Ersetzung pflanzlicher Drogen;

im Bereich des Pflanzenschutzes ersetzten Insektizide natürliche Schäd-lingsvertilger; Mineraldünger verdrängte Substanzen der traditionellen, vor allem ländlichen Abfallwirtschaft; in kriegerischen Auseinandersetzungen traten chemische Kampfstoffe an die Stelle der Körperkraft; soziale Kon-takte wurden durch die weltweite Verbreitung – auf chemischer Basis hergestellter – Bild- und Tonträger zurückgedrängt; in zeitliche Abläufe wurde eingegriffen, wie das Beispiel der Bleiche belegt.

Der historische Blick auf die Farbenchemie zeigt, daß es nicht ausreicht, neue Instrumente einer Chemiepolitik zu fordern, wenn diese bestenfalls bei den erzeugten Stoffen ansetzen. Vielmehr muß das Zentrum der Che-misierung, ihre immanente Logik, die auf dem Aufbau der Produktions-bäume beruht, in Frage gestellt werden. Nur dann läßt sich die Frage, ob es auch ohne Chemie geht, systematisch stellen. Wenn dies nicht geschieht, wird immer wieder eine Chemikalie an die Stelle einer anderen treten.

In den meisten Bereichen des Alltags, in die die Chemie expandiert ist, fehlt heute noch ein Bewertungsmaßstab für Produkte, der die soziale und zugleich naturale Reproduktion berücksichtigt. Möglicherweise ließe sich aber eine Substitutionsstrategie nach dem Konzept des integrierten Pflan-zenschutzes entwickeln. Nach dessen Grundidee sollen vorzugsweise bio-logische, biotechnische und physikalische Agentien statt chemischer Mittel eingesetzt werden, wenn sie auch zur Verfügung stehen. Auf diesem Weg, der im Pflanzenschutzgesetz festgeschrieben ist, wäre theoretisch ein weit-gehender Ausstieg aus der Chemikalienverwendung und -produktion mög-lich. Die Großchemie vernachlässigt jedoch systematisch die Entwicklung nicht-chemischer Agentien, und die Zulassungsbehörden sind selbst nicht in der Lage, ausreichende Forschung in den nicht-chemischen Bereichen zu betreiben, um alle Anwendungsgebiete abzudecken, und müssen weiterhin z.B. Pestizide zulassen, die von der chemischen Industrie nach den Prinzi-pien des Produktionsbaums zur Marktreife entwickelt werden.

Vermutlich muß also an Stelle der im 19. Jahrhundert entstandenen Produktions- und Verwertungsstrategie des Produktionsbaums eine ganz andere technische Grundstruktur für die chemische Produktion erdacht und geschaffen werden. Da es die Farbenindustrie gewaltige Anstrengun-gen gekostet hat, diese Strategie aufzubauen, wird sie sich nicht im Hand-streich, nach vorgefundenem Patentrezept ersetzen lassen.

Anmerkungen

»Im Fieber des Farbenrausches«

1 Karl Aloys Schenzinger, Anilin, Berlin 1937.
2 Carl Duisberg, Die Wissenschaft und Technik in der chemischen Industrie mit besonderer Berücksichtigung der Teerfarbenindustrie. Festvortrag aus Anlaß der 8. Jahresversammlung, gehalten am 5. Okt. 1911 im Deutschen Museum München, S. 12. Duisberg möchte bei diesem Vortrag »Verständnis wecken für unsere Kunst, unedle Stoffe in edle zu verwandeln«. Er spricht auch von »chemischer Kulturarbeit«.
3 Hermann Pinnow, Zur Erinnerung an die 75. Wiederkehr des Gründungstages der Farbwerke vorm. Meister, Lucius & Brüning, Frankfurt 1938, S. 44.
4 Zit. nach: Walter Greiling, Chemie erobert die Welt, Düsseldorf 1951, S. 206.
5 H. Schultze, Die Entwicklung der chemischen Industrie in Deutschland seit 1875, Halle 1908, S. 173. Die Einfuhr von Natur-Indigo belief sich 1903 auf nur noch 1,8 Millionen Mark; 1895 hatte sie 21 Millionen Mark betragen.
6 Ebenda, S. 172. Schultze beruft sich auf einen Bericht der »Chemischen Industrie 1902«, S. 524ff.
7 Zit. nach: Joachim Radkau, Technik in Deutschland. Vom 18. Jahrhundert bis zur Gegenwart, Frankfurt 1989, S. 132.
8 Aus der berühmten Rede August Wilhelm Hofmanns, die er 1862 anläßlich der Eröffnung der Großen Internationalen Technischen Austellung in London hielt. Sie ist in verschiedenen Fassungen in vielen Büchern zur Geschichte der Farbenchemie wiedergegeben. Hier zit. nach: Friedrich Sieburg, Revolution im Unsichtbaren. Jubiläumsband zum 100. Geburtstag der Farbenfabriken (Bayer AG), Düsseldorf/Wien 1963.
9 Vgl. etwa: Sieburg (Anm. 8), Pinnow (Anm. 3), B. Lepsius, Deutsche Chemische Industrie 1888-1913, Berlin 1914.
10 B. Lepsius/A.W.v. Hofmann, in: Günther Bugge, Das Buch der großen Chemiker, Berlin 1930, S. 142f.
11 Radkau (Anm. 7), S. 121.
12 Lepsius (Anm. 9), S. 63, 74. A.W. Hofmann hatte 1862 in London bei der Eröffnung der Internationalen Technischen Ausstellung davon gesprochen, daß die »Tributpflicht an fremdes Klima« aufhören müsse. Greiling (Anm. 4), S. 135. Vgl. dazu auch: A. Binz, Die Mission der Teerfarbenfabriken, Berlin 1912; E. Lenk, Die Unabhängigkeit von der Natur, Leipzig o.J. (ca. 1914).
13 Duisberg-Reden zum Beamtenfest 1909 und zum Jubilarfest 1910, in: Farbenfabriken vorm. Friedr. Bayer AG (Hg.), Abhandlungen, Vorträge und Reden aus den Jahren 1882-1921 von Carl Duisberg, Berlin/Leipzig 1923, S. 425, 429.
14 Pinnow (Anm. 3), S. 5, 36. E. Barth von Wehrenalp, Farbe aus Kohle. Eine Großtat der Chemie dargestellt in einem Tatsachenbericht, Stuttgart 1937 (Kosmos), S. 19, 32ff., 59. Hermann Pinnow, Werksgeschichte. Die Gefolgschaft der Werke Leverkusen, Wuppertal und Dormagen zur Erinnerung an die 75. Wiederkehr des Gründungstages der Farbenfabriken vorm. Friedr. Bayer & Co, Frankfurt 1938. Die »Front«, von der Pinnow schreibt, ist dabei nicht nur als Bollwerk gegen die feindlichen politischen Mächte zu sehen, sondern auch gegen Bakterien und Krankheitserreger, gegen die der pharmazeutische Zweig der Farbenindustrie »in den Kampf gezogen« war.
15 So der Titel eines vielgelesenen Sachbuchs von Anton Zischka, das 1936 erschien und bis 1940 in einer Auflage von 170000 Exemplaren gedruckt wurde.
16 Schenzinger (Anm. 1), S. 253. Schenzinger hat noch eine Reihe ähnlicher Romane verfaßt, etwa »Bei I.G. Farben« (München-Wien 1953) oder »Atom« (München 1950).
17 Greiling (Anm. 4). Vgl. dazu auch: Otto Köhler, ...und heute die ganze Welt. Die Geschichte der IG Farben und ihrer Väter, Hamburg 1986, S. 205ff. Köhler zitiert Greiling aus »Chemiker kämpfen für Deutschland« mit dem Satz: »(...) ein Teil unserer Überlegenheit rührt von der her, was man mit den Worten bezeichnen kann: Totaleinsatz der Chemie«. Köhler verweist auch auf die Brisanz von Greilings Leuna-Schrift, die in der ursprünglichen Fassung nie gedruckt wurde, weil sie von einvernehmlichen Kontakten zwischen der IG-Farben-Spitze mit Hitler bereits 1932 berichtete.
18 Greiling (Anm. 4), S. 139.
19 Schenzinger (Anm. 1), S. 290.
20 Hans-Heinrich Vogt, Farben und ihre Ge-

schichte. Von der Höhlenmalerei zur Farbenchemie, Stuttgart 1973, S. 49-53. In Auszügen erneut abgedruckt in: Angelika Lochmann/Angelika Overath (Hg.), Das Blaue Buch, Lesarten einer Farbe, Nördlingen 1988, S. 286ff. Erik Verg unter Mitarbeit von Gottfried Plumpe und Heinz Schultheis, Meilensteine. 125 Jahre Bayer 1863-1988, Leverkusen 1988, S. 17. Vgl. dazu: Schenzinger (Anm. 1), S. 218f. Der imperiale Sprachduktus findet sich in Ansätzen sogar in Fiedrich Sieburgs Essay in der Festschrift zum 100jährigen Jubiläum der Bayer AG. Vgl. auch: Dieter Osteroth, Soda, Teer und Schwefelsäure. Der Weg zur Großchemie, Reihe Deutsches Museum, Kulturgeschichte der Naturwissenschaft und Technik, Reinbek 1985.

21 Vgl. etwa: Sieburg (Anm. 8). Hier ist anzumerken, daß die produktbezogene Leistungsbilanz der chemischen Industrie nicht erst nach dem Zweiten Weltkrieg eine Rolle spielt. Schon bei W. Greiling (Anm. 4) gibt es auch ein Kapitel »Die Eroberung des alltäglichen Lebens«. Dennoch ist die Verschiebung in den Gewichtungen offenkundig.

22 Pinnow (Anm. 3), S. 44.

23 Walter Greiling, Chemie, Motor der Zukunft, Gütersloh 1964, S. 11.

24 Greiling (Anm. 4), S. 152.

25 Heinrich Caro, Über die Entwicklung der Theerfarbenindustrie, in: Berichte der Deutschen Chemischen Gesellschaft (1892); Radkau (Anm. 7), S. 40ff, 155ff.

26 Zit. nach: R. Escales, Über die Beziehungen der chemischen Industrie zur wissenschaftlichen Forschung, in: R. Escales (Hg.), Industrielle Chemie, Stuttgart 1912, S. 248. Vgl. auch Schultze (Anm. 5), S. 160ff; Lepsius (Anm. 9), S. 63ff.

27 Osterroth (Anm. 20), S. 95ff.

28 Hilla Peetz, »Nicht ohne uns!«. Arbeiterbriefe, Berichte und Dokumente zur chemischen Industrialisierung von 1760 bis heute, Frankfurt/Berlin/Wien 1981, S. 27. Die Schilderung bezieht sich auf die Farbenfabriken Bayer in Elberfeld zu Anfang der siebziger Jahre des 19. Jahrhunderts.

29 Ebenda, S. 36f, 40f, 42, 47.

30 Hans-Joachim Flechtner, Carl Duisberg. Vom Chemiker zum Wirtschaftsführer, Düsseldorf 1959, S. 56; John J. Beer, Die Teerfarbenindustrie und die Anfänge des industriellen Forschungslaboratoriums, in: Hausen/Rürup (Hg.), Moderne Technikgeschichte, Köln 1975, S. 108ff.

31 Flechtner (Anm. 30), S. 68; Peetz (Anm. 28), S. 51, 53f, 65.

32 Allein in Indien hatte die britische Armee einen Jahresbedarf von 750 Tonnen Chinin. Vgl. dazu: Henry Hobhause, Fünf Pflanzen verändern die Welt, Stuttgart 1987, S. 14-68.

Ein spezifisch wirkendes chemotherapeutisches Anti-Malaria-Medikament gab es erst 1936 (Pamaquin); 1930 wurde es von Atebrin abgelöst, dessen Einnahme aber immer noch zu heftigen Nebenwirkungen führte. Die Synthese des Chinin-Wirkstoffs gelang dagegen erst 1940. Gegen die meisten chemischen Malaria-Mittel sind die Erreger allerdings resistent. Ein Malaria-Impfstoff ist immer noch nicht verfügbar, und man hofft, ihn mit gentechnischen Methoden in etwa zehn Jahren herstellen zu können.

33 Pinnow (Anm. 3), S. 33.

34 Greiling (Anm. 23), S. 272f. Bei Schenzinger (Anm. 1), S. 241 heißt es: »Wer hieß Graebe in diesem Augenblick nach diesem Standgefäß greifen? Einen Weltmarkt sollte dieser Griff dereinst zerstören, einen neuen errichten.« Die Betonung des Zufalls dient hier dazu, die intuitive Begabung des genialen Chemikers herauszustellen.

35 Vgl. Richard Willstätter/Otto von Baeyer, in: Bugge (Anm. 10), S. 326f; Alfred von Nagel, Fuchsin, Alizarin, Indigo. Der Beginn eines Weltunternehmens, Schriftenreihe des Firmenarchivs der BASF, Ludwigshafen 1968, S. 21ff.

36 Aus Duisbergs Lebenserinnerungen; zit. n. Flechtner (Anm. 30), S. 79.

37 Flechtner (Anm. 30), S. 74-79; Verg (Anm. 20), S. 74ff. 1885 konnte die Bayer AG ihren Aktionären keine Dividende zahlen, und die »Allgemeine Börsenzeitung Berlin« riet zum Verkauf von Bayer-Aktien, »um sich vor größeren Verlusten zu schützen«.

38 v. Nagel (Anm. 35), S. 43; vgl. auch: Ernst Bäumler, Ein Jahrhundert Chemie, Düsseldorf 1963, S. 27.

39 Duisberg hat über die Urheberschaft dieses Vorschlags mit seinem Kollegen Hinsberg einen langen, öffentlich ausgetragenen Streit geführt. Vgl. dazu Duisbergs Aufsatz »Zur Geschichte der Entdeckung des Phenacetins« (Zeitschrift für angewandte Chemie 1913, S. 240), abgedruckt in: Farbenfabriken (Anm. 13), S. 322ff.

40 Vgl. Verg (Anm. 20), S. 80ff, 90ff; Flechtner (Anm. 30), S. 82ff. Zwar verschwand der Fässerberg mit para-Nitrophenolrückständen erst, als diese als Farbstoffzwischenprodukt für bestimmte Schwefelfarbstoffe verwendet wurden. Dennoch ist bemerkenswert, daß ein so wichtiges Medikament wie das Phenacetin nur unter bestimmten stofflichen Voraussetzungen und mit gezielter und auf einen vorgegebenen Anwendungszweck bezogenen Industrieforschung entwickelt wurde. Heute ist Phenacetin als krebserregend eingestuft und nicht mehr erhältlich.

41 Curt Schuster, Wissenschaft und Technik. Ihre Begegnung in der BASF während der ersten Jahrzehnte der Unternehmensge-

schichte, BASF-Schriftenreihe 14, Ludwigshafen 1976, S. 61.

42 C. Grandefeld, Neben- und Abfallprodukte, in: Escales (Anm. 26), S. 246.

43 Curt Schuster, Vom Farbenhandel zur Farbenindustrie. Die erste Fusion der BASF, BASF-Schriftenreihe 11, Ludwigshafen 1973, S. 73.

44 Pinnow (Anm. 3), S. 10.

45 Vgl. dazu: Radkau (Anm. 7), S. 163.

46 So wurden im Jahre 1900 bei Hoechst von ca. 3500 untersuchten Farbstoffen nur 39 zur Produktion empfohlen und 29 tatsächlich hergestellt. Bei Bayer erreichten 1898 von 2378 Farben 37 Marktreife. Pinnow (Anm. 3), S. 62f; Beer (Anm. 20), S. 111.

47 Verg (Anm. 20), S. 98ff; Flechtner (Anm. 30), S. 99ff. Auch der Engländer Ernest E. Williams, dessen Bestseller »Made in Germany« 1896 England aufrüttelte, belegt seine These von der wissenschaftlichen Überlegenheit Deutschlands mit einer bewundernden Schilderung des Elberfelder Laboratoriums. Vgl. Radkau (Anm. 7), S. 156.

48 Carl Duisberg, Die Angestelltenerfindung in der chemischen Industrie. Vortrag auf dem Kongreß für gewerblichen Rechtsschutz, Stettin 1909. Abgedruckt in: Farbenfabriken (Anm. 13), S. 738ff.

49 Schenzinger (Anm. 1), S. 327 schildert das Elberfelder Laboratorium so: »In jeder Box ein Chemiker, aus dem Dutzend waren hundert geworden, aus hundert Hunderte, jeder selbständig, jeder abgeschlossen, und doch mit den anderen verbunden durch die Gemeinschaft des Zieles und der Methode. Tag für Tag traten diese Männer an ihren Arbeitsplatz, wie der Soldat vor dem Feind seine Stellung bezog. Namenlos, aber voll Leidenschaft, ohne persönlichen Ehrgeiz, aber von dem gegebenen Ziel besessen.«

50 Caro (Anm. 25); vgl. auch: Johanna Striewe, Industrialisierung der Wissenschaft. Die Entstehung des akademisch-industriellen Komplexes am Beispiel der Bio- und Gentechnologie, Schriftliche Hausarbeit vorgelegt im Rahmen des Ersten Staatsexamens an der Universität Bielefeld, Fakultät für Soziologie, Bielefeld 1987.

51 Zit. nach: Otmar Faltheiner/Karin Figala, Vom Königsmantel zur Blue Jeans. Oder: Der Siegeszug des Indigo, in: Kultur & Technik, 9 (1985) 1, S. 7.

52 Vgl. Schuster (Anm. 41), S. 46ff; v. Nagel (Anm. 35), S.30ff. Der rege Erfahrungsaustausch zwischen Caro und Baeyer zeigt sich auch an ihrem umfangreichen Briefwechsel. 222 Briefe Baeyers an Caro sind in der Sondersammlung des Deutschen Museums archiviert. Vgl. Faltheiner/Figala (Anm. 51), S. 11.

53 Schuster (Anm. 41), S. 14.

54 Vgl. Willstätter (Anm. 35), S. 334.

55 Schuster (Anm. 41), S. 132.

56 Richard Willstätter, Aus meinem Leben, Weinheim 1949, S. 132f.

57 Ernst Bäumler, Die Rotfabriker. Familiengeschichte eines Weltunternehmens, München 1988, S. 49; Sieburg (Anm. 8); Pinnow (Anm. 3), S. 97.

58 Als 1908 der Chemiker Paul Friedländer den antiken Pupurfarbstoff chemisch analysieren wollte, mußte er auf dem Markt zu Triest 12000 Purpurschnecken kaufen, um daraus 1,4 g Purpurfarbstoff gewinnen zu können. Für ein Kilo Kermesrot mußten ca. 140000 Läuse eingesammelt werden.

59 Vgl. Eva Heller, Wie Farben wirken. Farbpsychologie, Farbsymbolik, Kreative Farbgestaltung, Hamburg 1989. Gabrielle Wittkop-Ménardeau, Unsere Kleidung. Aus der Geschichte der Moden bis zum Jahre 1939, Frankfurt 1985. Heide Nixdorff/Heidi Müller (Hg.), Weiße Westen - Rote Roben. Von der Farbordnung des Mittelalters zum individuellen Farbgeschmack, Staatliche Museen Preußischer Kulturbesitz, Berlin 1983. Zur Blaufärbung: Faltheiner/Figala (Anm. 51). Die Redewendung vom »blauen Montag« deutet noch immer auf die Langwierigkeit des Blaufärbens hin: Nach dem arbeitsintensiven Ansetzen der Küpe und der Behandlung des Färbegutes schloß sich die zweitägige Phase der Oxydation an, bei der »die Luft die Arbeit des Blaumachens übernahm«. Blieb das Färbegut über den Sonntag in der Küpe, begann die Woche des Blaufärbers also mit einem ruhigen, einem »blauen Montag«.

60 Nixdorff/Müller (Anm. 59), S. 65.

61 Greiling (Anm. 4), S. 141.

62 Emile Zola, Paradies der Damen. Zuerst erschienen im Jahre 1883. Zitiert nach der deutschen Übersetzung von Hilde Westphal.

63 Duisberg (Anm. 2), S. 15; Radkau (Anm. 7), S. 121.

64 Wehrenalp (Anm. 14), S. 77f. Seit 1922 ist Indanthren gemeinsames Warenzeichen der Firmen Bayer, Hoechst und BASF, das sie für alle farbechten Baumwoll-Küpenfarbstoffe verwenden. Vgl. auch: Pinnow (Anm. 3), S. 98: »Da half nur eines: Die Kundschaft mußte zur besseren Würdigung des Echten erzogen werden.«

65 In diesem Zusammenhang ist allerdings anzumerken, daß der englische Indigoanbau und -handel durchaus von einzelnen mächtigen Unternehmen beherrscht wurde.

66 Vgl. dazu: Elisabeth Vaupel, 130 Jahre moderne Schreibtinte. Ein Stück Chemiegeschichte im Spiegel eines Kindergedichtes, in: Kultur & Technik 10 (1986) 3, S. 153ff.

67 Greiling (Anm. 4), S. 201f; Pinnow (Anm. 3), S. 97. Vgl. auch: Brockhaus Konversations-Lexikon in der Ausgabe von 1908

unter dem Stichwort: Organische Farbstoffe.
68 Katalyse-Umweltgruppe (Hg.), Was wir
alles schlucken. Zusatzstoffe in Lebensmitteln, Reinbek 1985, S. 49ff.
69 Zit. nach: Fritz Eichholtz, Die toxische Gesamtsituation auf dem Gebiet der menschlichen Ernährung, Berlin/Göttingen/Heidel-
berg 1956, S. 10.
70 Bereits am 1.5.1882 hatte der Bundesrat eine
Verordnung über die Verwendung giftiger
Farben erlassen. Diese war ein knappes Jahr
später vom Reichstag aufgehoben worden.
In den Beratungen, die dem Gesetz von
1887 vorangingen, war geplant, die Verbote
auch auf einige wenige Teerfarbstoffe aus-
zudehnen. Das Gesetz schloß auch die Verwendung giftiger Farbstoffe in Spielzeug,
Kosmetika und Textilien ein. Vgl.: Dietrich
Milles, Grenzen natürlicher Selbstreinigung
- Zur Geschichte medizinischer Grenzwert-
konzepte, in: Kortenkamp/Grahl/Grimme
(Hg.), Die Grenzenlosigkeit der Grenzwerte, Reihe Alternative Konzepte 63, Karlsruhe 1988, S. 210.
71 Vgl. W. Kerp, Nahrungsmittelchemie in
Vorträgen, Leipzig 1914, S. 191ff; A. Beythien, Laboratoriumsbuch für den Lebensmittelchemiker, Dresden/Leipzig 1947, S.
515, der davon ausgeht, daß »bei der hohen
Anpassungsfähigkeit der Chemischen Industrie« sich diese auf alle möglichen Vorschriften würde einstellen können. Deshalb
wird nach Beythien »der praktische Lebensmittelchemiker kaum in die Lage kommen,
eine Identifizierung künstlicher Farbstoffe
vornehmen zu müssen«. Sein »Laboratoriumsbuch für den Lebensmittelchemiker«
verzichtet mit dieser Begründung auf die
Angabe entsprechender Nachweisverfah-
ren.
72 Eichholtz (Anm. 69), S. 9ff; vgl. auch: Katalyse (Anm. 68), S. 48ff.
73 Nach: Milles (Anm. 70); dort wird aus einem
Schriftsatz des Reichsgesundheitsamtes zitiert. Vgl.: R. Fischer, Fabrikhygiene, in: Escales (Anm. 26), S. 335. Die Grundstoffe
Anilin, Benzol, dessen Homologe wie Toluol, mehrfach nitrierte Phenole und Naph-
thole oder die Nitrofarbstoffe zählen danach zu den »gewerblichen Giften« (bzw.
sind als solche verdächtig), aber auch einzelne bekannte Teerfarbstoffe wie Safrangelb,
Anilinorange, Martius- und Kaisergelb,
Echtblau, Echtschwarz und Bismarck-
braun. Fischer zitiert in diesem Zusammenhang eine »Liste der gewerblichen Gifte und
anderer gesundheitsschädlicher Stoffe, die
in der Industrie Verwendung finden«.
74 Die sieben Teerfarben, die 1956 »wenigstens die Minimalanforderungen der Wissenschaft erfüllen«, sind: Echtgelb extra,
Tartrazin, Cochenillerot A, Erythrosin ex-

tra, Scharlach GN, Brillantschwarz BN,
Gelborgange S. Für einige andere Farbstoffe, darunter Amaranth, waren damals die
Untersuchungen noch nicht abgeschlossen.
Eichholtz (1956), S. 10f. Ein »Positivge-
setz« mit einer Liste zugelassener Lebensmittelfarben gibt es in der Bundesrepublik
seit 1959. Heute wird geschätzt, daß allein
18000 bis 90000 Bundesbürger auf Azofarbstoffe mit allergischen Asthmaanfällen
reagieren. Katalyse (Anm. 68), S. 54.
75 Eichholtz (Anm. 69), S. 87.
76 Ebenda, S. 15.
77 Nach Schenzinger (Anm. 1), S. 229ff; vgl.
auch: Curt Schuster, Badische Anilin- und
Sodafabrik AG, Ein Beitrag zur Geschichte
der chemischen Technik, Ludwigshafen
1961, S. 4.
78 Osterroth (Anm. 20), S. 76; Pinnow (Anm.
14), S. 23; Verg (Anm. 20), S. 30. Mit der
Verlegung des Bayerschen Fuchsinbetriebes
war das Problem aber nicht beseitigt. Bayer
verwendete noch bis Mitte der achtziger
Jahre Arsensäure als Lösungsmittel, als andere Firmen längst auf Nitrobenzol umgestellt hatten. Vgl. dazu auch die Beiträge von
Tim Arnold und Henseling/Salinger in diesem Band.
79 R. Schaumann, Technik und technischer
Fortschritt im Industrialisierungsprozeß,
dargestellt am Beispiel der Papier-, Zucker-
und chemischen Industrie der nördlichen
Rheinlande 1800 bis 1875, Bonn 1977, S.
102f; Schultze (Anm. 5), S. 131ff; Gustav
Fester, Die Entwicklung der chemischen
Technik bis zu den Anfängen der Großindustrie, Ein technologisch-historischer Versuch, Berlin 1923, S. 166ff; Heller (Anm.
59), S. 78. Nach Heller soll sogar Napoleon
an einer chronischen Arsenvergiftung ge-
storben sein, da sich im feuchten Klima St.
Helenas das Arsen aus den grün-gefärbten
Tapeten und Möbelstoffen gelöst haben soll.
Auf den bekanntesten unter den Mineral-
farbstoffen, das Ultramarin, geht der Beitrag
von N. Fuchsloch in diesem Band ein.
80 Vgl. dazu auch den Beitrag von Arne Andersen in diesem Band.
81 Carl Duisberg, Die Belehrung der Arbeiter
über die Giftgefahren in gewerbl. Betrieben.
14. Konferenz d. Zentralst. f. Arbeiter-
Wohlfahrts-Einrichtungen am 5. und 6. Juni
1905. Abgedruckt in: Farbenfabriken
(Anm. 13), S. 325ff.
82 Duisberg gibt an, daß zwischen 1899 und
1903 0,2% bis 0,7% aller 5200 Bayer-Arbei-
ter pro Jahr unter »Vergiftungen« gelitten
haben.
83 Duisberg fährt dann mit einer heute immer
noch gebräuchlichen Argumentationsfigur
fort: »Wenn Sie (gemeint ist ein Experte der
Arbeiterorganisationen, d.V.) nun durch
Leute, die keine Kenntnis der Stoffe haben,

die die Bedeutung der Giftigkeit nicht kennen (...), durch solche in dieser Beziehung unwissende Menschen belehrend wirken wollen, dann werden Sie das Gegenteil von dem erreichen, was Sie erstreben. Sie werden eine Flucht der Arbeiter aus der chemischen Industrie in andere Industriezweige hervorrufen, und die große, für Deutschland bedeutungsvolle chemischen Industrie wird gezwungen sein, ins Ausland abzuwandern.«

84 Vgl. Peetz (Anm. 28), S. 42.
85 Vgl. Fischer (Anm. 73), S. 332; Franz Koelsch, Lehrbuch der Gewerbehygiene, Stuttgart 1937, S. 209f, 261. Die wirkungsvollere Maßnahme, den toxischen Stoff durch einen ungefährlichen zu ersetzen, wird dort zwar vorgeschlagen, jedoch als unrealistisch nicht weiter verfolgt.
86 Bäumler (Anm. 57), S. 114f, 161f; Wolfgang Hien, Chemiearbeit, Anilinkrebs und Dispositionsmythos am Beispiel der BASF Ludwigshafen, 3 (1988) 4, S. 37. Hien fand heraus, daß die offizielle Darstellung, nach der bei der BASF 1903 die ersten Anilinkrebsfälle überhaupt auftraten, wahrscheinlich absichtlich »geschönt« worden ist. Vgl. auch den Beitrag von A. Andersen in diesem Band.
87 Thomas Kluge/Engelbert Schramm, Wassernöte. Zur Geschichte des Trinkwassers, 2. Auflage, Köln 1988, S. 103f, 121f; Klaus-Georg Wey, Umweltpolitik in Deutschland. Kurze Geschichte des Umweltschutzes in Deutschland seit 1900, Opladen 1982, S. 36f, 90f; John von Simson, Die Flußverunreinigungsfrage im 19. Jahrhundert, in: Vierteljahreszeitschrift für Sozial- und Wirtschaftsgeschichte, 65 (1978) 3, S. 382ff; Tim Arnold, »Wir sind mit Wupperwasser getauft...«. Ein Beitrag zur Umweltgeschichte Wuppertals, Wuppertal 1987.
88 Aus einem Brief an Dr. Liebert, Mitarbeiter der Hoechster Handelsniederlassung in England. Zit. nach: Ernst Bäumler, Farben, Formeln, Forscher. Hoechst und die Geschichte der industriellen Chemie in Deutschland, München/Zürich 1989, S. 137ff. Brüning weist dort auch darauf hin, daß für die Herstellung von Indigo »reines Wasser« benötigt wird.
89 Carl Duisberg, Rede am 25. Oktober 1912 vor der Hauptversammlung des Vereins zur Wahrung der Interessen der chemischen Industrie Deutschlands in Berlin. In: Farbenfabriken (Anm. 13), S.553ff.
90 Viel deutlicher und weit größeren Konsequenzen als bei den Teerfarben zeigt sich das Prinzip des Produktbaums allerdings bei der Chlorchemie.
91 Nach: Karl Holdermann, Carl Bosch - Im Bann der Chemie, Düsseldorf 1953.
92 Vgl. etwa: Ernst-Ludwig Winnacker, Der

achte Tag der Schöpfung, in: Bild der Wissenschaft, 24 (1987) 2, S. 38ff; Gerd Hobom, Von der Genanalyse zur synthetischen Biologie, in: Frankfurter Allgemeine Zeitung vom 3. Januar 1990.

Aufstieg und Fall der natürlichen Farben

1 Bayer Farben Revue 19, 1970, S. 43.
2 R. Scholz, Aus der Geschichte des Farbstoffhandels im Mittelalter, Diss. München 1929, S. 113.
3 A. Leix, Färberei und Färberzünfte im mittelalterlichen Handwerk, in: Ciba-Rundschau 1, 1936, S. 16.
4 Bayer Farben Revue 12, 1967.
5 H.H. Vogt, Farben und ihre Geschichte, Stuttgart 1973, S. 33.
6 R. Scholz (Anm. 2), S. 31-34.
7 P. Zschiesche, Der Erfurter Waidbau und Waidhandel, in: Mitteilungen des Vereins der Geschichte und Altertumskunde von Erfurt 18, 1886, S. 21.
8 R. Scholz (Anm. 2), S. 37.
9 Ebenda, S. 38.
10 P. Zschiesche (Anm. 7), S. 26f.
11 R. Scholz (Anm. 2), S. 29.
12 Ebenda.
13 P. Zschiesche (Anm. 7), S. 43.
14 W.A. Vetterli, Der Indigo - Historisches, in: L. Nencki, Die Kunst des Färbens mit natürlichen Stoffen, Bern 1984, S. 177.
15 P. Zschiesche (Anm. 7), S. 44.
16 Bayer Farben Revue 18, 1970, S. 32.
17 R. Scholz (Anm. 2), S. 112.
18 Bayer Farben Revue 18, 1970, S. 32.
19 Bayer Farben Revue 19, 1970, S. 41f.
20 J.N. Bischoff, Versuch einer Geschichte der Färberkunst, Stendhal 1780, zitiert bei R. Haller, Zur Geschichte der Indigofärberei, in: L. Nencki, Die Kunst des Färbens mit natürlichen Stoffen, Bern 1984, S. 188.
21 R. Haller (Anm. 20), S. 189.
22 R. Scholz (Anm. 2), S. 115.
23 W.A. Vetterli (Anm. 14), S. 179.
24 R. Haller, Der Indigo - Die Gewinnung, in: L. Nencki, Die Kunst des Färbens mit natürlichen Stoffen, Bern 1984, S. 183f.
25 Bayer Farben Revue 18, 1970, S. 39.
26 R. Haller (Anm. 24), S. 184f.
27 R. Scholz (Anm. 2), S. 104.
28 Ebenda, S. 105.
29 Ebenda, S. 106f.
30 H.u.C. Opitz, Von Pflanzenfarben und Färberpflanzen, in: Beiträge zur Naturkunde in Osthessen 10/11, 1975, S. 8.
31 Bayer Farben Revue 12, 1967.
32 G. Heuzé, Der Färberwau, in: L. Nencki, Die Kunst des Färbens mit natürlichen Stof-

fen, Bern 1984, S. 153-156.
33 E. Ploss, Ein Buch von alten Farben, München 1977, S. 62.
34 R. Scholz (Anm. 2), S. 21.
35 E. Ploss, Rotfärbungen im alten Nürnberg, in: Die BASF 6, 1956, S. 232.
36 R. Scholz (Anm. 2), S. 26f.
37 E. Ploss (Anm. 33), S. 28.
38 H.u.C. Opitz (Anm.30).
39 R. Scholz (Anm. 2), S. 120f.
40 L. Nencki, Die Kunst des Färbens mit natürlichen Stoffen, Bern 1984, S. 172.
41 R. Scholz (Anm. 2), S. 121.
42 L. Nencki (Anm. 40), S. 147f.
43 R. Scholz (Anm. 2), S. 117.
44 Bayer Farben Revue 16, 1968, S. 17-21.
45 Bayer Farben Revue 21, 1972, S. 29.
46 Bayer Farben Revue 21, 1972, S. 30.
47 W. Born, Der Scharlach, in: L. Nencki, Die Kunst des Färbens mit natürlichen Stoffen, Bern 1984, S. 93.
48 Ebenda, S. 100.
49 R. Scholz (Anm. 2), S. 118.
50 Bayer Farben Revue 20, 1971, S. 72.
51 E. Ploss (Anm. 33), S. 12.
52 G. Heuzé, Der Krapp, in: L. Nencki, Die Kunst des Färbens mit natürlichen Stoffen, Bern 1984, S. 129-132.
53 G. Schäfer, Der Anbau und die Veredelung der Krappwurzel, in: Ciba-Rundschau 4/47, 1940, S. 1717.
54 R. Scholz (Anm. 2), S. 10.
55 C. Schuster, Alizarin, in: Die BASF 19, 1969, S. 196.
56 G. Schaefer, Zur Geschichte der Türkischrotfärberei, in: Ciba-Rundschau 4/47, 1940, S. 1723.
57 H.H. Vogt (Anm. 5), S. 32f.
58 H.u.C. Opitz (Anm. 30), S. 8.
59 Bayer Farben Revue 20, 1971, S. 74.
60 B.K. Fischer, Uld og Linnedfarvning i Danmark, Kopenhagen 1983, S. 97.
61 E. Ploss (Anm. 33), S. 57.
62 H. Nixdorff/H. Müller, Weiße Westen - Rote Roben, Katalog zur Sonderausstellung, Staatl. Museen Preuß. Kulturbesitz, Berlin 1983, S. 20. Eigene Untersuchungen mit Zusatz von verdünntem Ammoniak zur Farblösung bestätigen diese Darstellung.
63 E. Ploss (Anm. 33), S. 16.
64 G. Fieler, Farben aus der Natur, Hannover 1978, S. 17, 46f.
65 E. Ploss (Anm. 33), S. 56.
66 Bayer Farben Revue 20, 1971, S. 74.
67 C. Schuster (Anm. 55), S. 198.
68 Bayer Farben Revue 20, 1971, S. 76.
69 G. Schäfer (Anm. 53), S. 1727.
70 H.H. Vogt (Anm. 5), S. 42.
71 C. Schuster (Anm. 55), S. 198.
72 R. Scholz (Anm. 2), S. 120.
73 C. Schuster (Anm. 55), S. 198.
74 H.H. Vogt (Anm. 5), S. 42.
75 Ebenda, S. 52f.

76 H. Wescher, Große Lehrer der Färbekunst im Frankreich des 18. Jahrhunderts, in: Ciba-Rundschau 22, 1938, S. 786.
77 H. Wescher, Der Stand der Färberei in Frankreich nach der Colbertschen Reglementierung, in: Ciba-Rundschau 22, 1938, S. 802.
78 E. Ploss (Anm. 33), S. 46.
79 H. Wescher, Geschichtliches und Kulturgeschichtliches, in: Ciba-Rundschau 22, 1938, S. 808.
80 H. Wescher (Anm. 76), S. 786.
81 Ebenda, S. 791.
82 Ebenda, S. 795.
83 E. Ploss (Anm. 33), S. 20f.
84 E. Wendelberger, Heilpflanzen, München 1986, S. 40.
85 Ebenda, S. 24.
86 Bayer Farben Revue 18, 1970, S. 32.
87 Bayer Farben Revue 15, 1968, S. 39.
88 W.A. Vetterli (Anm. 14), S. 181f.
89 Bayer Farben Revue 19, 1970, S. 44.
90 B.K. Fischer (Anm. 60), S. 73.
91 W.A. Vetterli (Anm. 14), S. 182.

Teerfarben: Keimzelle der modernen Chemieindustrie

1   Heinrich Caro, Über die Entwicklung der Theerfarben-Industrie, in: Berichte der Deutschen Chemischen Gesellschaft, 25 (1892), S. 1024ff.
2   Fritz Ullmann, Enzyklopädie der technischen Chemie, 1. Aufl., Bd. 6, Berlin/Wien 1916, S. 504.
3   Ebenda, Bd. 5, 1915, S. 308.
4   Berthold Rassow, Justus Liebig als Förderer der chemischen Industrie, in: Beiträge zur Geschichte der Technik und Industrie, 13 (1923), S. 10.
5   Caro (Anm. 1), S. 1024f.
6   Gustav Schultz, Die Chemie des Steinkohlenteers, Braunschweig 1882, S. 638. August Wilhelm von Hofmann, Notes on Researches on Poly-Ammonias - No. XX, On the Colouring Matters Produced from Aniline, in: Proc. Roy. Soc., 12 (1862), S. 2-13. Ders., Einwirkung des Chlorkohlenstoffs auf Anilin, Cyantriphenyldiamin, in: Journal für praktische Chemie, 77 (1859), S. 190f.
7   Caro (Anm. 1), S. 1030.
8   Anonym, in: Dinglers Polytechnisches Journal, 154 (1859) 4, S. 397.
9   Caro (Anm. 1), S. 1030f.
10 Ebenda, S. 1033.
11 Alfred von Nagel, Fuchsin, Alizarin, Indigo, in: Schriftenreihe des Firmenarchivs der BASF, Ludwigshafen o.J., S. 9f.
12 Farbwerke Hoechst AG (Hg.), Dokumente aus Hoechster Archiven, Heft 3, Neunzig

Jahre Fuchsin in Hoechst, Frankfurt-Hoechst 1965, S. 9-29.

13 Max Vogel, Die Entwicklung der Anilin-Industrie, Leipzig 1866, S. 30.

14 M.P. Schützenberger, Die Farbstoffe, Berlin 1868, S. 459.

15 Otto Mühlhäuser, Die Fabrikation des Arsensäurefuchsins, in: Dinglers Polytechnisches Journal, 266 (1887), S. 459f.

16 Ullmann (Anm. 2), Bd. 3, 1916, S. 84.

17 Ferdinand Fischer, Handbuch der chemischen Technologie, Leipzig 1893, S. 665f.

18 Josef Bersch, Die Fabrikation der Anilinfarbstoffe, Wien/Pest/Leipzig 1878, S. 174.

19 Schultz (Anm. 6), S. 641. Farbwerke Hoechst AG (Anm. 12), S. 8.

20 Fischer (Anm. 17), S. 43.

21 Ullmann (Anm. 2), Bd. 10, 1922, S. 706ff. Fritz Welsch, Geschichte der chemischen Industrie, Berlin (DDR) 1981, S. 63f.

22 Marx/Engels Werke, Bd. 19, Berlin (DDR) 1972, S. 37-51.

23 Schultz (Anm. 6), S. 1038.

24 Ullmann (Anm. 2), Bd. 10, 1922, S. 656.

25 Farbwerke Hoechst AG (Anm. 12), Heft 26, Frankfurt-Hoechst 1967.

26 Ullmann (Anm. 2), Bd. 2, 1915, S. 371.

27 Herrmann Ost, Lehrbuch der chemischen Technologie, 10. Aufl., Leipzig 1919, S. 640.

28 Meyers Konservationslexikon, Bd. XI, Leipzig/Wien 1896, S. 282f.

29 Katalyse/Öko-Institut u.a., Chemie am Arbeitsplatz, Reinbek 1987, S. 115f. Zur Problematik des Arbeitsschutzes siehe den Beitrag von Arne Andersen in diesem Band.

30 Bersch (Anm. 18), S. 164f.

31 Mühlhäuser (Anm. 15), S. 466.

32 Paul Koelner, Aus der Frühzeit der chemischen Industrie Basels, Basel 1937, S. 115ff.

33 Dieter Osteroth, Soda, Teer und Schwefelsäure, Reinbek 1985, S. 77.

34 A. Bürgin, Geschichte des Geigy-Unternehmens von 1758-1939, Basel 1958, S. 119.

35 Josef König, Die Verunreinigung der Gewässer, deren schädliche Folgen nebst Mitteln zur Reinigung des Schmutzwassers, Berlin 1887, S. 627.

36 Ebenda, S. 330f.

37 Mühlhäuser (Anm. 15), S. 561.

38 P. Schoop, Über die Fabrikation der Arsensäure, in: Dinglers Poytechnisches Journal, 259 (1886), S. 328f.

39 Vogel (Anm. 13), S. 155f. Grandhomme, Die Theerfarben-Fabriken der Actien-Gesellschaft Farbwerke vorm. Meister, Lucius & Brüning, Heidelberg 1883, S. 35.

40 Grandhomme (Anm 39), S. 31. Anonym, in: Wagners Jahresbericht der chemischen Technologie, 15 (1869), S. 572.

41 Bundesanstalt für Arbeitsschutz und Unfallforschung Dortmund, MAK-Werte 1981, Dortmund 1981, Anhang III, S. 56.

42 Schützenberger (Anm. 14), S. 481f. Ano-

nym (Anm. 40), S. 607.

43 A. Brüning, Darstellung des Fuchsins, in: Berichte der Deutschen Chemischen Gesellschaft, 6 (1873), S. 25f. Ders., Antwort auf Coupier's Bemerkungen über die Darstellung des Fuchsins ohne Arsensäure, in: Berichte der Deutschen Chemischen Gesellschaft, 6 (1873), S. 1072.

44 Farbwerke Hoechst AG (Anm. 12), S. 11f, vom Autor transkribierte Fassung.

45 Greiff, Über Coupier's Verfahren zur Anilinroth-Fabrication, in: Dinglers Polytechnisches Journal, 192 (1869), S. 244f.

46 Farbwerke Hoechst AG (Anm. 12), S. 34.

47 Ebenda, S. 34f.

48 C. Häusermann, Zur Fabrication des Fuchsins nach der Methode von Coupier, in: Verhandlungen zur Beförderung des Gewerbefleisses, 58 (1879), S. 123f.

49 Hinsichtlich der Wirkungen auf die Umwelt, die sich durch den Ersatz von Arsensäure durch Nitrobenzol ergaben, siehe den Beitrag von Arne Andersen in diesem Band.

50 Osteroth (Anm. 33), S. 78.

51 Farbwerke Hoechst AG (Anm. 12), S. 7.

52 Carl Schuster, Vom Farbenhandel zur Farbenindustrie, Schriftenreihe des Firmenarchivs der BASF, Bd. 11, Ludwigshafen 1973, S. 43f.

53 v. Nagel (Anm. 11), S. 7-20.

54 Rassow (Anm. 4), S. 10-16.

55 Carl Graebe/Carl Liebermann, Berichte der Deutschen Chemischen Gesellschaft, 2 (1869), S. 14, 334.

56 Farbwerke Hoechst AG (Anm. 12), Heft 1, Woran die Übernahme der Alizarin-Synthese von Graebe durch Hoechst scheiterte, Frankfurt-Hoechst 1964.

57 Welsch (Anm. 21), S. 69.

58 Ullmann (Anm. 2), Bd. 1, 1914, S. 205.

59 Louis Fieser/Mary Fieser, Organische Chemie, 2. Aufl., Weinheim 1968, S. 1798.

60 Ullmann (Anm. 2), Bd. 3, 1916, S. 566.

61 Ebenda, S. 146.

62 Fieser (Anm. 59), S. 1696.

63 Lothar Burchardt, Die Zusammenarbeit zwischen chemischer Industrie, Hochschulchemie und chemischen Verbänden im Wilhelminischen Deutschland, in: Technikgeschichte, 46 (1979), S. 192-211.

64 Ebenda, S. 195.

65 Ebenda, S. 198.

66 Claus Ungewitter, Ausgewählte Kapitel aus der chemisch-industriellen Wirtschaftspolitik 1877-1927, in: Verein zur Wahrung der Interessen der chemischen Industrie Deutschlands e.V. (Hg.), Berlin 1927, S. 2.

67 Ebenda, S. 291.

68 Welsch (Anm. 21), S. 50.

69 Ebenda, S. 50.

70 v. Nagel (Anm. 11), S. 30.

71 Ebenda, S. 45.

72 Rolf Sonnemann, Zur Geschichte der Teer-

farben-Industrie in Deutschland von ihren
Anfängen bis zur Bildung der beiden Dreibünde (1905/07), Merseburg 1963, S. 69f.
73 Zitiert nach Sonnemann (Anm. 72), S. 72.
74 Berthold Rassow, Die chemische Industrie,
Gotha 1925, S. 96f.
75 Helga Krohn/Heinz-Günter Lang u.a., Geschichte der Farbwerke Hoechst und der
chemischen Industrie in Deutschland. Ein
Lesebuch aus der Arbeiterbildung, Offenbach 1984, S. 45f.
76 Osteroth (Anm. 33), S. 88.
77 F. Lauterbach, Geschichte der in Deutschland bei der Färberei angewandten Farbstoffe, Leipzig 1905, S. 101.
78 Joachim Radkau, Technik in Deutschland,
Frankfurt 1989, S. 254.

Wasserverschmutzung am Beispiel der Wupper

1 Friedrich Engels, Briefe aus dem Wuppertal,
zit. n. D. Rjazanov (Hg.), Karl Marx/Frie-
drich Engels, Historisch kritische Gesamt-
ausgabe, Glashütten im Taunus 1970, S. 23.
2 Zur Bevölkerungsentwicklung vgl. Hart-
mut Sander, Bevölkerungsexplosion im 19.
Jahrhundert, in: Horst Jordan/Heinz Wolff
(Hg.), Werden und Wachsen der Wuppertaler Wirtschaft, Wuppertal 1977, S. 110ff.
3 Herbert Kisch, Die hausindustriellen Textilgewerbe am Niederrhein vor der industriellen Revolution, Göttingen 1981, S. 199.
4 Ebenda, S. 220.
5 Hans Pohl/Ralf Schaumann/Frauke Schö-
nert-Röhlk, Die chemische Industrie in den
Rheinlanden während der industriellen
Revolution, Bd. 1, Die Farbenindustrie,
Wiesbaden 1983, S. 37.
6 Eine detaillierte Beschreibung findet sich
bei Rudolf Melzer, Die Färberei als kauf-
männischer Eigenbetrieb - Eine Studie der
Wuppertaler Türkischrotfärberei, Elberfeld
1910, S. 6ff.
7 Dies bestätigt u.a. Wolfgang Köllmann
(Hg.), Wuppertaler Färbergesellen-Innung,
Wiesbaden 1962, S. 2.
8 Zur Statistik s. Wolfgang Hoth, Die Industrialisierung einer rheinischen Gewerbe-
stadt - dargestellt am Beispiel Wuppertal,
Köln 1975, S. 170, 186.
9 Melzer (Anm. 6), S. 40. Die Wertangabe
scheint sich auf das Jahr 1910 zu beziehen.
10 In dem Roman »Erich Westenkott« (1907).
11 In dem Roman »Die Wiskottens« (1905).
12 Wilhelm Langewiesche (Hg.), Elberfeld
und Barmen, Beschreibung und Geschichte
dieser Doppelstadt des Wuppertals, Barmen
1863, S. 78.
13 Jürgen Reulecke, Die industrielle Entfal-

tung des Wuppertals im 19. Jahrhundert, in:
Jordan/Wolff (Anm. 2), S. 54.
14 Stadtarchiv Wuppertal (StAW), Akte G IV
90.
15 Hans Görlich, Die Entstehung und Bedeutung der Textilindustrie im Bergischen Land
unter besonderer Berücksichtigung ihrer
Standortfaktoren, Typoskript 1955.
16 Hauptstaatsarchiv Düsseldorf (HStAD),
Regierung Düsseldorf 24894.
17 Laut Reulecke (Anm. 13), S. 56.
18 Garnung = Garnnahrung, eine handelskam-
merähnliche Vereinigung der durch das
Diplom von 1527 privilegierten Wuppertaler Bleicher; siehe dazu Walter Dietz, Die
Wuppertaler Garnnahrung, Bergische Forschungen, Bd. IV, Neustadt an der Aisch
1957.
19 HStAD, Regierung Düsseldorf 36214, Blatt
14ff., daraus auch die folgenden Zitate.
20 Frank-Peter Ullmann, Die Einflüsse der Industrialisierung auf die Fischfauna der
Wupper, maschinenschriftl. Staatsarbeit,
Wuppertal 1970, Anhang.
21 Ebenda, S. 40.
22 Eduard Beyer, Die Fabrik-Industrie des Regierungsbezirks Düsseldorf vom Standpunkt der Gesundheitspflege, Oberhausen
1876, S. 115.
23 HStAD, Regierung Düsseldorf 36088.
24 Hoth (Anm. 8), S. 172f.
25 HStAD, Regierung Düsseldorf 24640; in
dieser Akte ist der beschriebene Fall im wesentlichen niedergelegt.
26 Melzer (Anm. 6), S. 51ff.
27 HStAD, Regierung Düsseldorf 24645.
28 IG Farbenindustrie AG (Hg.), Werksgeschichte, München 1938, S. 19f.
29 Die Darstellung der Fuchsinproblematik
folgt: Bayer AG (Hg.), Meilensteine, Leverkusen 1988, S. 30.
30 Bayer Archiv; Erinnerungen des Chemikers
Dr. Schlösser, Typoskript 1913, S. 18f.; diesen Erinnerungen ist auch ein Bild beige-
fügt, das einen Arbeiter mit beladener
Schaufel zeigt und die wehmütig-stolze
Unterschrift trägt: »Die letzte Ölung des
lieblichen Murmelbaches«.
31 HStAD, Regierung Düsseldorf 24631.
32 Einen Beleg dafür liefert Hilla Peetz (Hg.),
»Nicht ohne uns!«, Frankfurt/Berlin/Wien
1981, S. 40.
33 HStAD, Regierung Düsseldorf 24603.
34 Zahlen nach Pohl (Anm. 5), S. 46.
35 IG Farbenindustrie AG (Anm. 28), S. 37ff.
36 Aus dem Regierungsbescheid an die Firma
Friedrich Frische vom 19. April 1873, HStA
Düsseldorf, Regierung Düsseldorf 24603.
37 StAW, Akte G IV 169.
38 Farbenfabriken vorm. Friedr. Bayer & Co.
(Hg.), Geschichte der Farbenfabriken vorm.
Friedrich Bayer & Co. Elberfeld in den ersten 50 Jahren, München 1918, S. 267ff.

39 Farbenfabriken (Anm. 38), S. 170.
40 Ebenda, S. 663.
41 Bericht vom 11.3.1886, Werksarchiv der Bayer AG.
42 Georg Wesenberg, Die Wupper als Vorfluter besonders für die Abwässer der chemischen Großindustrie, Inauguraldissertation, Marburg 1923.
43 Übersetzung ohne Datierung; HStAD, Regierung Düsseldorf 36079

Farbstoffindustrie und arbeitsbedingte Erkrankungen

1 Willi Breunig, Soziale Verhältnisse der Arbeiterschaft und sozialistische Arbeiterbewegung in Ludwigshafen am Rhein 1869-1919, Ludwigshafen 1976, S. 89f.
2 Ernst Preczang, Der Ausweg, Berlin 1912, S. 17.
3 Breunig (Anm. 1), S. 91.
4 Eduard Beyer, Die Fabrik-Industrie des Regierungsbezirkes Düsseldorf vom Standpunkt der Gesundheitspflege, Oberhausen 1876, S. 67.
5 Zit. nach »Nicht ohne uns!«: Arbeiterbriefe, Berichte und Dokumente zur chemischen Industrialisierung von 1760 bis heute, ges. u. kommentiert von Hilla Peetz, Frankfurt 1981, S. 16.
6 Dieter Schiffmann, Von der Revolution zum Neunstundentag. Arbeit und Konflikt bei BASF 1918-1924, Frankfurt/New York 1983, S. 79f.
7 O. Mühlhäuser, Die Fabrikation des Arsensäurefuchsins, in: Dinglers polytechnisches Journal 266 (1887), S. 461.
8 Schiffmann (Anm. 6), S. 76.
9 Curt Duisberg, Die Arbeiterschaft der chemischen Großindustrie, Berlin 1921, S. 12ff.
10 Ausschuß zur Untersuchung der Erzeugungs- und Absatzbedingungen der deutschen Wirtschaft. Die deutsche chemische Industrie. Verhandlungen und Berichte des Unterausschusses für Gewerbe: Industrie, Handel und Handwerk (3. Unterausschuß), Berlin 1930, S. 485 (Haupt (FAV)).
11 Ebenda, S. 52. Curt Duisberg (Anm. 9) mußte zugeben, daß »alte Arbeiter später aus gelernter in ungelernte Arbeit« (S. 6) übergehen. Genaue Zahlen und Angaben über Bereiche, aus denen die ehemals Gelernten kommen, machte er jedoch nicht.
12 Else Fuldat, Arbeitsverhältnisse in der chemischen Großindustrie der Frankfurter Gegend, Diss. Frankfurt 1926, S. 32.
13 Freie Presse (Elberfeld-Barmen) 7.2.1900. Zit. n. Ilse Costas, Auswirkungen der Konzentration des Kapitals auf die Arbeiterklasse in Deutschland (1880-1914), Frankfurt/

New York 1981, S. 180.
14 Uta Stolle, Arbeiterpolitik im Betrieb. Frauen und Männer, Reformisten und Radikale, Fach- und Massenarbeiter bei Bayer, BASF, Bosch und in Solingen (1900-1933), Frankfurt/New York 1980, S. 29.
15 Max Quarck, Profit und Arbeit in der chemischen Großindustrie, Hannover 1907, S. 14.
16 Friedrich Wörishoffer, Die sociale Lage der Fabrikarbeiter in Mannheim und dessen nächster Umgebung, Karlsruhe 1891, S. 275/276.
17 Ebenda, S. 45.
18 Heinrich Schneider, Gefahren der Arbeit in der chemischen Industrie, Hannover 1911, S. 88.
19 Duisberg (Anm. 9), S. 15.
20 Reichstag 1. März 1905, S. 4898.
21 Ignatz Kaup, Gewerbeärztlicher Dienst und gewerbliche Erkrankungen in Preußen, in: Über Gewerbekrankheiten und Gewerbehygiene. Veröffentlichungen aus dem Gebiete der Medizinalverwaltung, 5. Bd 2. Heft, Berlin 1915, S. 76. Kaup mußte sich allerdings auf Österreich beziehen, da es für das Deutsche Reich keine entsprechende Sterbestatistik gab.
22 Dr. Ney zit.n. Alfred M. Thiess, Arbeitsmedizin und Gesundheitsschutz. Werksärztliche Erfahrungen der BASF 1866-1980, Köln 1980, S. 8.
23 Breunig (Anm. 1), S. 98.
24 Ausschuß, Die deutsche Chemische Industrie (Anm. 10), S. 491 (Roth (FAV-Hoechst)).
25 Zit.n. Christian Rothe, Erkrankungen von Chemiearbeitern und die Entwicklung der Berufskrankheitenverordnung von 1925, Frankfurt 1987, S. 50. Curschmann war in der Weimarer Republik Vorstandsmitglied des Arbeitgeberverbandes der Chemischen Industrie und für den Verband in der Tarifkommission und im Sozialpolitischen Ausschuß.
26 Ludwig Teleky, History of Factory and Mine Hygiene, New York 1948, S. 105.
27 Theodor Weyl, Die Krankheiten der chemischen Arbeiter, in: Weyl (Hg.), Handbuch der Arbeiterkrankheiten, Jena 1908, S. 183.
28 Theodor Weyl, Die Theerfarben mit besonderer Berücksichtigung auf Schädlichkeit und Gesetzgebung, Berlin 1889, S. 7f.
29 Costas (Anm. 13), S. 180.
30 Grandhomme, Die Theerfarben-Fabriken der Actien-Gesellschaft vorm. Meister Lucius & Brüning zu Höchst a.M. in sanitärer und sozialer Beziehung, Heidelberg 1883, S. 11.
31 Weyl (Anm. 27), S. 203.
32 Josef Rambousek, Über die toxischen Wirkungen des Benzols, in: Concordia. Zeitschrift für Volkswohlfahrt, Jg.1910, S. 448.

33 Fritz Ullmann (Hg.), Enzyklopädie der technischen Chemie, Bd.2, Berlin/Wien 1915, S. 365.
34 Joachim S. Hohmann, Berufskrankheiten in der Unfallversicherung, Köln 1984, S. 234. Die Zahlen stiegen in der Folgezeit nicht weiter an.
35 Zit.n. Franz Koelsch, Lehrbuch der Arbeitsmedizin Bd. 2, Stuttgart 1966, S. 257.
36 DFG, Maximale Arbeitsplatzkonzentration und Biologische Arbeitsstofftoleranzwerte 1988, Weinheim 1988, S. 74.
37 Heinrich Caro, Über die Entwicklung der Theerfarben-Industrie, in: Berichte der Deutschen Chemischen Gesellschaft (Referate, Patente, Nekrologe) 25. Jg, (1892), S. 986.
38 Ullmann (Anm. 33), S. 376.
39 Zit.n. Quarck (Anm. 15), S. 20.
40 Ludwig Teleky, Gewerbliche Vergiftungen. Berlin/Göttingen/Heidelberg 1955, S. 30
41 Verband der Fabrikarbeiter Deutschlands, Protokoll der Konferenz für die in der chemischen Industrie beschäftigten Arbeiter und Arbeiterinnen, Hannover 1909, S. 13.
42 Prof. Lepsius, in: Belehrung der Arbeiter über die Giftgefahren in gewerblichen Betrieben. Vorbericht und Verhandlungen der 14. Konferenz der Centralstelle für Arbeiter-Wohlfahrtseinrichtungen am 5./6. Juni 1905 in Hagen, Berlin 1906, S. 45.
43 Carl Duisberg, in: Ebenda. Den Hinweis verdanke ich Dietrich Milles, »Künstliche« und »natürliche« Risiken in der Geschichte der Arbeitsmedizin. Manuskript. Bremen 1989, S. 3f.
44 Duisberg, in: 14.Konferenz (Anm. 42), S. 83ff.
45 Ullmann (Anm. 33), Bd. 1, S. 436.
46 Grandhomme (Anm. 30), S. 21ff.
47 Wolfgang Hien, Chemiearbeit, Anilinkrebs und Dispositionsmythos am Beispiel der BASF Ludwigshafen, in: 1999. Zeitschrift für Sozialgeschichte des 20. und 21. Jahrhunderts. 4/88, S. 36f.
48 Ludwig Rehn, Blasengeschwulste bei Fuchsin-Arbeitern, in: Archiv für klinische Chirurgie, Bd. 50 (1895), S. 592.
49 Ebenda, S. 594.
50 Grandhomme, Die Fabriken der AG Farbwerke vorm. Meister, Lucius & Brüning zu Höchst (...), IV.Aufl., Frankfurt a.M. 1896, S. 23.
51 Max Nassauer, Über bösartige Blasengeschwulste bei Arbeitern der organisch-chemischen Großindustrie, in: Frankfurter Zeitschrift für Pathologie Bd. 22 (1919/20), S. 357.
52 Ludwig Rehn, Weitere Erfahrungen über Blasengeschwulste bei Farbarbeitern, in: Verhandlungen der Deutschen Gesellschaft für Chirurgie 1904, S. 231ff.
53 S.G. Leuenberger, Die unter dem Einfluß der synthetischen Farbenindustrie beobachtete Geschwulstbildung, in: Beiträge zur klinischen Chirurgie Bd. 80 (1912), S. 208ff.
54 Ebenda, S. 237.
55 Weyl (Anm. 27), S. 1062.
56 Nassauer (Anm. 51), S. 355.
57 Ebenda, S. 360f.
58 Ebenda, S. 386.
59 Franz Koelsch, Konstitution und Berufseignung, in: Zentralblatt für Gewerbehygiene, 2 (n.F.), Sep. 1925, S. 236.
60 Ebenda, S. 241.
61 Wilhelm Hergt, Ärztliche Erfahrungen bei der Durchführung der Verordnung über Ausdehnung der Unfallversicherung auf gewerbliche Berufskrankheiten, in: Zentralblatt für Gewerbehygiene, 7 (n.F.), Feb. 1930, S. 46. Hergt hatte von 1947 bis 1957 die Leitung der werksärztlichen Abteilung der BASF inne und war zugleich der erste Vorsitzende der Berufsgenossenschaft Chemie in der BRD.
62 Koelsch (Anm. 35), S. 255.
63 Hergt (Anm. 61), S. 47f.
64 Ludwig Simon, Dauererfolge der operativen Behandlung der Anilintumoren, in: Zentralblatt für Gewerbehygiene Jg. 7 (1930), S. 78.
65 Ebenda, S. 80.
66 Eberhard Gross, Das Carcinom vom Standpunkt des Gewerbetoxikologen, in: Angewandte Chemie, 53. Jg. (1940), S. 371.
67 Ebenda.
68 H. Ehrlicher, Neubildungen der Harnwege durch aromatische Amine. Werk C, in: Eberhard Gross, Berufskrebs. Bericht über die frühere Kommission für Berufskrebs der DFG, Bonn 1967, S. 202.
69 Heinz Oettel u.a., Beitrag zur Problematik berufsbedingter Lungenkrebse, in: Zentralblatt für Arbeitsmedizin, Jg. 18 (1969), S. 295.
70 Ullmanns Enzyclopädie der technischen Chemie, Hrsg. v. Wilhelm Foerst, 3. völlig neugestalt. Auflage, München/Berlin 1958, Bd. 10, S. 770.
71 AK Arbeitsmedizin im Gesundheitsladen Frankfurt, Blasenkrebs durch Arbeit in der Chemie, Frankfurt o.J. (1983), S. 34ff.
72 Ulrich Korallus/K. Ulm, Lebenserwartung, Mortalität und deren Spektrum bei Beschäftigten eines Werkes der chemischen Industrie, in: Arbeitsmedizin, Sozialmedizin, Präventivmedizin, Sonderheft 12/1989, S. 4-25.
73 D. Schmähl, Probleme des Berufskrebses aus der Sicht der experimentellen Krebsforschung, in: Arbeitsmedizin, Sozialmedizin, Präventivmedizin, Mai 1975, Heft 5.
74 R. Fischer, Das Chrom und seine Verbindungen, in: Weyl, Handbuch 7 (Anm. 27), S. 886.

75 M. Buch, Gefährlichkeit der Chromatbetriebe - eine Sage? in: Beilage zum Proletarier 18.5.1912.

76 Ullmann, Bd. 3 (Anm. 33), S. 558.

77 Ebenda, S. 527.

78 H. Spannagel, Lungenkrebs und andere Organschäden durch Chromverbindungen, Leipzig 1953, S. 7.

79 Ludwig Hirt, zit. n.: R. Fischer, Die industrielle Herstellung und Verwendung der Chromverbindungen, die dabei entstehenden Gesundheitsgefahren für die Arbeiter und die Massnahmen zu ihrer Bekämpfung, Berlin 1911, S. 32.

80 Bekanntmachung, betreffend die Einrichtung und den Betrieb von Anlagen zur Herstellung von Alkali-Chromaten (Nr. 2359) vom 2.2.1897, in: Reichs-Gesetzblatt Nr. 5/1897.

81 Wutzdorff, Die in Chromatfabriken beobachteten Gesundheitsschädigungen und die zur Verhütung derselben erforderlichen Maßnahmen, in: Arbeiten aus dem kaiserlichen Gesundheitsamte, 13.Bd., Berlin 1891, S. 328ff.

82 Ebenda, S. 332.

83 Ebenda, S. 344.

84 RGBl. S. 233 (16.5.1907).

85 Da dem Arbeiter kein Ersatzarbeitsplatz angeboten werden mußte, war dieser daran interessiert, auch bei Krankheit gesund zu erscheinen, um so den Arbeitsplatz nicht zu verlieren. Im Roman »Ausweg« (S. 33f.) beschreibt Preczang (Anm. 2), daß der Arzt am Sonntag besonders viel zu tun habe: »Die Fülle war noch größer als sonst; denn an den Sonntagen kamen vornehmlich die arbeitsfähigen Kranken, die keinen Stundenlohn einbüßen wollten und die Sorge um ihre Gesundheit zurückdrängten, bis die Zeit es zuließ, sich darum zu bekümmern.«

86 F. Hermanni, Die Erkrankungen der in Chromatfabriken beschäftigten Arbeiter, in: Muenchener Medizinische Wochenschrift 1901, S. 537. Schneider (Anm. 18) verwies auf diese Untersuchung in seiner Broschüre für den Fabrikarbeiterverband (S. 44).

87 Gustav Haupt, Gewerbliche Gefahren in der chemischen Industrie, Hannover 1922, S. 67.

88 Karl Bernhard Lehmann, Die Bedeutung der Chromate für die Gesundheit der Arbeiter. Kritische und experimentelle Untersuchungen, Berlin 1914.

89 Ebenda, S. 106.

90 Fischer (Anm. 79), S. 54.

91 Ludwig Teleky, Gewerbliche Vergiftungen. Berlin/Göttingen/Heidelberg 1955, S. 132. Eberhard Gross/Franz Koelsch, Über den Lungenkrebs in der Chromfarbenindustrie, in: Archiv für Gewerbepathologie und Gewerbehygiene Bd. 12 (1943), S. 164.

92 Konrad Jurisch, Ueber Gefahren für die Arbeiter in chemischen Fabriken, Unfallverhütungsmittel und Arbeitsbedingungen, Berlin 1895, S. 60.

93 Louis Lewin, in: Chemiker-Zeitung 1907, S. 1076.

94 Ludwig Teleky, Krebs bei Chromatarbeitern, in: Deutsche Medizinische Wochenschrift, 62. Jg. (1936), S. 1197.

95 E. Pfeil, Lungentumoren als Berufserkrankung in Chromatbetrieben, in: Deutsche Medizinische Wochenschrift, 61.Jg (1935), S. 1198.

96 Walter Alwens/E.-E. Bauke/Walter Jonas, Auffallende Häufung von Bronchialkrebs bei Arbeitern der chemischen Industrie, in: Münchener Medizinische Wochenschrift, 83. Jg. (1936), S. 485ff.

97 Bernhard Fischer-Wasels, Die Vererbung der Krebskrankheit. Schriften zur Erblehre und Rassenhygiene, Berlin 1935, S. 89.

98 Bernhard Fischer-Wasels, Wege zur Verhütung der Entstehung und Ausbreitung der Krebskrankheit, Berlin 1934, S. 65.

99 Spannagel (Anm. 78), S. 74ff.

100 Ebenda, S. 19.

101 Koelsch (Anm. 35), S. 238.

102 Gross (Anm. 66), S. 52.

103 Korallus/Lange u.a., Zusammenhänge zwischen Sanierungsmaßnahmen und Bronchialkarzinommortalität in der chromatherstellenden Industrie, in: Sozialmedizin, Sozialmedizin, Präventivmedizin 7/1982, S. 159-167.

104 BASF (Hg.), Sicherheit in der Chemie. BASF-Symposium vom 15. November 1978, Köln 1979, S. 112.

105 Gross (Anm. 66), S. 372.

106 Hauptstaatsarchiv München MInn 62582. Ich danke Monika Bergmeier (München) für den Hinweis auf diesen Bestand.

107 W. Kerp, Nahrungsmittelchemische Tagesfragen. Über die durch die gewerbliche Herstellung der Lebensmittel an diesen hervorgebrachten Erscheinungen, in: W. Kerp (Hg.), Nahrungsmittelchemie in Vorträgen, Leipzig 1914, S. 191 f.

108 Ebenda, S. 177.

109 Berichte der Kommission für die Petitionen, Aktenstück Nr. 305/311, 3. Anlagenband zu den stenografischen Berichten des Reichstages, Berlin 1904, S. 1825.

110 Emanuel Wurm (SPD), in: Reichstagssitzung vom 6. Mai 1904, S. 2732f.

111 Bayerisches HStA MF 68035. Schreiben des Reichskanzlers an das Bay. Staatsministerium und des Äußern, 13. Mai 1911.

112 Verband der Maler, Lackierer, Anstreicher, Tüncher und Weißbinder Deutschlands, An den Reichsrat, Hamburg, 12. Juni 1909.

113 Vgl. den Beitrag von Norman Fuchsloch in diesem Band.

114 E.W. Baader, Berufskrebs, in: C. Adam/

Auler (Hg.), Neuere Ergebnisse auf dem Gebiete der Krebskrankheiten, Leipzig 1937.

115 Egmont Baumgartner (Hg.), Angewandte Arbeitsmedizin Bd. 1, Wien/München/Bern 1986, S. 393.

116 Gegen die Verarbeitung von Dichromat, in: Stichwort: Bayer 1/2/88.

117 M. Ruetze/D. Noack u.a., Chromathaltige Beizen als Mitursache beim Nasenkrebs der Holzhandwerker? In: Arbeitsmedzin, Sozialmedizin, Präventivmedizin 3/1990, S. 95-98.

Ermittlungen gegen die I.G. Farben

1   Karl-Heinz Roth, I.G. Auschwitz. Normalität oder Anomalie eines kapitalistischen Entwicklungssprungs? in: 1999. Zeitschrift für Sozialgeschichte des 20. und 21. Jahrhunderts, Heft 4/89, S. 23.

2   Das Dokument wurde erstmals in deutscher Sprache veröffentlicht in OMGUS-Berichte, Ermittlungen gegen die I.G. Farbenindustrie AG. Bearbeitet von Karl-Heinz Roth, Nördlingen 1986. Wir danken den KollegInnen der »Hamburger Stiftung für Sozialgeschichte« für die Möglichkeit, diesen Text nochmals zu veröffentlichen. Auf Anmerkungen verzichten wir in diesem Zusammenhang, da sie sich zumeist auf Dokumente beziehen, die die Untersuchungsgruppe der Finance Division unter Bernstein zusammengetragen hat. Wir verweisen dazu auf den OMGUS-Bericht.

3   Interessanterweise erwähnt Bannert bei seiner Aussage die Deutsche Bank AG nicht, obwohl sie neben der Deutschen Länderbank AG der bedeutendste externe Kreditgeber der I.G. war, der sich auch an der Finanzierung der I.G. Auschwitz beteiligte.

Ultramarin und Titandioxid

1   Zit. nach E. Ploss, Ein Buch von alten Farben, München 1977, S. 78. Vgl. auch Eva Heller, Wie Farben wirken. Farbpsychologie, Farbsymbolik, kreative Farbgestaltung, Reinbek 1989, S. 37. Fritz Seel/Gisela Schäfer/Hans-Joachim Güttler/Georg Simon, Das Geheimnis des Lapis lazuli, in: Chemie in unserer Zeit, 8 (1974) 3, S. 65ff; abgedruckt in: Angelika Lochmann/Angelika Overath, Das Blaue Buch. Lesarten einer Farbe, Nördlingen 1988.

2   Nach Seel u.a. (Anm. 1).

3   Auf den chemischen Eigenschaften des Kohlenstoffs, speziell der Fähigkeit zur Mehrfachbindung zu anderen Kohlenstoffatomen und der möglichen Ausbildung von Ketten- und Ringsystemen, beruht der Variantenreichtum der »modernen« Farbstoffchemie, aber auch die Problematik. Je vielfältiger nämlich die Produkte und die Beiprodukte sind, um so unüberschaubarer und ungeklärter ist auch ihre Abbaubarkeit in der Umwelt.

4   Gustav Fester, Die Entwicklung der chemischen Technik bis zu den Anfängen der Großindustrie. Ein technologisch-historischer Versuch, Berlin 1923, S. 167 u. 169.

5   Désormes et Clément, Mémoire sur l'outremer. Annales De Chimie, Tome 57, Paris 1806, S. 317-326; nach Eberhard Schmauderer, Kenntnisse über das Ultramarin bis zur ersten künstlichen Darstellung um 1827, in: Technikgeschichte 36 (1969) 2, S. 147-160.

6   Schmauderer (Anm. 5), S. 153f. Die genaue Kristallstruktur des Ultramarin ist erst seit 1936 bekannt, und erst 1969 wurde das Rätsel der intensiven blauen Farbe gelöst.

7   Fester (Anm. 4), S. 166.

8   Ebenda, S. 165. Wie bei vielen anderen Fabriken, in denen giftige Mineralfarben hergestellt wurden, geriet auch die Chemische Fabrik Marktredwitz am Ende zum »Umweltskandal«: 1985 wurde sie von Amts wegen geschlossen, da Fabrikgelände und Umgebung hochgradig mit Quecksilber verseucht waren.

9   Vgl. Schmauderer (Anm. 5); Seel u.a. (Anm. 1), S. 39.

10 Onkel des bekannteren Leopold Gmelin.

11 H. Schultze, Die Entwicklung der chemischen Industrie in Deutschland seit 1875, Halle 1908.

12 Gustav Adolf Walter, Die geschichtliche Entwicklung der rheinischen Mineralfarbenindustrie, Essen 1922, S. 23.

13 Fritz Ullmann, Enzyklopädie der technischen Chemie, 18. Band, 4. Aufl., 1979, S. 623. 1837 wurde grünes, 1872 violettes und 1876 rotes Ultramarin gefunden.

14 1877 geschlossen. Walter (Anm. 12), S. 75 Fußnote 3.

15 Walter (Anm. 12), S. 22.

16 Ebenda, S.68.

17 Reinhold Hoffmann, Ueber die Entwickelung der Ultramarinfabrikation von 1862 bis 1873, in: A.W. Hofmann, Bericht über die Entwicklung der chemischen Industrie während des letzten Jahrzehends. Autorisirter Abdruck aus dem »Amtlichen Berichte über die Wiener Weltausstellung im Jahre 1873« Band III. Abtheilung I. Erste Hälfte. Braunschweig 1875. S. 678-692. Vgl. auch Schultze (Anm. 11), S. 134f.

18 1828 154 Mark pro Kilo, 1834 18 Mark und 1881 0,81 Mark. Walter (Anm. 12), S.72f. In

dieser Situation nahmen Curtius und Leverkus auch die Produktion anderer Farbstoffe auf, Leverkus etwa ab 1874 auch die des Teerfarbstoffs Alizarin.

19 Zu den Angaben im folgenden: Carl Fürstenau, Die Ultramarinfabrikation, Coburg 1864, S. 12f.

20 Laurenz Bock, Die Fabrikation der Ultramarinfarben, Halle (Saale) 1918, S. 82.

21 Ebenda, S. 53.

22 Fürstenau (Anm. 19), S. 21.

23 Treibel hatte seine Villa direkt neben seiner Fabrik gebaut. »Die Nähe der Fabrik, wenn der Wind ungünstig stand, hatte freilich auch allerlei Mißliches im Geleite; Nordwind aber, der den Qualm herantrieb, war notorisch selten, und man brauchte die Gesellschaften nicht gerade bei Nordwind zu geben. Außerdem ließ Treibel die Fabrikschornsteine in jedem Jahre höher hinaufführen und beseitigte daher den anfänglichen Übelstand immer mehr.« Theodor Fontane, Jenny Treibel, Berlin 1964 (Ausgabe des Aufbau-Verlags), S. 187f.

24 Thomas Kluge/Engelbert Schramm, Vom Himmel hoch. Eine Geschichte der TA Luft, in: Kursbuch 96 (1989), S. 91-110.

25 Die Darstellung folgt hier: Clemens Winkler, Mittheilungen über die Versuche zur Beseitigung des Hüttenrauches bei der Schneeberger Ultramarinfabrik zu Schindler's Werk bei Bockau in Sachsen, in: Sächsisches Jahrbuch 1880, S. 50-70. Zur Rauchschadensproblematik vgl. auch: A. Andersen/R. Ott/E. Schramm, Der Freiberger Hüttenrauch 1849-1865. Umweltauswirkungen, ihre Wahrnehmung und Verarbeitung, in: Technikgeschichte, 53 (1986) S. 3; Gerd Spelsberg, Rauchplage. Zur Geschichte der Luftverschmutzung, Köln 1988; Hans Wislicenus (Hrsg.), Waldsterben im 19. Jahrhundert. Sammlung von Abhandlungen über Abgase und Rauchschäden, Reprintausgabe Düsseldorf 1985.

26 In geringen Mengen entsteht im Rahmen einer Nebenreaktion des Brennprozesses zu Vorgängersubstanzen von Ultramarinblau auch Schwefelkohlenstoff (CS_2) und Schwefelwasserstoff (H_2S). Ullmann (Anm. 13), S. 620.

27 Alle Zitate nach Winkler (Anm. 25).

28 Bock (Anm. 20), S. 82.

29 Ullmann (Anm. 13), S. 623.

30 Reichsgesetzblatt No. 9, ausgegeben am 20. April 1886, S. 69-74 (70).

31 Ebenda, S. 69-74 (73), 17 Ziffer 4.

32 K.B. Lehmann, Die deutsche Bleifarbenindustrie vom Standpunkt der Hygiene, Berlin 1925, S. 91.

33 Rambousek, Die Frage des Bleifarbenverbotes in Deutschland, in: Chemiker-Zeitung 37 (1913), Heft 18, S. 181f.

34 C. Mai, Zusammenfassung der Arbeiten der

Kommission zum vergleichenden Studium der Malereien mit Zink- und Bleiweiß (Bll. Soc. d'encour. 107, S. 516-522, April 1908), in: Zeitschrift für angewandte Chemie, 21 (1908), S. 1563.

35 Vgl. dazu: F. Sacher, Oberflächenschutz durch Anstrich, in: Zeitschrift für angewandte Chemie, 37 (1924), S. 732-735; Rambousek (Anm. 33); Verein Deutscher Bleifarbenfabrikanten, Das Bleiweiss, seine Herstellung, seine Eigenschaften, seine Verwendung, Düsseldorf o.J. (ca. 1928).

36 Brasilien, Norwegen, die UdSSR, Canada, die USA, Südafrika, Mozambique und Indien besitzen große Vorkommen erzförmigen Ilmenits; in Südafrika, Australien, Indien, Brasilien, Sri Lanka, Indonesien, Malaysia, Ägypten, Japan, den USA, Sierra Leone, Senegal und Canada kommt es in Form von Sanden vor.

37 Ekkehard Offhaus/Hans W. Jakobi, Rückstände bei der Titandioxidproduktion, in: Kumpf/Maas/Straub, Müll und Abfall, Loseblattsammlung, Ziffer 8582, S. 3.

38 Kronos Titan-GmbH (Hrsg.), Die Kronos Titan-Initiative, Köln 1983, S. 67.

39 Offhaus/Jakobi (Anm. 37), Fußnote 7.

40 Schätzung bei Offhaus/Jakobi (Anm. 37), S. 16.

41 Schreiben der Bayer AG vom 6. Juni 1980 an das Deutsche Hydrographische Institut, Anlage 1, S. 2. Die Bayer AG stellte in diesem Schreiben zwar auf verdünnte Schwefelsäure aus dem Bereich der Produktion organischer Farbstoffe ab, die Aussage kann jedoch auch auf Dünnsäure aus dem Bereich der Produktion von Titandioxid übertragen werden.

42 Schreiben der Bayer AG vom 6. Juni 1980 an das Deutsche Hydrographische Institut, Anlage 1, S. 3. Auch heute verfügt die Kronos Titan GmbH in Nordenham noch über die Genehmigung, Dünnsäure direkt in die Weser einzuleiten. Braungart, pers. Mitteilung.

43 Nr. 64.16.21-112/65.

44 Schreiben der Bayer AG (Anm. 42), Anlage 1, S. 3.

45 Greenpeace e.V. (Hrsg.), Sachtleben - ein Unternehmen zerstört die Umwelt, Hamburg 1986, S. 14.

46 Frankfurter Rundschau vom 5.1.1990

47 Farbe und Lack, 5 (1987), S. 415.

Farbe in die blasse Chemiepolitik

1 Vgl. Bundestags-Drucksache 10/5007.

2 E. Beyer, Die Fabrik-Industrie des Regierungsbezirkes Düsseldorf vom Standpunkt

der Gesundheitspflege, Oberhausen 1876, S. 71.

3 G. Pistor, Hundert Jahre Griesheim, Tegernsee 1958, S. 92.

4 Dies kann allerdings u.U. auch das Außerkraftsetzen einer Schutzhierarchie bedeuten.

5 Vgl. hierzu auch Th. Kluge/E. Schramm, Vom Himmel hoch. Eine Geschichte der TA Luft, in: Kursbuch 96/1989, S. 91-109.

6 Vgl. W. Hien, Postulate einer alternativen epidemiologischen Forschung, in: A. Kortenkamp u.a., Die Grenzenlosigkeit der Grenzwerte, Karlsruhe 1988 (= Alternative Konzepte 63) , S. 174-188.

7 Vgl. etwa J.K. Nichols/P.J. Crawford, Chemikalienmanagement in den achtziger Jahren, Bonn 1987 (Typoskript).

8 Vgl. hierzu auch W. Hien, Hunderte von Regelkreisen pro Arbeitsplatz - Automation in der chemischen Industrie, in: Wechselwirkung 34/1987, S. 24ff.

9 E. Beyer (Anm. 2), S. 70, 77.

10 Vgl. Beratergremium für umweltrelevante Altstoffe der Gesellschaft deutscher Chemiker, Umweltrelevante Altstoffe, Weinheim/ New York 1986.

11 Vgl. M. Held, Chemiepolitik - Ein erstes Fazit und weiterführende Überlegungen, in: Ders., Chemiepolitik. Gespräch über eine neue Kontroverse, Weinheim/New York

1988, S. 262-280; sowie die im gleichen Band dokumentierten Vorstellungen von einem Entgiftungsprogramms durch Aufgabe der sogenannten Chlorchemie.

12 Vgl. E. Schramm, Soda-Industrie und Umwelt im 19. Jahrhundert, in: Technikgeschichte 51/1984, S. 190-216.

13 O. Grandefeld, Neben- und Abfallprodukte, in: R. Escales (Hrsg.), Industrielle Chemie, Stuttgart 1912, S. 239-246.

14 »Um den Betrieb wirtschaftlich auf der Höhe zu halten, ist es vor allem wichtig, alle Reste der eingeführten Chemikalien oder deren nebenbei entstanden abstoßbaren Umsetzungs- und Nebenprodukte teils für den Betrieb wieder nutzbar zu machen, teils für andere Zwecke zu verwenden.« E.J. Fischer, Abfallstoffe der organisch-chemischen Industrie und ihre Verwertung, Dresden/Leipzig 1939, S. 210.

15 E.J. Fischer (Anm. 14), S. 211.

16 R. Escales, Über die Beziehungen der chemischen Forschung zur wissenschaftlichen Forschung, in: Ders. (Anm. 13), S. 247-257.

17 Vgl. P. Hofmann/C.H. Krauch, Carbon Source in the Future Chemical Industries, in: Die Naturwissenschaften 69/1982, S. 509-519.

18 Nach A. Schröter, Krieg-Staat-Monopol, Berlin/DDR 1965, S. 147f.

Ausgewählte Literatur

Arnold, Tim: »Wir sind mit Wupperwasser getauft...«. Ein Beitrag zur Umweltgeschichte Wuppertals, Wuppertal 1987.

Bäumler, Ernst: Farben, Formeln, Forscher. Hoechst und die Geschichte der industriellen Chemie in Deutschland, München 1989.

Bäumler, Ernst: Die Rotfabriker. Familiengeschichte eines Weltunternehmens, München 1988.

Bäumler, Ernst: Ein Jahrhundert Chemie, Düsseldorf 1963.

Beer, John J.: Die Teerfarbenindustrie und die Anfänge des industriellen Forschungslaboratoriums, in: Hausen/Rürup, Moderne Technikgeschichte, Köln 1975.

Bersch, Josef: Die Fabrikation der Anilinfarbstoffe, Wien/Pest/Leipzig 1878.

Beyer, Eduard: Die Fabrikindustrie des Regierungsbezirks Düsseldorf vom Standpunkt der Gesundheitspflege, Oberhausen 1876.

Bock, Laurenz: Die Fabrikation der Ultramarinfarben, Halle (Saale) 1918.

Borkin, Joseph: Die unheimliche Allianz der IG Farben, Frankfurt/M. 1986.

Breunig, Willi: Soziale Verhältnissse der Arbeiterschaft und der sozialistischen Arbeiterbewegung in Ludwigshafen am Rhein 1869-1919, Ludwigshafen 1976.

Bugge, G.: Das Buch der großen Chemiker, unveränderter Nachdruck der Ausgabe von 1929, Weinheim 1979.

Caro, Heinrich: Über die Entwicklung der Theerfarbenindustrie, in: Berichte der Deutschen Chemischen Gesellschaft, 1892, S. 953-1105.

Duisberg, Carl: Die Wissenschaft und Technik in der chemischen Industrie mit besonderer Berücksichtigung der Teerfarbenindustrie, Festvortrag aus Anlaß der 8. Jahresversammlung gehalten am 5. Okt. 1911, Deutsches Musem München.

Duisberg, Carl: Die Belehrung der Arbeiter über die Giftgefahren in gewerblichen Betrieben. Vorbericht und Verhandlungen der 14. Konferenz der Centralstelle für Arbeiter-Wohlfahrtseinrichtungen, Berlin 1906.

Ehrhardt, Franz Josef: Die Zustände in der badischen Anilin- und Sodafabrik, Mannheim 1892.

Eichholtz, Fritz: Die toxische Gesamtsituation auf dem Gebiet der menschlichen Ernährung, Berlin/Göttingen/Heidelberg 1956.

Faltheiner, Otmar/Figala, Karin: Vom Königsmantel zur Blue Jeans. Oder: Der Siegeszug des Indigo, in: Kultur & Technik, Zeitschrift des Deutschen Museums München, 9. Jg., 1/1985, S. 1ff.

Farbenfabriken vorm. Friedr. Bayer AG (Hrsg.): Abhandlungen, Vorträge und Reden aus den Jahren 1882-1921 von Carl Duisberg, Berlin/Leipzig 1923.

Fester, Gustav: Die Entwicklung der chemischen Technik bis zu den Anfängen der Großindustrie. Ein technologisch-historischer Versuch, Berlin 1923.

Flechtner, Hans-Joachim: Carl Duisberg. Vom Chemiker zum Wirtschaftsführer, Düsseldorf 1959.

Fürstenau, Carl: Die Ultramarinfabrikation, Coburg 1864.

Gesundheitsladen Frankfurt: Blasenkrebs durch Arbeit in der Chemie, Frankfurt 1984.

Grandhomme: Die Theerfarben der Actiengesellschaft vorm. Meister, Lucius & Brüning zu Höchst a.M. in sanitärer und sozialer Beziehung, Heidelberg 1883.

Greiling, Walter: Chemie erobert die Welt, Düsseldorf 1951.

Greiling, Walter: Chemie. Motor der Zukunft, Gütersloh 1964.

Heller, Eva: Wie Farben wirken. Farbpsychologie, Farbsymbolik, Kreative Farbgestaltung, Reinbek 1989.

Hien, Wolfgang: Chemiearbeit, Anilinkrebs und Dispositionsmythos am Beispiel der BASF Ludwigshafen, in: 1999. Zeitschrift für Sozialgeschichte des 20. und 21. Jahrhunderts, 4/1988 (3. Jg.), S. 31-59.

Holdermann, Karl: Carl Bosch. Im Banne der Chemie, Düsseldorf 1953.

Katalyse/Öko-Institut u.a.: Chemie am Arbeitsplatz, Reinbek 1987.

Kluge, Thomas/Schramm, Engelbert: Wassernöte. Zur Geschichte des Trinkwassers, Köln [2]1988.

Köhler, Otto: ...und heute die ganze Welt. Die Geschichte der IG Farben und ihrer Väter, Hamburg 1986.

König, Josef: Die Verunreinigung der Gewässer, deren schädliche Folgen nebst Mitteln zur Reinigung des Schmutzwassers, Berlin 1887.

Krohn,Helga/Heinz-Günter Lang u.a.: Geschichte der Farbwerke Hoechst und der chemischen Industrie in Deutschland. Ein Lesebuch aus der Arbeiterbildung, Offenbach 1984.

Lepsius, B.: Deutschlands Chemische Industrie 1888-1913, Berlin 1914.

Lochmann, Angelika/Overath, Angelika (Hrsg.): Das Blaue Buch. Lesarten einer Farbe, Nördlingen 1988.

Nagel, Alfred von: Fuchsin, Alizarin, Indigo. Der Beginn eines Weltunternehmens, Schriftenreihe des Firmenarchivs der BASF, Ludwigshafen 1968.

Nencki, L.: Die Kunst der Färbens mit natürlichen Stoffen, Bern 1984.

Nixdorff, Heide/ Müller, Heidi: Weiße Westen – Rote Roben. Von der Farbordnung des Mittelalters zum individuellen Farbgeschmack, Katalog zur Sonderausstellung, Staatliche Museen Preußischer Kulturbesitz, Berlin 1983.

Osteroth, Dieter: Soda, Teer und Schwefelsäure. Der Weg zur Großchemie, Reihe Deutsches Museum, Kulturgeschichte der Naturwissenschaft und Technik, Reinbek 1985.

Peetz, Hilla: »Nicht ohne uns!« Arbeiterbriefe, Berichte und Dokumente zur chemischen Industrialisierung von 1760 bis heute, Frankfurt/Berlin/Wien 1981.

Pinnow, Hermann: Werksgeschichte. Der Gefolgschaft der Werke Leverkusen, Elberfeld und Dormagen zur Erinnerung an die 75. Wiederkehr des Gründungstages der Farbenfabriken vorm. Friedr. Bayer & Co, Frankfurt 1938a.

Pinnow, Hermann: Zur Erinnerung an die 75. Wiederkehr des Gründungstages der Farbwerke vorm. Meister, Lucius & Brüning, Frankfurt 1938b.

Ploss, Emil Ernst: Ein Buch von alten Farben. Technologie der Textilfarben im Mittelalter mit einem Ausblick auf die festen Farben, Heidelberg/Berlin 1962; Neuausgabe München 1977.

Quark, Max: Profit und Arbeit in der chemischen Großindustrie, Hannover 1907.

Radkau, Joachim: Technik in Deutschland. Vom 18. Jahrhundert bis zur Gegenwart, Frankfurt 1989.

Rothe, Christian: Erkrankungen von Chemiearbeitern und die Entwicklung der Berufskrankheitenverordnung von 1925, Dissertation, Frankfurt 1987.

Schaumann, R.: Technik und technischer Fortschritt im Industrialisierungsprozeß. Dargestellt am Beispiel der Papier-, Zucker- und chemischen Industrie der nördlichen Rheinlande 1800 bis 1875, Bonn 1977.

Schenzinger, Karl Aloys: Bei I.G. Farben, München/Wien 1953.

Schenzinger, Karl Aloys: Anilin, Berlin 1941.

Schneider, H.: Gefahren der Arbeit in der chemischen Industrie, hrsg. vom Verband der Fabrikarbeiter Deutschlands, Hannover 1911.

Scholz, R.: Aus der Geschichte des Farbstoffhandels im Mittelalter, Dissertation, München 1929.

Schultze, Hermann: Die Entwicklung der chemischen Industrie in Deutschland seit 1875, Halle 1908.

Schuster, Curt: Wissenschaft und Technik. Ihre Begegnung in der BASF während der ersten Jahrzehnte der Unternehmensgeschichte, BASF-Schriftenreihe 14, Ludwigshafen 1976.

Schuster, Curt: Vom Farbenhandel zur Farbenindustrie. Die erste Fusion der BASF, BASF-Schriftenreihe 11, Ludwigshafen 1973.

Schuster, Curt: Badische Anilin- und Sodafabrik AG. Ein Beitrag zur Geschichte der chemischen Technik, Ludwigshafen 1961.

Sonnemann, Rolf: Zur Geschichte der Teerfarbenindustrie in Deutschland von ihren Anfängen bis zur Bildung der beiden Dreibünde (1905/07), Merseburg 1963.

Ullmann, Fritz (Hrsg.): Enzyklopädie der technischen Chemie (verschiedene Ausgaben), Berlin/Wien 1915.

Verg, Erik, unter Mitarbeit von Gottfried Plumpe und Heinz Schultheis: Meilensteine. 125 Jahre Bayer 1863-1988, Leverkusen 1988.

Vogt, Hans-Heinrich: Farben und ihre Geschichte. Von der Höhlenmalerei zur Farbchemie, Stuttgart 1973.

Wehrenalp, E. Barth von: Farbe aus Kohle. Eine Großtat der Chemie dargestellt in einem Tatsachenbericht, Stuttgart 1937 (Kosmos).

Wey, Klaus-Georg: Umweltpolitik in Deutschland. Kurze Geschichte des Umweltschutzes in Deutschland seit 1900, Opladen 1982.

Weyl, Theodor (Hrsg.): Handbuch der Arbeiterkrankheiten, Jena 1908.

Weyl, Theodor: Die Theerfarben mit besonderer Wirkung auf Schädlichkeit und Gesetzgebung, Berlin 1889.

Wolf, Gerhart: Die BASF. Vom Werden eines Weltunternehmens, Ludwigshafen 1970.

Die AutorInnen

Arne Andersen, geb.1951. Dr. phil., Historiker. Mitarbeit in der Redaktion »1999. Zeitschrift für Sozialgeschichte des 20. und 21. Jahrhunderts«, zahlreiche Veröffentlichungen zur Geschichte der Arbeiterbewegung und der Umwelt, zuletzt als Herausgeber: Umweltgeschichte in Hamburg, Hamburg 1990. Lebt in Bremen.

Tim Arnold, geb. 1969. Studiert Geschichte, Politische Wissenschaften und Volkswirtschaftslehre in Bonn. Erhielt 1987 für seine Arbeit »Wir sind mit Wupperwasser getauft« – Ein Beitrag zur Umweltgeschichte Wuppertals den ersten Preis im Rahmen des Schülerwettbewerbs Deutsche Geschichte um den Preis des Bundespräsidenten.

Norman Fuchsloch, geb. 1962. Studium der Chemie und der Geschichte der Naturwissenschaften in Frankfurt und Hamburg. Mitarbeiter des Hamburger Umweltinstituts e.V., verschiedene Veröffentlichungen zu Fragen der Müllverbrennung zusammen mit M. Braungart.

Karl Otto Henseling, geb. 1945. Chemiker. Studienrat, Mitarbeiter des IÖW (Institut für ökologische Wirtschaftsforschung), Mitglied im AK Umweltchemikalien/Toxikologie des BUND. Buch- und Zeitschriftenveröffentlichungen zu wissenschafts- und technikhistorischen Themen. Lebt in Berlin.

Sylvia Reckel, geb. 1952. Biologin. Freiberuflich tätig mit dem Arbeitsschwerpunkt: Erstellung von ökologischen Gutachten zur Luftqualität mit Flechten als Bioindikatoren. Dozentin in der Erwachsenenbildung, publizistische Tätigkeiten. Lebt in Hannover.

Anselm Salinger, geb. 1947. Chemiker. Arbeitet als Lehrer und in der Schulverwaltung (Berufsbildung). Verfasser diverser Unterrichtsmaterialien für einen historisch orientierten, lebens- und umweltbezogenen Chemieunterricht. Lebt in Berlin.

Engelbert Schramm, geb. 1954. Chemiker, Biologe und Wissenschaftshistoriker. Arbeitet am Insitut für sozial-ökologische Forschung in Frankfurt am Main. Zahlreiche Veröffentlichungen zur Umwelt- und Wissenschaftsgeschichte sowie zu Grundlagenproblemen der Ökologie und ihrer Geschichte. Veröffentlichungen u.a. zusammen mit Thomas Kluge: Wassernöte – Zur Geschichte des Trinkwassers; Reihe Umwelt und Geschichte.

Gerd Spelsberg, geb. 1949. Ingenieur, Drucker, Journalist. Veröffentlichungen u.a. Rauchplage – Zur Geschichte der Luftverschmutzung; Reihe Umwelt und Geschichte. Arbeitet derzeit als wissenschaftlicher Mitarbeiter der GRÜNEN im Bundestag. Lebt in Aachen.

Bildnachweis

Archiv der BASF AG: 49, 175.
Archiv der Bayer AG: Titelfoto, 33, 34, 94, 106, 157, 159.
Archiv der Hoechst AG: 26, 27, 40, 41, 48, 93, 99, 129, 132, 133, 134, 135, 136, 137 oben, 142, 143, 170, 173.
Archiv des Deutschen Museums München: 64, 65, 66, 88, 112, 131 oben.
Archiv für Kunst und Geschichte Berlin: 137 unten, 144.
Bildarchiv Preußischer Kulturbesitz: 15, 92, 130, 147, 209.
Deutsches Textilmuseum Krefeld: 131 unten, 138, 139, 140, 141.
Schwarz-Weiß Verlag, Axel Krause: 216.
Zenit Bildagentur, Paul Langrock: 127.

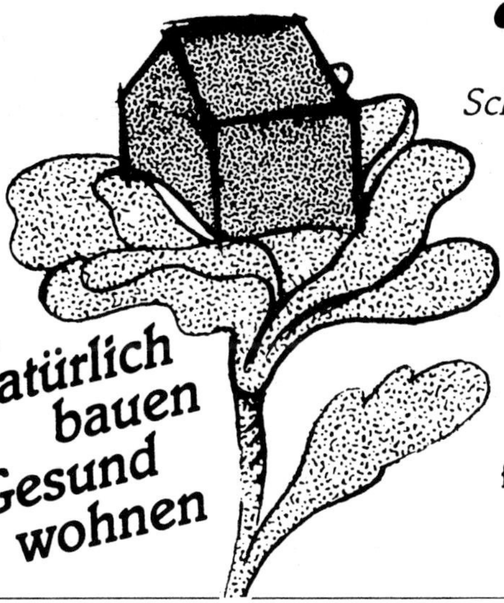

DAS BLAUE WUNDER

ist der dritte Titel der Reihe »Geschichte und Umwelt«, die – abseits kurz-fristiger Aktualität – soziale, ökonomische und kulturelle Hintergründe von umweltrelevanten Themen aufarbeitet. Herausgeber und Autoren verfolgen dabei einen Ansatz, der bislang eher im angelsächsischen und französischen Sprachraum beheimatet ist: die populäre und interdisziplinäre Vermittlung von Hintergrundwissen. Der inhaltlichen Ausrichtung entspricht eine aufwendige Bebilderung der einzelnen Titel.

Bislang sind erschienen:

Gerd Spelsberg
RAUCHPLAGE
Zur Geschichte der Luftverschmutzung
240 Seiten, DM 19,80

Die Zeitgenossen um 1840 erschraken über explodierende Dampfkessel und über das neue künstliche Gewölk gleichermaßen. Während die erste Gefahr technisch gebannt wurde, erlag die zweite der Macht der Gewöhnung. In einem kulturellen Anpassungsprozeß erlernten die Sinne nicht, die chronischen Veränderungen der Umwelt zu registrieren. »Rauchplage« *zeichnet diesen Prozeß als Geschichtsbuch über den industriellen Umgang mit der Luft nach.* »Nicht nur ein verdrängtes Kapitel der Industriegeschichte wird aufgearbeitet: Es ist weit mehr ein Beitrag zur Kulturgeschichte des industriellen Bewußtseins, leicht zu lesen und reich bebildert.«
(Westdeutscher Rundfunk)

Thomas Kluge/Engelbert Schramm
WASSERNÖTE
Zur Geschichte des Trinkwassers
2. Auflage, 240 Seiten, DM 24,80

Wasser scheint ein unerschöpflicher Rohstoff zu sein. In dieser Illusion befangen, geht die Industriegesellschaft mit den Trinkwasserressourcen der Natur maßlos verschwenderisch um. »Wassernöte« *zeigt als gut verständliche historische Studie, wie fatal der Glaube an unbeschränkte technische Machbarkeit sein kann.* »Die Logik, das Wasser erst zu vergiften, um es dann gereinigt zu trinken, funktionierte weder in der Geschichte noch in der Gegenwart. Dem zeithistorisch interessierten Leser ist das sachkundige Buch besonders zu empfehlen.« *(Deutschlandfunk)*

Wenn Sie mehr über unsere Bücher wissen wollen, fordern Sie unser Verlagsprogramm an oder fragen Sie in Ihrer Buchhandlung.

Volksblatt Verlag
Postfach 250 405
5000 Köln 1